Langenbeck

Kosten- und Leistungsrechnung

Online-Version inklusive!

Stellen Sie dieses Buch jetzt in Ihre „digitale Bibliothek“ in der NWB Datenbank und nutzen Sie Ihre Vorteile:

- Ob am Arbeitsplatz, zu Hause oder unterwegs: Die Online-Version dieses Buches können Sie jederzeit und überall da nutzen, wo Sie Zugang zu einem mit dem Internet verbundenen PC haben.
- Die praktischen Recherchefunktionen der NWB Datenbank erleichtern Ihnen die gezielte Suche nach bestimmten Inhalten und Fragestellungen.
- Die Anlage Ihrer persönlichen „digitalen Bibliothek“ und deren Nutzung in der NWB Datenbank online ist kostenlos. Sie müssen dazu nicht Abonnent der Datenbank sein.

Ihr Freischaltcode: IRPTRMPWGIXDXCDLWZ

Langenbeck, Kosten- und Leistungsrechnung

So einfach geht's:

1. Rufen Sie im Internet die Seite **www.nwb.de/go/online-buch** auf.
2. Geben Sie Ihren Freischaltcode ein und folgen Sie dem Anmeldedialog.
3. Fertig!

Die NWB Datenbank – alle digitalen Inhalte aus unserem Verlagsprogramm in einem System.

www.nwb.de

NWB Studium Betriebswirtschaft

Kosten- und Leistungsrechnung

- Grundlagen
- Vollkostenrechnung
- Teilkostenrechnung
- Plankostenrechnung
- Prozesskostenrechnung
- Zielkostenrechnung
- Kosten-Controlling

Von
Dipl.-Betriebswirt Jochen Langenbeck

2., vollständig überarbeitete Auflage

nwb STUDIUM

Kein Produkt ist so gut, dass es nicht noch verbessert werden könnte. Ihre Meinung ist uns wichtig! Was gefällt Ihnen gut? Was können wir in Ihren Augen noch verbessern? Bitte verwenden Sie für Ihr Feedback einfach unser Online-Formular auf:

www.nwb.de/go/feedback_bwl

Als kleines Dankeschön verlosen wir unter allen Teilnehmern einmal pro Quartal ein Buchgeschenk.

ISBN 978-3-482-**69451**-6 (online)
ISBN 978-3-482-**58672**-9 (print)

2., vollständig überarbeitete Auflage 2011

Satz: Griebsch & Rochol Druck GmbH & Co. KG, Hamm
Druck: medienHaus Plump GmbH, Rheinbreitbach

VORWORT

Das Lehrbuch Kostenrechnung ist als Selbstlernbuch geeignet. Der gesamte Stoff der Kostenrechnung wird anhand vieler Beispiele praxisnah dargestellt, so dass auch Leser, die nicht die Möglichkeit hatten, sich in der Kostenrechnung eines Industrie- oder Handelsbetriebes umzusehen, nach der Lektüre auf allen Gebieten der Kostenrechnung mitreden und Entscheidungen treffen können.

Das Buch wendet sich an

- Studenten der Wirtschaftswissenschaften und der Ingenieurwissenschaften, sowie angehende Bilanzbuchhalter und Controller, die nicht in der Kostenrechnung gearbeitet haben, aber praxisbezogene Fälle lösen müssen.
- Praktiker im kaufmännischen wie im technischen Bereich der unterschiedlichsten Unternehmen.

Ausgehend von den Grundlagen der Kostenrechnung wird zunächst das System der Vollkostenrechnung im Industriebetrieb dargestellt. Darauf aufbauend folgt die Kostenrechnung der Handelsbetriebe ergänzt um Hinweise zur Exportkalkulation. Auf das bis hier vermittelte Basiswissen wird in den folgenden Teilen immer wieder zurückgegriffen.

Nach einem Überblick über die zeitraum- und die umfangbezogenen Kostenrechnungssysteme wird die Teilkostenrechnung mit praktischen Anwendungsbeispielen zu allen Einsatzgebieten dargestellt. Die Kenntnisse der Vollkostenrechnung und der Teilkostenrechnung helfen dem Leser anschließend beim Erlernen der Plankostenrechnung auf Vollkostenbasis und auf Teilkostenbasis.

Der detaillierten Darstellung der Plankostenrechnung folgt ein kürzeres Kapitel zum Rechnen mit Maschinenstundensätzen auf Vollkosten- und auf Teilkostenbasis.

Die Kostenrechnung ist ein Instrument der Unternehmensführung und eine Philosophie oder Denkweise. Wenn der Leser nach dem Studium der Kostenrechnungssysteme einschließlich der Plankostenrechnung sich diese Denkweise zu eigen gemacht hat, wird er auch die folgenden Kapitel zu den neueren Kostenrechnungskonzepten, der Prozesskostenrechnung (activity based costing, ABC method) und der Zielkostenrechnung (Target Costing) verstehen und den Inhalt in die Praxis umsetzen können.

Ein besonderes Kapitel zur Ordnungsmäßigkeit der Kostenrechnung geht auf die wichtigsten Grundsätze ein, und das abschließende Kapitel zum Kosten-Controlling verdeutlicht zusammenfassend die Bedeutung von Kostenrechnung und Controlling für die ergebnisorientierte Unternehmensführung.

Jedem Kapitel folgen Kontrollfragen. Der Leser kann seine Antworten mit den Lösungsvorschlägen im letzten Kapitel vergleichen. Das ausführliche Stichwortverzeichnis macht das Lehrbuch gleichzeitig zu einem Nachschlagewerk oder Kostenrechnungs-Lexikon.

Zu diesem Studienbuch gibt es ein umfangreiches Übungsbuch.

Bochum, im Januar 2011 *Jochen Langenbeck*

INHALTSVERZEICHNIS

ABBILDUNGSVERZEICHNIS

TABELLENVERZEICHNIS

ABKÜRZUNGSVERZEICHNIS

A

A	Aktiva
AB	Anfangsbestand
Abs.	Absatz
Abschr.	Abschreibung
AfA	Absetzung für Abnutzung
AfS	Absetzung für Substanzverringerung
AktG	Aktiengesetz
a. o.	außerordentlich
AO	Abgabenordnung
AP	Angebotspreis bzw. Auszeichnungspreis
AR	Ausgangsrechnung
AV	Anlagevermögen
AVO	Arbeitsvorbereitung

B

B	Beschäftigung
BA	Beschäftigungsabweichung
BAB	Betriebsabrechnungsbogen
BE	Betriebsergebnis
BEP	Bareinkaufspreis
BEP	Break-even-Point (Gewinnschwelle)
BKo	Bezugskosten
BP	Bezugspreis
BV	Bestandsveränderung
BVP	Barverkaufspreis
bzw.	beziehungsweise

C

cbm	Kubikmeter
cf	cost, freight (Kosten und Frachten)
cif	cost, insurance, freight (Kosten, Versicherungen und Frachten)

D

db	Deckungsbeitrag je Stück
DB	Deckungsbeitrag
DBR	Deckungsbeitragsrechnung
d. h.	das heißt
DIHT	Deutscher Industrie- und Handelstag

E

e	Stückerlös
E	Erlös gesamt
EDV	elektronische Datenverarbeitung
einschl.	einschließlich
EK	Einzelkosten
EStG	Einkommensteuergesetz
etc.	et cetera (usw.)

F

f.	folgende, folgender
FE	Fertige Erzeugnisse
FEK	Fertigungseinzelkosten (entsprechen den Fertigungslöhnen)
ff.	folgende
Fibu	Finanzbuchhaltung
FGK	Fertigungsgemeinkosten
FK	Fremdkapital
FL	Fertigungslöhne
FM	Fertigungsmaterial
FuE	Forschung und Entwicklung

G

GA	Gesamtabweichung
ges.	gesamt
Gew	Gewinn
GewStG	Gewerbesteuergesetz
ggf.	gegebenenfalls
GJ	Geschäftsjahr
GK	Gemeinkosten
GKV	Gesamtkostenverfahren
GuV	Gewinn- und Verlustrechnung
GWA	Gemeinkostenwertanalyse

H

H	Haben
HA	Hilfsstoffaufwendungen
HB	Handelsbilanz
Heko	Herstellkosten
HGB	Handelsgesetzbuch
HK	Herstellkosten
HKo	Handlungskosten
HKU	Herstellkosten des Umsatzes
HP	Hauptprozess

HS	Handelsspanne
HW	Handelsware

I

IBL	innerbetriebliche Leistungsverrechnung
i. d. R.	in der Regel
IdW	Institut der Wirtschaftsprüfer in Deutschland
i. H.	im Hundert
IKR	Industriekontenrahmen
InsO	Insolvenzordnung
Inv.-Nr.	Inventarnummer

J

jährl.	jährlich
Jit	just in time

K

k	Stückkosten
KA	Kostenart
k_f	Stückkosten fix
k_p	Stückkosten proportional
k_v	Stückkosten variabel
kg	Kilogramm
K	Gesamtkosten
K_g	Gesamtkosten
K_f	Gesamtkosten fix
K_i	Istkosten gesamt
K_p	Gesamtkosten proportional
K_s	Sollkosten
K_v	Gesamtkosten variabel
kalk.	kalkulatorisch(e)
KER	kurzfristige Erfolgsrechnung
KF	Kalkulationsfaktor
Kfz	Kraftfahrzeug
KLR	Kosten- und Leistungsrechnung
km	Kilometer
KRab	Kundenrabatt
KostO	Kostenordnung
KSk	Kundenskonto
KSt	Kostenstelle
KStG	Körperschaftsteuergesetz
Ktn	Konten
Kto	Konto
KuRa	Kundenrabatt

KuSk	Kundenskonto
kW	Kilowatt
kWh	Kilowattstunde
KZ	Kalkulationszuschlag

L

LE	Leistungseinheit
LEP	Listeneinkaufspreis
lfd.	laufende(r)
lmi	leistungsmengeninduziert
lmn	leistungsmengenneutral
LRab	Liefererrabatt
LSk	Liefererskonto
LSP	Leitsätze für die Preisermittlung aufgrund von Selbstkosten
LVP	Listenverkaufspreis
lt.	Laut

M

m	Meter
Masch.	Maschine(n)
max.	maximal
ME	Mengeneinheit
MEK	Materialeinzelkosten
MGK	Materialgemeinkosten
Min	Minute(n)
min.	minimal
MK	Materialkosten
monatl.	Monatlich
MSR	Maschinenstundensatzrechnung

N

NKR	Normalkostenrechnung
Nr.	Nummer

O

o. a.	oben angeführt

P

P	Passiva
p	Preis je Einheit
PKR	Plankostenrechnung
PrKR	Prozesskostensatz
Pos.	Posten, Position

Prov	Provision
PublG	Publizitätsgesetz

Q

qm	Quadratmeter

R

RA	Rohstoffaufwendungen
RHB	Roh-, Hilfs- und Betriebskosten
RK	Rechnungskreis
Rn.	Randnummer
Ro	Rohstoffe
Rohst.	Rohstoffe

S

S	Soll
SB	Schlussbestand
SEK	Sondereinzelkosten
SEKF	Sondereinzelkosten der Fertigung
SEKV	Sondereinzelkosten des Vertriebs
SK	Selbstkosten
SKP	Selbstkostenpreis
sog.	so genannt(e)
Stck.	Stück
Std.	Stunde(n)

T

t	Tonne
TP	Teilprozess
TQM	Total Quality Management

U

u.	und
u. Ä.	und Ähnliche
UE	unfertige Erzeugnisse
UKV	Umsatzkostenverfahren
USt	Umsatzsteuer
UStG	Umsatzsteuergesetz
usw.	und so weiter
u. U.	unter Umständen
UV	Umlaufvermögen

V

VA	Verbrauchsabweichung
v. H.	vom Hundert
VDMA	Verein Deutscher Maschinen- und Anlagenbau e.V.
VE	Verkaufserlös(e)
vgl.	vergleiche
VS	Verrechnungssatz
VtGK	Vertriebsgemeinkosten
VwGK	Verwaltungsgemeinkosten

Z

z. B.	zum Beispiel
ZEP	Zieleinkaufspreis
ZVEI	Zentralverband der Elektrotechnischen Industrie
ZVP	Zielverkaufspreis

I. Grundlagen

1. Teilgebiete des industriellen Rechnungswesens

1 Das Rechnungswesen lässt sich in die vier unterschiedlichen Aufgabenbereiche der Buchführung, der Kostenrechnung, der Statistik und der Planung gliedern, die jeweils extern oder intern veranlasst und geregelt sind.

TAB. 1: Teilgebiete des Rechnungswesens

Rechnungswesen			
Externes Rechnungswesen	Internes Rechnungswesen		
Buchführung	Kostenrechnung	Statistik	Planung

Die Buchführung wird als **externes Rechnungswesen** bezeichnet. Sie übernimmt die Abrechnung mit der Außenwelt. Die Organisation und der handels- sowie der steuerrechtliche Jahresabschluss sind gesetzlich geregelt. Soweit Kapitalgesellschaften bestimmte im Handelsgesetzbuch (§ 267 HGB) und im Publizitätsgesetz (§§ 1 und 11 PublG) festgelegte Größenordnungsmerkmale überschreiten, müssen sie ihre Ergebnisse offenlegen oder sogar veröffentlichen. Neben dem Unternehmer bzw. der Unternehmensleitung sind vor allem die Kapitalgeber – Gesellschafter, Gläubiger und Banken – sowie die Finanzbehörden an den Informationen aus dem Bereich der Buchhaltung interessiert.

Kostenrechnung, Statistik und Planung zählen zum **internen Rechnungswesen**. Aufgabe dieser drei Bereiche des Rechnungswesens ist die Abrechnung, Steuerung und Kontrolle der innerbetrieblichen Bereiche und Prozesse. Mit Ausnahme weniger statistischer Werte werden die Informationen aus dem internen Rechnungswesen nur im Unternehmen selber genutzt.

1.1 Buchführung

2 Die **Finanz- oder Geschäftsbuchführung** ist die Grundlage des gesamten Rechnungswesens. Sie erfasst die geschäftlichen Beziehungen mit der Außenwelt, ordnet die Geschäftsvorfälle nach zeitlichen und sachlichen Gesichtspunkten und stellt im **Jahresabschluss** die Vermögens-, Finanz- und Ertragslage des Unternehmens dar. Die Buchführung informiert die Geschäftsleitung laufend über den Stand und die Veränderungen des Vermögens und der Schulden, die Ertragslage und die Liquidität. Sie dient der **Rechenschaftslegung** gegenüber Kapitalgebern, Finanzbehörden, Gläubigern und der interessierten Öffentlichkeit.

3 Die Buchführung ist eine **Zeitrechnung**. Sie rechnet **unternehmensbezogen** ab und **betrifft die Vergangenheit**. Sie ist eine in Konten aufgelöste Bilanz. Auf den Konten werden während des Geschäftsjahres die Veränderungen der Bilanzposten festgehalten. Am Ende eines jeden Geschäftsjahres werden aus den Salden der Konten im Hauptbuch

der Buchführung die Bilanz und die Gewinn- und Verlustrechnung für das abgelaufene Geschäftsjahr erstellt.

4 Die Buchführung dient der **planmäßigen, lückenlosen und ordnungsmäßigen Aufzeichnung aller Geschäftsvorfälle** eines Unternehmens.

1.1.1 Hauptaufgabe der Buchführung

Die Buchführung gewährt dem Kaufmann jederzeit einen Überblick über den Stand und die Veränderungen der Vermögensteile und Schulden. Hauptzweck ist der Schutz der Gläubiger durch Vermeidung einer Insolvenz und damit gleichzeitig die Sicherung der Finanzierung von Produktion und Absatz.

1.1.2 Weitere Aufgaben der Buchführung

Die Buchführung

- ermittelt den **Erfolg**, den Gewinn oder Verlust aus der unternehmerischen Tätigkeit;
- liefert das Zahlenmaterial für die **Kostenrechnung** und für die Ermittlung der Verkaufspreise;
- ermittelt die Werte für die **Besteuerung** des Unternehmens;
- **sammelt, ordnet und gruppiert** nicht nur die **Vermögenswerte** und **Schulden**, sondern auch die **Aufwendungen** und die **Erträge** zum Zwecke **innerbetrieblicher Kontrollen** und für **Vergleiche mit anderen Unternehmen**;
- liefert das Zahlenmaterial für innerbetriebliche **Statistiken** und für die Statistiken der Behörden und der Unternehmensverbände;
- hat **Belegfunktion** gegenüber Kunden, Lieferanten, Banken und Behörden, da sie alle Belege, z. B. Rechnungen, Bankauszüge, Quittungen usw., sammelt, auf Konten und in Büchern erfasst und geordnet aufbewahrt;
- dient der **Rechenschaftslegung** gegenüber Kapitalgebern und der Öffentlichkeit;
- liefert Zahlenmaterial für die **Unternehmensplanung** und ist **Entscheidungshilfe** für die Unternehmensleitung.

5 Die Finanzbuchhaltung geht von Zahlungsvorgängen aus. Sie wird deshalb auch **pagatorische Buchhaltung** genannt (ital. pagare = zahlen).

6 1.1.3 Buchführungspflicht nach Handelsrecht

§ 238 Abs. 1 HGB verpflichtet alle Kaufleute zur Buchführung. Kleingewerbetreibende unterliegen nicht den Buchführungspflichten des Dritten Buches im HGB (§ 1 Abs. 2 HGB). Spezialgesetze weisen auf zusätzliche Pflichten der Geschäftsführung bzw. des Vorstands hin, wie:

- § 91 AktG: Pflicht zur Führung der Handelsbücher,
- § 41 GmbHG: Pflicht zur Buchführung und Bilanzaufstellung,
- § 33 GenG: Pflicht zur Buchführung,

- § 5 PublG: Pflicht zur Aufstellung von Jahresabschluss und Lagebericht,
- § 155 InsO: Buchführungspflicht des Insolvenzverwalters.

1.1.4 Buchführungspflicht nach Steuerrecht 7

Die §§ 140 bis 148 AO enthalten die grundlegenden steuerrechtlichen Vorschriften zur Buchführung. Weitere steuerrechtliche Aufzeichnungspflichten enthalten:

- § 4 Abs. 1 EStG: Gewinnermittlung durch Betriebsvermögensvergleich,
- § 5 Abs. 1 Satz 1 EStG: Maßgeblichkeit der Handelsbilanz für die Steuerbilanz,
- § 6 EStG: Bewertung,
- § 7 bis 7k EStG: Steuerlich zulässige Abschreibungen,
- § 8 Abs. 1 KStG: Verweise auf Vorschriften des EStG,
- § 7 Abs. 1 GewStG: Verweise auf Vorschriften des EStG,
- § 22 UStG: Aufzeichnungspflichten zur Umsatzsteuer,
- § 41 Abs. 1 Satz 1 EStG: Führung eines Lohnkontos je Arbeitnehmer.

Wer nach anderen Gesetzen als den Steuergesetzen Bücher führen muss, hat diese Verpflichtung auch für die Besteuerung zu erfüllen (§ 140 AO).

1.2 Kosten- und Leistungsrechnung

8 Die Kosten- und Leistungsrechnung kann **statistisch in Form von Tabellen** oder **auf Konten** geführt werden. Insbesondere im letzteren Fall bezeichnet man sie auch als **Betriebsbuchhaltung**. Weitere Bezeichnungen für die Kosten- und Leistungsrechnung sind **Selbstkostenrechnung** und **interne Abrechnung**.

9 Wesentliche Grundlage der Rechnung ist das aus der Finanzbuchhaltung übernommene Zahlenmaterial. Die Betriebsbuchhaltung besteht aus der Betriebsabrechnung und einigen Nebenbuchhaltungen.

TAB. 2: Teilgebiete der Betriebsbuchhaltung

Betriebsbuchhaltung	
Kosten- und Leistungsrechnung	**Nebenbuchhaltungen**
Kostenartenrechnung	Anlagenbuchhaltung
Kostenstellenrechnung	Materialbuchhaltung
Kostenträgerrechnung	Lohnbuchhaltung
Sonderrechnungen	

10 Die Kosten- und Leistungsrechnung dient der laufenden Überwachung der Wirtschaftlichkeit der betrieblichen Tätigkeit und dem rechtzeitigen Erkennen von Schwachstellen. Sie liefert der Buchhaltung die Herstellungskosten für die Bewertung der unfertigen und fertigen Erzeugnisse und der aktivierten Eigenleistungen. Die Kosten- und Leistungsrechnung ist weitgehend eine **Zeitrechnung**. Im Bereich der Kalkulation (Kos-

tenträgerstückrechnung) ist sie eine **Stückrechnung**. Die Kosten- und Leistungsrechnung ist **betriebsbezogen** und arbeitet mit Zahlen aus der Vergangenheit. Ihre Arbeitsergebnisse werden vorwiegend in Tabellen festgehalten. Als **kurzfristige Erfolgsrechnung** liefert sie der Unternehmensleitung monatlich aktuelle Entscheidungshilfen.

HINWEIS

In der Kostenrechnung spricht man von **Herstellkosten**. In der Geschäftsbuchhaltung spricht man von **Herstellungskosten**. Herstellungskosten sind Herstellkosten, bei deren Bestimmung die handels- und steuerrechtlichen Vorschriften beachtet worden sind.

11 Aufgabe der Betriebsbuchhaltung ist die Zurechnung und Verrechnung von Kosten nach der Art ihres Anfalls (s. 3.1 Kostenartenrechnung), dem Ort ihres Anfalls im Betrieb (s. 3.2 Kostenstellenrechnung) und ihrer Verursachung auf Produktgruppen und einzelne Aufträge (s. 3.3 Kostenträgerrechnung).

MERKE

Es gilt das **Verursachungsprinzip** (Kostenzurechnungsprinzip). Danach sollen die Kosten den Stellen im Betrieb und den Erzeugnissen zugerechnet werden, die sie verursacht haben.

12 **Hauptaufgaben der Kostenrechnung** sind:

- die kurzfristige Ermittlung und Kontrolle des Betriebserfolgs,
- die Kontrolle der Wirtschaftlichkeit der einzelnen Betriebsbereiche und Abteilungen (Responsibility Accounting),
- die Erstellung von Unterlagen für kurzfristige Entscheidungen (Decision Accounting).

13 **Aufgaben der Kostenrechnung im Einzelnen**

Die Kosten werden grundsätzlich zunächst in der Finanzbuchhaltung erfasst. Die Kostenrechnung übernimmt die Verteilung und Zurechnung der Kosten auf die Stellen der Verursachung im Betrieb und auf die Produkte.

Die Kostenrechnung dient damit:

- der **Preisfindung** und der **Preiskontrolle** durch:
  - Ermittlung der **Selbstkosten**,
  - Bestimmung der **Preisuntergrenze**,
  - Ermittlung der **Verrechnungspreise** für interne Leistungen,
  - Vergleich der in der Angebotskalkulation ermittelten Kosten mit den später tatsächlich angefallenen Kosten,
  - Ermittlung der Preisobergrenzen der zu beschaffenden Roh-, Hilfs- und Betriebsstoffe;

- der **Erfolgskontrolle** bezogen auf:
  - einzelne Aufträge, Produktgruppen oder das **gesamte Unternehmen**,
  - **Abteilungen** des Unternehmens,
  - einzelne **Produkte** oder Produktgruppen,
  - **Absatzwege**,
  - Kundengruppen oder einzelne **Kunden**;
- der **Wirtschaftlichkeitskontrolle** durch:
  - **Dokumentation** des Kostenanfalls,
  - Kontrolle des Kostenanfalls im Rahmen eines **Soll-Ist-Vergleichs**,
  - innerbetrieblichen **Zeitvergleich** des Kostenanfalls über Monate und Geschäftsjahre,
  - **zwischenbetrieblichen Vergleich** mit anderen Unternehmen;
- der **Rechenschaftslegung**:
  - durch Ermittlung der **Herstellungskosten** (§ 255 Abs. 2 HGB) der zu aktivierenden unfertigen und fertigen **Erzeugnisse** und der **aktivierten Eigenleistungen**,
  - bei der Begründung von Ansprüchen gegenüber **Versicherungen** in Schadensfällen,
  - beim Nachweis der Selbstkosten für **öffentliche Aufträge**,
  - und der Erstellung von Unterlagen für Kreditverhandlungen;
- der **Erfolgsplanung** durch:
  - Vorgaben von **Erfahrungswerten** aus der Vergangenheit,
  - Lieferung von Entscheidungsgrundlagen für die **Produktionsplanung**, insbesondere bei Engpässen oder auch bei Unterbeschäftigung,
  - **Kostenvergleiche,**
  - Planung der **Hereinnahme neuartiger Aufträge**;
- Der Vorbereitung von **Entscheidungen der Unternehmensleitung**.

Keine gesetzlichen Vorschriften 14

Während die Buchführung handels- und steuerrechtlich reglementiert ist, gibt es keine gesetzlichen Vorschriften für die Kostenrechnung. Das gilt auch für die Offenlegung der Ergebnisse aus der Kostenrechnung. Die Informationen aus der Kostenrechnung richten sich allein an die Unternehmensleitung und die Bereichsleiter im Unternehmen. Grundsätzlich entscheidet die Unternehmensleitung, an wen Informationen weitergegeben werden.

Üblich ist die Weitergabe von Informationen aus der Kostenrechnung in den folgenden 15
Fällen, soweit keine Betriebs- und Geschäftsgeheimnisse berührt sind:

- **Externe Bilanzleser** erhalten zum besseren Verständnis zusätzliche Informationen über die Entwicklung des Unternehmens;
- **Anteilseigner** erhalten Berichte aus der Kostenrechnung aufgrund einer satzungsmäßigen oder vertraglichen Informationspflicht;

- **Vertikal oder horizontal verbundene Unternehmen** erhalten aufgrund vertraglich festgelegter Informationspflichten Berichte aus der Kostenrechnung;
- **Mitglieder des Betriebsrates und Mitglieder eines Wirtschaftsausschusses** erhalten Pflichtinformationen.

1.3 Statistik

16 Die betriebswirtschaftliche Statistik sammelt das Zahlenmaterial aus der Buchführung, der Kosten- und Leistungsrechnung sowie aus dem Beschaffungs-, Produktions-, Personal- und Absatzbereich. Sie gliedert die Werte, setzt sie zueinander in Beziehung und analysiert sie.

Die Statistik ist eine **Vergleichsrechnung**. Sie arbeitet mit Zahlen der **Vergangenheit**. Die Arbeitsergebnisse der Statistik werden vorwiegend in Form von **Kennzahlen**, **Tabellen** und **Grafiken** dargestellt. Die Vergleichsrechnung erfolgt als **Zeitvergleich**, wenn z. B. die Entwicklung der Personalkosten oder der Ergebnisse mehrerer aufeinanderfolgender Geschäftsjahre verglichen werden. Werden Kennzahlen aus dem eigenen Betrieb mit Kennzahlen eines gleichen oder ähnlich strukturierten Betriebs verglichen, liegt ein **Betriebsvergleich** vor. Bei einem **Branchenvergleich** werden Kennzahlenwerte des eigenen Betriebs mit Durchschnittswerten anderer Unternehmen der gleichen Branche verglichen. Der zwischenbetriebliche Vergleich zeigt, wo der einzelne Betrieb steht. Er deckt die Schwächen des eigenen Unternehmens auf. Wird der *„Klassenbeste"* als Maßstab genommen, spricht man von **Benchmarking** (Rn. 635).

17 Bei einem **Plan-Ist-Vergleich** werden Planwerte mit den später tatsächlich angefallenen Ist-Werten verglichen. Ein **Verfahrensvergleich** liegt vor, wenn z. B. unterschiedliche Fertigungsverfahren oder unterschiedliche Vertriebswege hinsichtlich ihrer Effektivität und Wirtschaftlichkeit miteinander verglichen werden.

1.4 Planungsrechnung

18 Die Planungsrechnung versucht, durch gedankliche Vorwegnahme des zukünftigen betrieblichen Geschehens, Ungewissheiten und Zufälle auszuschalten. Sie ist eine **Vorschaurechnung** und bedient sich des Zahlenmaterials aus Buchführung, Kosten- und Leistungsrechnung und Statistik. Sie ist **zukunftsbezogen**, berücksichtigt aber neben der zukünftigen Entwicklung auch Erfahrungen aus Gegenwart und Vergangenheit.

19 Das zentrale Problem der Planungsrechnung ist die gegenseitige Abhängigkeit der Entwicklungen in den verschiedenen Unternehmensbereichen. Aus diesem Grunde werden – ausgehend vom Absatzplan – verschiedene Teilpläne erstellt.

ABB. 1: Planungsring

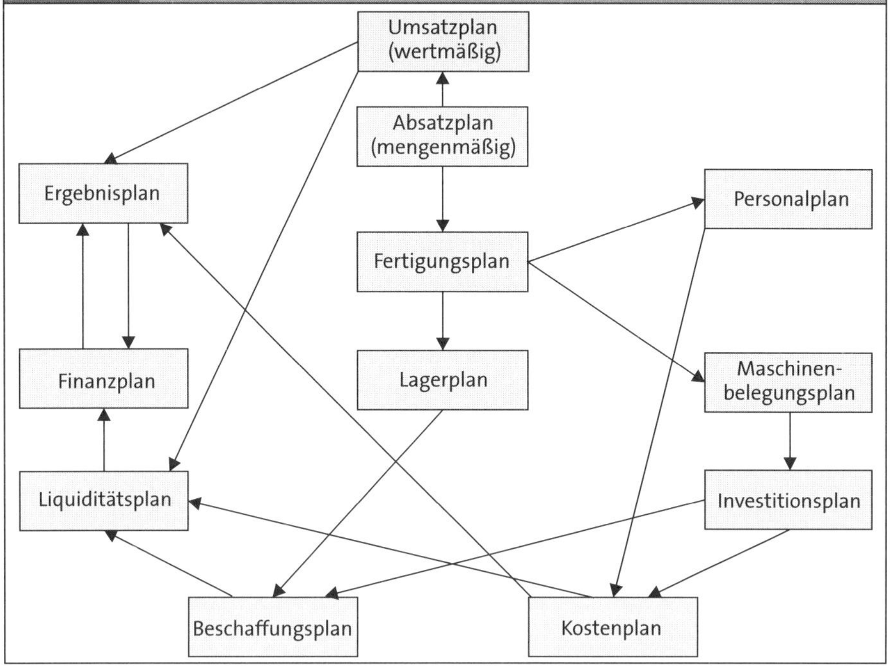

Die Planung und Kontrolle umfasst die **Ziel- und Maßnahmenplanung** bezogen auf die einzelnen Funktionsbereiche. Ausgehend von den generellen Unternehmenszielen werden zunächst die Ziele der einzelnen Bereiche ermittelt. Dann werden die für die Erreichung der Ziele erforderlichen Maßnahmen dargestellt und mit ihren Kosten bewertet. Mit zunehmender Größe des Unternehmens, der Breite des Sortiments oder des Erzeugnisprogramms und der Komplexität des Produktionsprozesses geht eine Zunahme der Planungseinheiten einher.

1. **Absatzplan:** Der Absatzplan gibt an, wie viele Einheiten eines Produkts im folgenden Geschäftsjahr verkauft werden sollen.

2. **Umsatzplan:** Im Umsatzplan werden die zu verkaufenden Einheiten zu Netto-Verkaufserlösen bewertet. Anschließend erfolgen Berichtigungen wegen zu erwartender Erlösschmälerungen und Rücksendungen.

3. **Fertigungsplan:** Die Zeiten der Arbeitsgänge sind zu ermitteln. Daraus ergeben sich die durchschnittlichen Fertigungsstunden je Monat für Mitarbeiter und für Maschinen. Dazu kommt ein Zuschlag für Fehlstunden bzgl. Krankheits-, Urlaubs-, Fortbildungszeiten. Zuständig für die Fertigungsplanung ist der Produktionsbereich.

4. **Personalplan:** Im Personalplan wird festgestellt, wie viele Mitarbeiter welcher Qualifikation benötigt werden. Zuständig für die Personalplanung ist die Personalabteilung in Abstimmung mit den Leitern der übrigen Funktionsbereiche.

5. **Maschinenbelegungsplan:** Die Laufzeiten der zu fertigenden Einheiten auf den verschiedenen Maschinen werden überschlägig ermittelt. Der Maschinenbelegungsplan wird unter Federführung des Produktionsleiters von der Arbeitsvorbereitung erstellt.

6. **Investitionsplan:** Reicht die zur Verfügung stehende Maschinenkapazität nicht aus, sind zusätzliche Maschinen anzuschaffen. Bei steigenden Umsätzen ist z. B. auch die Auslastung des Fuhrparks zu prüfen. Die Planung der Investitionen erfolgt durch das Controlling bzw. die Betriebswirtschaftliche Abteilung in Zusammenarbeit mit den Funktionsbereichen, unter Berücksichtigung der Vorgaben aus der strategischen Planung.

7. **Lagerplan:** Der monatliche Lagerbestand und die erforderlichen Zukäufe werden ermittelt. Der Verbrauch an Rohstoffen und Fertigteilen ergibt sich aus der Auflösung der Stücklisten. Insbesondere für die Planung des Hilfsstoff- und des Betriebsstoffverbrauchs werden Kennzahlen zur Art und Menge, der im Fertigungsprozess verbrauchten Materialien, herangezogen.

8. **Beschaffungsplan:** Die monatlichen Lagerzukäufe und die Investitionen gehen in den Beschaffungsplan ein. Zuständig für den Beschaffungsplan und die Lagerplanung ist der Beschaffungsbereich in Abstimmung mit dem Fertigungsbereich.

9. **Kostenplan:** Auf der Grundlage des Personalplans werden die Personalkosten ermittelt und mit dem Prozentsatz der erwarteten Tariferhöhung hochgerechnet. Lager- und Beschaffungsplan werden für die Ermittlung der Materialkosten herangezogen, Anlagenbuchhaltung und Investitionsplan für die Ermittlung der Abschreibungen. Der Absatzplan und Erfahrungswerte aus der Kostenrechnung sind Ausgangspunkte für die Planung aller weiteren Kosten.

10. **Liquiditätsplan und Finanzplan:** Im Liquiditätsplan werden der Bestand an flüssigen Mitteln und die Einnahmen den Ausgaben gegenübergestellt. Dabei sind u. a. die Dauer der Außenstände und der durchschnittliche Forderungsausfall zu berücksichtigen. Liquiditätsüberschüsse sind verzinslich anzulegen, Liquiditätslücken führen zu Kreditaufnahmen im Finanzplan.

11. **Ergebnisplan:** Im Ergebnisplan werden die Umsatzerlöse aus dem Umsatzplan den gesamten Kosten gegenübergestellt. Zuständig für den Kostenplan, für Liquiditäts- und Finanzplan und für den Ergebnisplan ist das Rechnungswesen.

Die **Teilpläne** werden in der sog. „Knetphase" aufeinander abgestimmt und dann zu einem **Gesamtplan** zusammengefasst. Das Ergebnis des Planungsprozesses ist der Unternehmensplan, der angibt, wer, was, wann, womit und unter welchen Bedingungen erreichen soll.

20 Die Unternehmensplanung setzt Ziele durch Vorgabe von Planwerten, die im **kurzfristigen** Teil der Planung für das kommende Geschäftsjahr sehr genau ermittelt werden. Aber auch die Werte für den Zeitraum der **mittelfristigen** Planung – für das zweite bis fünfte der Planerstellung folgende Geschäftsjahr – müssen verlässlich geplant werden. In den Folgejahren werden die Planwerte mit den tatsächlich angefallenen Werten verglichen. Sind die Ziele eines Teilplanes nicht erreichbar, führt dies zu Korrekturen in weiteren Teilplänen. Stellt sich z. B. im Folgejahr heraus, dass der geplante Umsatz

nicht erreicht werden kann, führt diese Erkenntnis i. d. R. zu Kürzungen im Beschaffungsplan, im Investitionsplan und in weiteren Teilplänen (s. auch Rn. 642).

Erst durch Planvorgaben und deren Kontrolle ist ein Management by Objectives (Führung durch Zielvorgabe) möglich. Für das Management by Exception (Führung im Ausnahmefall) signalisieren die Abweichungen zwischen Plan und Ist die Fälle, bei denen die Führungskräfte in den Prozess eingreifen müssen.

TAB. 3: Teilgebiete des Rechnungswesens im Vergleich 21

	Teilgebiete des Rechnungswesens			
	Buchführung	**Kosten- und Leistungsrechnung**	**Statistik**	**Planung**
Orientierung der Rechnung	Rückschaurechnung	Rückschau- und Vorschaurechnung	Rückschaurechnung	Vorschaurechnung
Art der Rechnung	Abrechnung mit der Außenwelt	Abrechnung des innerbetrieblichen Werteflusses	Vergleichsrechnung	Dispositionsrechnung
Gegenstand der Rechnung	Erfassung der Vermögens-, Finanz- und Ertragslage	Erfassung und Verrechnung der Kosten und Leistungen	Dokumentation betrieblicher und außerbetrieblicher Zustände	Erfassung betrieblicher und außerbetrieblicher Entwicklungen
Aufgabe der Rechnung	Überwachung der Rechnungslegung	Überwachung des Ergebnisses und Kontrolle der Entscheidungen	Veranschaulichung der Vorgänge und Zustände	Ermittlung zukünftiger Mengen und Werte
Ergebnis der Rechnung	Bilanz- und GuV-Rechnung	Kostenartenübersicht, Kostenstellenrechnung, Kostenträgerzeit- und Kostenträgerstückrechnung	Meldungen an interne und externe Stellen in Form von Kennzahlen, Berichten und Grafiken	a) Teilpläne, wie Umsatzplan, Personalplan, Finanzplan, Kostenplan usw. b) Gesamtplan

2. Rechnungskreise und Organisationsformen

2.1 Rechnungskreise I und II

22 TAB. 4: Rechnungskreise I und II

Rechnungskreise	
Rechnungskreis I Geschäfts- oder Finanzbuchhaltung Externe Erfolgsrechnung	**Rechnungskreis II** Betriebsbuchhaltung Interne Erfolgsrechnung

Die **Finanzbuchhaltung** sammelt im **Rechnungskreis I** alle Aufwendungen und Erträge, die während einer Abrechnungsperiode angefallen sind und ermittelt in der Gewinn- und Verlustrechnung das **Unternehmensergebnis** als Gesamtergebnis. Sie übernimmt die Abrechnung mit der Außenwelt, d. h. mit den Kunden, Lieferanten, Banken usw.

23 Die **Betriebsbuchhaltung** oder **Kosten- und Leistungsrechnung** übernimmt jene Aufwendungen und Erträge in den **Rechnungskreis II**, die durch die betriebliche Leistungserstellung und -verwertung verursacht worden sind. Die Aufwendungen werden im Betriebsergebnis den Erträgen aus Produktion und Vertrieb gegenübergestellt. Die in den Rechnungskreis II übernommenen Aufwendungen werden in der Betriebsbuchhaltung „Kosten“ genannt, die übernommenen Erträge werden „Leistungen“ genannt.

Das **Betriebsergebnis** weist den Teil am Gesamtergebnis aus, der durch die eigentlichen Aufgaben des Betriebs – sein Sachziel – entstanden ist, nämlich die Erstellung und/oder den Vertrieb von Produkten, Handelswaren und Dienstleistungen. Die Betriebsbuchhaltung übernimmt damit die interne Erfolgsrechnung und liefert das Zahlenmaterial für die Überwachung der Wirtschaftlichkeit.

24 Aufwendungen und Erträge aus der Bewirtschaftung von Grundstücken und Gebäuden, Zinszahlungen im Rahmen der Finanzierung des Unternehmens oder die Erwirtschaftung von Zinserträgen sind nicht Aufgabe eines Industrie- oder Handelsbetriebs. Sie werden deshalb nicht in den Rechnungskreis II übernommen.

2.2 Organisationsformen als Einkreis- und als Zweikreissystem

25 Die Bezeichnungen **Rechnungskreis I und Rechnungskreis II** beziehen sich auf die inhaltliche Abgrenzung von Finanzbuchhaltung und Betriebsbuchhaltung, die Abgrenzung von

- **externer Erfolgsrechnung** in der Geschäfts- oder Finanzbuchhaltung

und

- **interner Erfolgsrechnung** in der Betriebsbuchhaltung bzw. der Kosten- und Leistungsrechnung.

Die **Bezeichnungen Einkreissystem und Zweikreissystem** beziehen sich auf die Organisationsform, die abrechnungstechnische Verbindung der Rechnungskreise I und II. Finanzbuchhaltung und Betriebsbuchhaltung können eine Einheit oder zwei in sich geschlossene Kreise bilden.

TAB. 5: Organisationsformen als Einkreis- und als Zweikreissystem

Organisationsformen			
Einkreissystem Integration von Finanzbuchhaltung und Betriebsbuchhaltung		**Zweikreissystem** Verselbständigung von Finanzbuchhaltung und Betriebsbuchhaltung	
Vollständige Integration in einem Kontensystem (reines Einkreissystem)	Finanz- und Betriebsbuchhaltung in einem Rechnungskreis mit tabellarisch ausgegliederter Kostenrechnung	Abwicklung in jeweils einem eigenständigen Kontensystem	Finanzbuchhaltung auf Konten, Betriebsbuchhaltung als Kostenrechnung in Tabellenform und Übergabe von Werten zwischen diesen beiden Rechnungskreisen

Man spricht von einem Einkreissystem, wenn Geschäfts- oder Finanzbuchführung und Betriebsbuchhaltung in einem einzigen geschlossenen Kontensystem dargestellt werden. Sind die beiden Bereiche in zwei Kontenkreise getrennt, spricht man von einem Zweikreissystem. 26

In der Praxis haben sich als Organisationsformen durchgesetzt:

- das Einkreissystem mit ausgegliederter Kostenrechnung in Tabellenform,
- das Zweikreissystem mit (1) der Finanzbuchhaltung auf Konten neben (2) der Betriebsbuchhaltung als Kostenrechnung in Tabellenform.

2.2.1 Einkreissystem

Im Einkreissystem bilden Finanzbuchhaltung und Betriebsbuchhaltung grundsätzlich eine Einheit. Das Gesamtergebnis in der Gewinn- und Verlustrechnung setzt sich buchhalterisch aus dem Betriebsergebnis der Kosten- und Leistungsrechnung und dem neutralen Ergebnis zusammen. 27

a) Ungeteilte Gesamtbuchführung

Beim Einkreissystem erfolgt die Gliederung der Konten entsprechend dem betrieblichen Wertefluss. Auf die Stellung der Konten zum Abschluss der Finanzbuchhaltung nimmt die Gliederung keine Rücksicht. Finanzbuchhaltung und Betriebsbuchhaltung bilden eine organisatorische Einheit. 28

TAB. 6:	Systematik des Kontenrahmens nach dem Prozessgliederungsprinzip
Kontenklasse	**Konten der Kontenklasse zu**
0	Anlagevermögen und langfristiges Kapital
1	Finanz-Umlaufvermögen und kurzfristige Verbindlichkeiten
2	Neutrale Aufwendungen und Erträge
3	Bestände an Roh-, Hilfs- und Betriebsstoffen, Fertigteilen und Handelswaren
4	Kostenarten
5 und 6	Beim **Gesamtkostenverfahren** entfallen die Klassen 5 und 6 im Allgemeinen, da die Betriebsabrechnung nicht als Buchhaltung, sondern statistisch in Tabellen durchgeführt wird. Bei Anwendung des **Umsatzkostenverfahrens** werden in der Klasse 6 Konten für Herstellkosten eingerichtet. Wird die Betriebsbuchhaltung buchhalterisch verankert, so werden in der Klasse 5 Verrechnungskonten für die Kostenstellenbereiche geführt.
7	Bestände an unfertigen und fertigen Erzeugnissen
8	Ertragskonten
9	Abschlusskonten

b) Einkreissystem mit tabellarisch ausgegliederter Kostenrechnung

29

TAB. 7:	Einkreissystem mit tabellarisch ausgegliederter Kostenrechnung	
Nur ein Kontenkreis		**Aus der Buchhaltung ausgegliedert**
Abgrenzung der betrieblichen von den neutralen Aufwendungen und Erträgen auf Konten in der Kontenklasse 2	nebeneinander	Kostenrechnung in tabellarischer Form
Ausweis des Betriebsergebnisses und des neutralen Ergebnisses auf gesonderten Sammelkonten.		Keine Abstimmung zwischen den Ergebnissen der Finanzbuchhaltung und der Betriebsbuchhaltung außerhalb des Kontensystems

Bei Anwendung eines nach dem Prozessgliederungsprinzip aufgebauten Kontenrahmens, z. B. des **Gemeinschaftskontenrahmens der Industrie (GKR)**, wird beispielsweise die Abgrenzung der nicht betriebsbedingten Aufwendungen und Erträge von den betriebsbedingten in der Kontenklasse 2 vorgenommen.

Die betriebsbedingten Aufwendungen und Erträge werden auf dem **Betriebsergebniskonto** gesammelt. Die nicht im Rahmen der eigentlichen betrieblichen Tätigkeit im Sinne des Sachzieles entstandenen Aufwendungen und Erträge werden auf dem **neutralen**

Ergebniskonto gesammelt. Die Salden der beiden Konten werden zum Gewinn- und Verlustkonto abgeschlossen, auf dem dann das **Gesamtergebnis** ablesbar ist.

BEISPIEL ▸ Verkürzte Darstellung der Ergebnisspaltung bei Anwendung des GKR 30

Gebucht wurde auf folgenden Konten:

210	Haus- und Grundstücksaufwendungen	
	Instandhaltung Gebäude	500 €
	Gebäudeversicherung	250 €
	Grundsteuer	120 €
230	Abschreibungen auf Gebäude	1.000 €
400	Fertigungsmaterial	20.000 €
431	Fertigungslöhne	25.000 €
450	Instandhaltung Maschinen und Anlagen	5.500 €
469	Versicherungsbeiträge	950 €
830	Umsatzerlöse	65.000 €

ABB. 2: Buchung der sachlich-kalkulatorischen Abgrenzung auf Konten

S 830 Umsatzerlöse H

S		H	
980/	65.000		65.000

S 469 Versicherungen H

S		H	
	950	980/	950

S 210 Haus/Grundstücksaufwend. H

S		H	
	250	987/	870
	500		
	120		
	870		870

S 400 Fertigungsmaterial H

S		H	
	20.000	980/	20.000

S 431 Fertigungslöhne H

S		H	
	25.000	980/	25.000

S 450 Instandhaltung H

S		H	
	5.500	980/	5.500

S 980 Betriebsergebnis H

S		H	
400/	20.000	830/	65.000
431/	25.000		
450/	5.500		
469/	950		
989/	13.550		
	65.000		65.000

S 987 Neutrales Ergebnis H

S		H	
210/	870	989/	1.870
230/	1.000		
	1.870		1.870

S 230 Abschreibung auf Gebäude H

S		H	
	1.000	987/	1.000

S 989 Gewinn- und Verlustkonto H

S		H	
987/	1.870	980/	13.550
Gewinn	11.680		
	13.550		13.550

Alle auf dem Konto 980 Betriebsergebnis erfassten Kosten und Leistungen wurden in die Kosten- und Leistungsrechnung übernommen. Wenn das Betriebsergebnis der kurzfristigen Erfolgsrechnung (monatliche Kostenträgerzeitrechnung) das gleiche Ergebnis ausweist wie das Betriebsergebniskonto, sind alle Kosten und Leistungen der Geschäftsbuchhaltung – nicht mehr und nicht weniger – in der Kosten- und Leistungsrechnung berücksichtigt worden. Die Geschlossenheit ist gewahrt. 31

c) Abschluss der Kontenklasse 4 über die tabellarische Abrechnung nach Kontenklasse 5

Bei dieser Organisationsform entnimmt die tabellarische Kostenrechnung die Kosten aus den Konten der Kontenklasse 4 in der Finanzbuchhaltung und gibt sie in umgruppierter Zusammensetzung an die Verrechnungskonten der Kontenklasse 5. 32

Während es sich bei der ungeteilten Gesamtbuchführung noch um ein reines Einkreissystem handelt, ist nun die tabellarisch durchgeführte Betriebsbuchhaltung zwar ausgegliedert, andererseits erfolgt über die Kontenklasse 5 eine Abstimmung innerhalb des Kontensystems.

ABB. 3: Tabellarische Kostenrechnung mit Abstimmung über Verrechnungskonten

Kontenklasse 4		Kontenklasse 5
Einzelkosten		**Verrechnete Einzelkosten**
400 Fertigungsmaterial		50 Verrechnetes Fertigungsmaterial
431 Fertigungslöhne		51 Verrechnete Fertigungslöhne
Gemeinkosten		**Verrechnete Gemeinkosten**
410 Gemeinkostenmaterial	→ **Tabellarische Verrechnung der Gemeinkosten im Betriebsabrechnungsbogen** →	52 Verr. Materialgemeinkost.
420 Betriebsstoffe, Energie		53 Verr. Fertigungsgemeink.
432 Hilfslöhne		54 Verr. Verwaltungsgemeink.
439 Gehälter		55 Verr. Vertriebsgemeinkost.
440 Sozialkosten		
460 Steuern, Versicherungen		
470 Verschiedene Kosten		
480 Abschreibungen		

2.2.2 Zweikreissystem

Im Zweikreissystem bilden Finanzbuchhaltung und Betriebsbuchhaltung jeweils zwei in sich geschlossene Systeme. Zur Überführung der Werte aus der Gewinn- und Verlustrechnung in die Kosten- und Leistungsrechnung ist eine Abgrenzungsrechnung als Verbindungsstelle zwischen den beiden Kreisen erforderlich. 33

Die Überleitungsrechnung kann erfolgen

- in Form von **Übergangskonten,** jeweils in Finanzbuchhaltung und Betriebsbuchhaltung. Das Übergabekonto der Finanzbuchhaltung und das Übernahmekonto der Betriebsbuchhaltung müssen jeweils den gleichen Saldo ausweisen.
- durch entsprechende **Gestaltung des Kontenrahmens** mit zwei getrennten Kontenkreisen nach dem Prozessgliederungsprinzip.
- in einer **Abgrenzungstabelle**, die das Gesamtergebnis, das neutrale Ergebnis und das Betriebsergebnis ausweist und deshalb auch **Ergebnistabelle** genannt wird (s. Rn. 036).

TAB. 8: Organisationsformen bei einem Zweikreissystem

Zweikreissystem	
Organisatorisch selbständige Finanzbuchhaltung mit eigenem Kontenkreis	Organisatorisch selbständige Betriebsbuchhaltung mit eigenem Kontenkreis
Keine gesonderten Sammelkonten für Betriebsergebnis und neutrales Ergebnis. Lediglich Ausweis des Gesamtergebnisses.	Abstimmung zwischen Finanzbuchhaltung und Betriebsbuchhaltung in einer Abgrenzungstabelle mit Ausweis des Gesamtergebnisses, des neutralen Ergebnisses und des Betriebsergebnisses.

Beim Zweikreissystem verfügen die Finanzbuchhaltung und die Betriebsbuchhaltung jeweils über einen eigenen in sich geschlossenen Kontenkreis, d. h. **getrennte Kontenkreise**. Die Kontengliederung für die Finanzbuchhaltung entspricht dem Aufbau der Bilanz und der Gewinn- und Verlustrechnung. Die Kontengliederung für die Betriebsbuchhaltung entspricht den Bedürfnissen der Kosten- und Leistungsrechnung. 34

TAB. 9:	Getrennte Kontenkreise am Beispiel des Industriekontenrahmens (IKR)
Konten-klasse	**Konten der Kontenklasse zu**
1. Finanzbuchhaltung (Kontenkreis I)	
0	Immaterielle Vermögensgegenstände und Sachanlagen
1	Finanzanlagen
2	Umlaufvermögen und aktive Rechnungsabgrenzung
3	Eigenkapital und Rückstellungen
4	Verbindlichkeiten und passive Rechnungsabgrenzungsposten
5	Erträge
6	Betriebliche Aufwendungen
7	Weitere Aufwendungen (grundsätzlich neutrale Aufwendungen)
8	Ergebnisrechnungen und Konten der Kostenbereiche für die GuV im Umsatzkostenverfahren sowie Konten der kurzfristigen Erfolgsrechnung (KER) für innerjährige Rechnungsperioden (Monat, Quartal, Halbjahr)
2. Betriebsbuchhaltung (Kontenkreis II)	
9	Kosten- und Leistungsrechnung
90	Unternehmensbezogene Abgrenzungen
91	Kostenrechnerische Korrekturen
92	Kostenarten und Leistungsarten
93	Kostenstellen
94	Kostenträger
95	Fertige Erzeugnisse
96	Interne Lieferungen und Leistungen sowie deren Kosten
97	Umsatzkosten
98	Umsatzleistungen
99	Ergebnisausweise

35 Der **Industriekontenrahmen (IKR)** ist nach dem Abschlussgliederungsprinzip aufgebaut. Die Geschäfts- oder Finanzbuchhaltung sammelt im Rechnungskreis I (Kontenklassen 0 bis 8) alle Aufwendungen und Erträge, die während einer Abrechnungsperiode angefallen sind und ermittelt in der Gewinn- und Verlustrechnung das Unternehmensergebnis (Gesamtergebnis). Die Betriebsbuchhaltung oder Kosten- und Leistungsrechnung übernimmt jene Aufwendungen in den Rechnungskreis II (Kontenklasse 9), die durch die betriebliche Leistungserstellung und -verwertung verursacht worden sind. Im Rechnungskreis II heißen diese Aufwendungen Kosten. Die Kosten werden im Betriebsergebnis den Erträgen aus Produktion und Vertrieb gegenübergestellt. Die in den Rechnungskreis II übernommenen Erträge werden Leistungen genannt. Das Betriebsergebnis weist den Teil am Gesamtergebnis aus, der durch die eigentliche Aufgabe des Industrie-

betriebs, sein Sachziel, nämlich Erstellung und Vertrieb von Gütern und Dienstleistungen, entstanden ist.

In der Regel wird auch bei der kontenmäßigen Organisation der Buchführung nach 36
dem Abschlussgliederungsprinzip die Betriebsbuchhaltung nicht auf Konten, sondern tabellarisch durchgeführt. In diesem Fall erfolgt die Abgrenzungsrechnung in einer **Abgrenzungstabelle**.

BEISPIEL ▸ **Darstellung der Ergebnisspaltung in einer Ergebnistabelle bei Anwendung des IKR**

TAB. 10: Abgrenzungsrechnung in der Abgrenzungstabelle

Finanzbuchhaltung Rechnungskreis I				**Betriebsbuchhaltung Rechnungskreis II**			
Gewinn- und Verlustrechnung Gesamtergebnis				Abgrenzungsbereich Neutrales Ergebnis		Kosten- und Leistungsrechnung Betriebsergebnis	
Konto		Aufw. €	Erträge €	Aufw. €	Erträge €	Kosten €	Leistungen €
500	Umsatzerlöse		65.000				65.000
600	Fertigungsmaterial	20.000				20.000	
620	Fertigungslöhne	25.000				25.000	
616	Fremdinstandhaltung	6.000		500		5.500	
652	Abschreibungen auf Gebäude	1.000		1.000			
690	Versicherungsbeiträge	1.200		250		950	
702	Grundsteuer	120		120			
	Summen I	**53.320**	**65.000**	**1.870**	**0**	**51.450**	**65.000**
	Salden	**11.680**		**0**	**1.870**	**13.550**	
	Summen II	**65.000**	**65.000**	**1.870**	**1.870**	**65.000**	**65.000**
		Gesamtergebnis + 11.680 €		**Neutrales Ergebnis** - 1.870 €		**Betriebsergebnis** + 13.550 €	

Gebucht wurde auf folgenden Konten:

600	Fertigungsmaterial	20.000 €
616	Fremdinstandhaltung	6.000 €, davon 500 € für Gebäude
620	Fertigungslöhne	25.000 €
652	Abschreibungen auf Gebäude	1.000 €
690	Versicherungsbeiträge	1.200 €, davon 250 € Gebäudeversicherung
702	Grundsteuer	120 €
500	Umsatzerlöse	65.000 €

Gesamtergebnis, neutrales Ergebnis und Betriebsergebnis in der Abgrenzungstabelle entsprechen den Ergebnissen bei der buchhalterischen Ermittlung auf Konten.

3. Aufbau der Kostenrechnung

37 Die Kostenrechnung erfolgt in drei Stufen:

TAB. 11: Inhalt der drei Stufen der Kosten- und Leistungsrechnung

Stufe	Teilgebiet	Information über	
1	Kosten**arten**rechnung	**Was?**	Art und Höhe der entstandenen Kosten
2	Kosten**stellen**rechnung	**Wo?**	Ort der Entstehung der Kosten
3	Kosten**träger**rechnung	**Wofür?**	Erzeugnisse, die die Kosten verursacht haben

Im Rahmen der Grundlagenvermittlung soll hier zunächst an Beispielen aus der Industrie ein Überblick über den Inhalt und die Zusammenhänge der drei Stufen der Kosten- und Leistungsrechnung vermittelt werden. Die Gliederung der Kostenrechnung in Kostenarten-, Kostenstellen- und Kostenträgerrechnung kann grundsätzlich in gleicher Weise auch auf Handelsbetriebe angewandt werden (s. Rn. 261 ff.).

3.1 Kostenartenrechnung

38 Die **Kostenartenrechnung** erfasst die Kosten eines bestimmten Zeitabschnitts, z. B. eines Monats **nach Art und Höhe** auf den Kostenartenkonten.

TAB. 12: Beispiel für die Kostenartenrechnung

1. Stufe: Kostenartenrechnung	
Fertigungsmaterial	48.400 €
Hilfsstoffkosten	4.600 €
Energie	4.900 €
Fertigungslöhne	30.000 €
Hilfslöhne	10.000 €
Gehälter	20.000 €
Sozialkosten	12.000 €
Abschreibungen	19.400 €
Mieten	10.050 €
Bürokosten	10.025 €
	169.375 €

39 Durch die Zuordnung zu bestimmten Kostenartenkonten **gliedert** die Kostenartenrechnung die Kosten gleichzeitig **nach ihrer Zurechenbarkeit** in Einzelkosten, Gemeinkosten und Sondereinzelkosten.

TAB. 13: Gegenüberstellung der Einzel-, Gemein- und Sondereinzelkosten

Kosten		
Einzelkosten	**Gemeinkosten**	**Sondereinzelkosten**
Fertigungsmaterial	Hilfsstoffkosten	SEK der Fertigung
Fertigungslöhne	Gehälter	SEK des Vertriebs
	Sozialkosten	
	Steuern	
	Abschreibungen	
	und andere	

Einzelkosten sind Fertigungsmaterial und Fertigungslöhne. Als **Fertigungsmaterial** wird der Verbrauch an Rohstoffen und bezogenen Fertigteilen bezeichnet. Das Fertigungsmaterial kann den Kostenträgern direkt, d. h. einzeln zugerechnet werden. **Fertigungslöhne** sind die unmittelbar mit der Fertigung im Zusammenhang stehenden, den Kostenträgern direkt zurechenbaren Löhne. 40

Gemeinkosten werden von mehreren oder allen Kostenträgern gemeinsam verursacht. Sie können den einzelnen Erzeugnissen oder Aufträgen nur als Zuschlag auf die Einzelkosten zugerechnet werden. Eigentlich müssten sie *Allgemeinkosten* heißen, weil sie durch Produktion und Vertrieb allgemein verursacht worden sind. 41

Sondereinzelkosten (SEK) fallen aufgrund besonderer Produktions- und Lieferungsbedingungen nur für einzelne Aufträge an. Sie können den Aufträgen direkt zugerechnet werden. 42

- Als **Sondereinzelkosten der Fertigung** (SEKF) werden auftragsabhängige Konstruktionsarbeiten, Lizenzgebühren, Modelle, Gesenke, Spezialwerkzeuge, Formen, Matrizen und Patrizen abgerechnet.
- **Sondereinzelkosten des Vertriebs** (SEKV) sind beispielsweise Vertreterprovisionen, Ausgangsfrachten, Transportversicherungen, Spezialverpackungen.

3.2 Kostenstellenrechnung

Während die Einzelkosten und die Sondereinzelkosten direkt auf die Kostenträger verrechnet werden können, lässt sich bei den Gemeinkosten, z. B. dem Gehalt des Kostenrechners, nicht feststellen, mit welchem Betrag der einzelne Auftrag diese Kosten verursacht hat. Feststellbar ist jedoch, *wo* im Betrieb, in welcher Abteilung, in welcher **Kostenstelle** die Gemeinkosten angefallen sind. Eine Kontrolle des Kostenanfalls ist dadurch gewährleistet, dass die Gemeinkosten im **Betriebsabrechnungsbogen (BAB I)** auf die Kostenstellen verteilt werden, die sie verursacht haben. 43

TAB. 14: Einfacher Betriebsabrechnungsbogen					
2. Stufe: Kostenstellenrechnung / Betriebsabrechnungsbogen (Fortführung des Zahlenbeispiels zur Kostenartenrechnung)					
Kostenarten	Lt. Finanzbuchhaltung €	Beschaffung €	Produktion €	Verwaltung €	Vertrieb €
Hilfsstoffkosten	4.600	1.000	3.000	100	500
Energie	4.900	500	3.500	400	500
Hilfslöhne	10.000	2.000	6.000	1.000	1.000
Gehälter	20.000	2.000	2.000	6.000	10.000
Sozialkosten	12.000	800	7.600	1.400	2.200
Abschreibungen	19.400	2.000	15.700	700	1.000
Mieten	10.050	1.800	6.200	950	1.100
Bürokosten	10.025	2.000	1.000	3.000	4.025
Summe	90.975	12.100	45.000	13.550	20.325
Fertigungsmaterial	48.400	48.400			
Fertigungslöhne	30.000		30.000		
Herstellkosten des Umsatzes				135.500	135.500
Zuschlagssätze		25 % *von 48.400*	150 % *von 30.000*	10 % *von 135.500*	15 % *von 135.500*
Kosten insgesamt	169.375				

Im Betriebsabrechnungsbogen wird ausgerechnet, in welchem Verhältnis die Summe der Gemeinkosten einer Kostenstelle zu den Einzelkosten steht. Im vorstehenden Betriebsabrechnungsbogen wurden im Beschaffungs- oder Materialbereich 12.100 € Gemeinkosten gesammelt. Das sind die Kosten, die für Einkauf und Lagerhaltung angefallen sind. Diese Gemeinkosten wurden hauptsächlich durch den Einkauf und die Lagerung des Fertigungsmaterials verursacht. In der Abrechnungsperiode wurde Fertigungsmaterial für 48.400 € eingesetzt. Die Gemeinkosten des Beschaffungsbereichs machen 25 % des Fertigungsmaterials aus. Das Fertigungsmaterial lässt sich aufgrund von Materialentnahmescheinen einzelnen Aufträgen direkt zurechnen (direkte Kosten, Einzelkosten). Wird nun auf jeden dem Auftrag belasteten € (einzeln zurechenbar) für Fertigungsmaterial ein Zuschlag von 25 % für Materialgemeinkosten verrechnet, dann wurde erreicht, dass – zusammen mit den zurechenbaren Einzelkosten – die zunächst nicht einzeln den Aufträgen zurechenbaren Gemeinkosten des Beschaffungsbereichs vollständig auf die Aufträge verrechnet worden sind.

(Unter Rn. 479 wird ein detaillierterer Betriebsabrechnungsbogen dargestellt.)

3.3 Kostenträgerrechnung

Kostenträger sind die Leistungen eines Betriebes in Form von Produkten und Dienstleistungen – oder anders betrachtet – die Aufträge von Kunden und die betriebsinternen Aufträge für Lagerfertigung, Reparaturen usw., auf die die Kosten letztendlich verrechnet werden. Die Kostenträger tragen die Kosten. 44

Die Kostenträgerrechnung wird als Kostenträgerzeitrechnung und als Kostenträgerstückrechnung durchgeführt. 45

TAB. 15: Bereiche der Kostenträgerrechnung

Kostenträgerrechnung	
Kostenträgerzeitrechnung	**Kostenträgerstückrechnung**
kurzfristige Erfolgsrechnung (Fabrikate-Erfolgsrechnung)	Auftragsabrechnung

In der **Kostenträgerzeitrechnung** – oft ausgebaut zur Fabrikate-Erfolgsrechnung – werden alle Kosten und Leistungen einer Abrechnungsperiode (i. d. R. der Monat) gegenübergestellt. Sie dient der kurzfristigen Erfolgsermittlung.

Die **Kostenträgerstückrechnung** ermittelt die Kosten und den Erfolg für die Einheiten der betrieblichen Leistung. Das kann eine Produkteinheit, eine Dienstleistung oder ein Kundenauftrag sein.

Die Kostenträgerzeitrechnung

- rechnet alle Einzelkosten und Gemeinkosten eines bestimmten Zeitabschnitts, z. B. eines Monats, den verschiedenen Erzeugnisgruppen zu, 46
- zeigt, mit welchem Anteil die einzelne Produktgruppe am Gesamtergebnis beteiligt ist,
- dient als Entscheidungsgrundlage für die Sortimentsgestaltung.

TAB. 16: Vereinfachtes Beispiel einer Kostenträgerzeitrechnung				
3. Stufe: Kostenträgerrechnung				
Kostenträgerzeitrechnung (Fortführung des Zahlenbeispiels zur Kostenstellenrechnung)				
		Gesamt €	Maschinenbau €	Anlagenbau €
	Fertigungsmaterial (FM)	48.400	22.000	26.400
+	25 % Materialgemeinkosten (MGK)	12.100	5.500	6.600
	Fertigungslöhne (FL)	30.000	20.000	10.000
+	150 % Fertigungsgemeinkosten (FGK)	45.000	30.000	15.000
	Herstellkosten der Erzeugung	135.500	77.500	58.000
+/-	Bestandsveränderungen an unfertigen und fertigen Erzeugnissen	0	0	0
	Herstellkosten des Umsatzes	135.500	77.500	58.000
+	10 % Verwaltungsgemeinkosten (VwGK)	13.550	7.750	5.800
+	15 % Vertriebsgemeinkosten (VtGK)	20.325	11.625	8.700
	Selbstkosten	169.375	96.875	72.500
	Umsatzerlöse	180.000	110.000	70.000
	Betriebsergebnis	+ 10.625	+ 13.125	- 2.500

47 Die **Kostenträgerstückrechnung**

- ermittelt die Kosten für den einzelnen Kostenträger, das einzelne Stück, die Erzeugniseinheit oder den Auftrag,
- zeigt, ob die Selbstkosten durch den Verkaufserlös gedeckt sind und
- deckt fehlerhafte Kostenverrechnungen auf.

BEISPIEL Für den Auftrag Nr. 4711 sind Fertigungsmaterial für 1.000 € und Fertigungslöhne für ebenfalls 1.000 € angefallen. Der Verkaufserlös beträgt 5.000 €.

TAB. 17: Kostenträgerstückrechnung		
3. Stufe: Kostenträgerrechnung		
Kostenträgerstückrechnung		
(Übernahme der Zuschlagssätze für MGK, FGK, VwGK und VtGK aus der Kostenträgerzeitrechnung bzw. der Kostenstellenrechnung)		
Auftrag Nr. 4711 für Stahlbau GmbH	€	€
Fertigungsmaterial (FM)	1.000,00	
+ 25 % Materialgemeinkosten (MGK)	250,00	
Materialkosten (MK)		1.250,00
Fertigungslöhne (FL)	1.000,00	
+ 150 % Fertigungsgemeinkosten (FGK)	1.500,00	
Fertigungskosten (FK)		2.500,00
Herstellkosten (Heko)		3.750,00
+ 10 % Verwaltungsgemeinkosten (VwGK)		375,00
+ 15 % Vertriebsgemeinkosten (VtGK)		562,50
Selbstkosten		4.687,50
Umsatzerlös (Nettoverkaufspreis)		5.000,00
Auftragsergebnis		+ 312,50

Die folgende Darstellung zeigt im Zusammenhang den Fluss der Kosten von der Kostenartenrechnung zur Kostenträgerrechnung. Beachten Sie, dass die Einzelkosten und die Sondereinzelkosten direkt den Kostenträgern belastet werden, während die Gemeinkosten von der Kostenartenrechnung aus zunächst in der Kostenstellenrechnung den verschiedenen Stellen im Betrieb zugerechnet werden und von dort aus den Kostenträgern belastet werden. 48

ABB. 4: Die drei Stufen der Kosten- und Leistungsrechnung

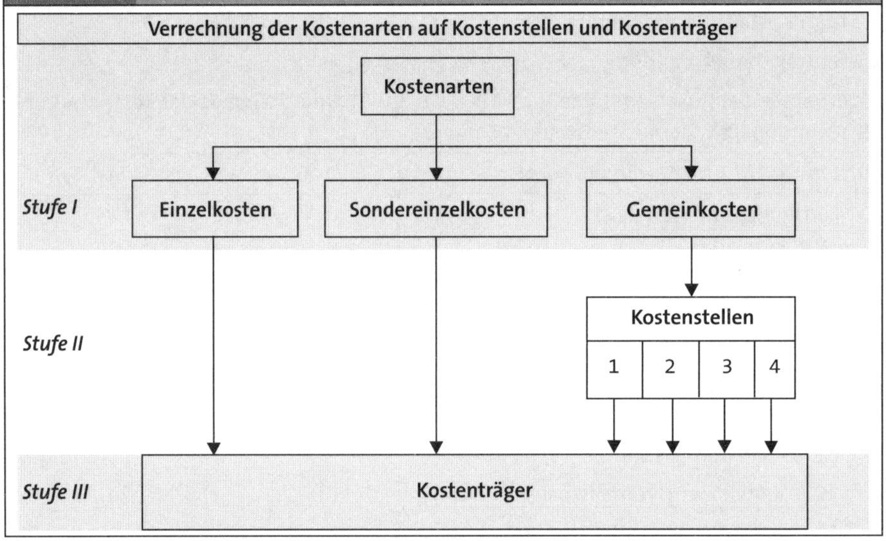

4. Grundbegriffe des Rechnungswesens

4.1 Grundbegriffe der Finanzbuchhaltung

49

Auszahlungen	-	Einzahlungen
Ausgaben	-	Einnahmen
Aufwendungen	-	Erträge

4.1.1 Auszahlungen und Einzahlungen

Die Buchungen in der Finanzbuchhaltung knüpfen an Zahlungsvorgänge an. Auszahlungen und Einzahlungen betreffen den Zahlungsmittelfluss zwischen dem Unternehmen und seiner Umwelt. Sie wirken sich auf die Liquidität des Unternehmens aus. Bei der Buchung von Einzahlungen oder Auszahlungen wird immer mindestens eines der Konten Kasse, Bank oder Bundesbank angesprochen.

- **Auszahlungen** sind Abgänge von liquiden Mitteln (Kasse, Bank)
- **Einzahlungen** sind Zugänge von liquiden Mitteln

50 4.1.2 Ausgaben und Einnahmen

Ausgaben und Einnahmen sind ebenfalls Begriffe der Geldrechnung, die sich in der Finanzbuchhaltung niederschlagen. Sie entstehen bereits durch schuldrechtliche Verpflichtungen und umfassen neben den Einzahlungen und Auszahlungen zusätzlich die Zugänge und Abgänge an Forderungen und Verbindlichkeiten.

- **Ausgaben** sind **Auszahlungen**, **Forderungsabgänge** (z. B. Gutschriften an einen Kunden) und **Schuldenzugänge** (z. B. Kauf auf Ziel).
  Ausgaben werden auf der **Habenseite** eines **Kontos des Zahlungsverkehrs**, des **Kontos Forderungen** oder des **Kontos Verbindlichkeiten** gebucht.
- **Einnahmen** sind **Einzahlungen**, **Forderungszugänge** (z. B. Verkauf auf Ziel) und **Schuldenabgänge** (z. B. Gutschrift eines Lieferers).
  Einnahmen werden auf der **Sollseite** eines **Kontos des Zahlungsverkehrs**, des **Kontos Forderungen** oder des **Kontos Verbindlichkeiten** gebucht.

4.1.3 Aufwendungen und Erträge 51

Aufwendungen und Erträge sind Begriffe der **Erfolgsrechnung** in der Finanzbuchhaltung. Sie werden bestimmten Abrechnungsperioden zugerechnet und wirken sich in der Gewinn- und Verlustrechnung auf das Unternehmensergebnis aus.

- **Aufwendungen** sind in Geldeinheiten ausgedrückter **Werteverzehr** für Güter und Dienstleistungen. Sie setzen sich aus unternehmensbezogenen Aufwendungen zusammen (z. B. Zinsaufwendungen) und aus solchen, die der Erfüllung des Betriebszwecks dienen (z. B. Rohstoffaufwendungen und Aufwendungen für Fertigungslöhne). Aufwendungen führen immer zur Belastung eines Aufwandskontos in der Finanzbuchhaltung.

  Aufwendungen können ausgabewirksam sein (z. B. in der Abrechnungsperiode gezahlte Gehälter) oder nicht mehr zu Ausgaben führen (z. B. Abschreibungen auf Sachanlagen, Entnahme von Rohstoffen vom Lager) bzw. erst in einer späteren Abrechnungsperiode zu Ausgaben führen (z. B. Aktiver Rechnungsabgrenzungsposten, Zuführungen zu den Rückstellungen).
- **Erträge** sind der **Wertzuwachs** innerhalb einer Abrechnungsperiode, der auf die Erfüllung des Betriebszwecks oder auf die Erfüllung eines Zwecks außerhalb der typischen Tätigkeit des Unternehmens beruht. Erträge führen immer zu einer Gutschrift auf einem Ertragskonto in der Finanzbuchhaltung. Erträge und Einnahmen müssen nicht immer übereinstimmen. So führt die Anzahlung eines Kunden zu einer Einnahme, nicht aber zu einem Ertrag.

Aufwendungen und Erträge führen zu Veränderungen des Reinvermögens (Eigenkapitals).

4.2 Grundbegriffe der Betriebsbuchhaltung

52

Kosten - Leistungen

Kosten und Leistungen sind Begriffe der Betriebsbuchhaltung bzw. der Kosten- und Leistungsrechnung.

- **Kosten** sind betriebsbedingte **Aufwendungen**, die aus der Finanzbuchhaltung in die Kosten- und Leistungsrechnung übernommen werden, z. B. Fertigungslöhne, Gehälter, Rohstoffaufwendungen usw.
  Kosten sind der wertmäßige Verzehr von Produktionsfaktoren bei der Leistungserstellung und -verwertung.
- **Leistungen** sind der betriebsbedingte Teil der **Erträge**. Sie werden aus der Finanzbuchhaltung in die Kosten- und Leistungsrechnung übernommen, z. B. Verkaufserlöse (Absatzleistungen), Bestandsmehrungen bei unfertigen und fertigen Erzeugnissen (Lagerleistungen) und aktivierte Eigenleistungen (z. B. selbst erstellte Maschinen und Anlagen).
  Leistungen sind das Ergebnis der betrieblichen Faktorkombination.

53 Nach der Art der Erfassung der Kosten und Leistungen werden unterschieden:

- **pagatorische Kosten und Leistungen**, denen in gleicher Höhe Ausgaben und damit auch Auszahlungen gegenüberstehen,
- **wertmäßige Kosten und Leistungen**, die unabhängig von Zahlungsvorgängen allein aufgrund ihrer wertmäßigen Auswirkungen verrechnet werden. Je nach Zweck werden verrechnete Werte angesetzt oder Kosten, denen keine Aufwendungen gegenüberstehen (s. Rn. 77, kalkulatorische Kostenarten).

Für die Kosten- und Leistungsrechnung ist allein die Erfassung der wertmäßigen Kosten und Leistungen von Bedeutung.

FRAGEN

(Die Antworten zu den Kontrollfragen 1 – 21 befinden sich auf Seite 255 ff.)

1. Nennen Sie die vier Aufgabenbereiche des Rechnungswesens.
2. Welche der vier Aufgabenbereiche zählen zum internen Rechnungswesen und welche zählen zum externen Rechnungswesen? – Begründen Sie die Zuordnung.
3. Wozu dient die Buchführung? – Was heißt planmäßig, lückenlos und ordnungsmäßig?
4. Nennen Sie die Aufgaben und den Hauptzweck der Buchführung.
5. Welche Nebenbuchhaltungen werden der Betriebsbuchhaltung zugeordnet?
6. Wozu dient die Betriebsbuchhaltung?
7. Welche Aufgaben hat die Kostenrechnung?

8. Wer sind jeweils die Adressaten der Buchführung und der Kostenrechnung?
9. Erklären Sie die Begriffe Zeitvergleich, Betriebsvergleich, Branchenvergleich, Verfahrensvergleich und Benchmarking.
10. Was stellen Sie sich unter der „Knetphase“ im Rahmen der Planungsrechnung vor?
11. Welche Aufgaben haben jeweils der Rechnungskreis I und der Rechnungskreis II?
12. Wann spricht man von einem Einkreissystem und wann spricht man von einem Zweikreissystem?
13. Wie heißen die drei Teilgebiete (Stufen) der Kostenrechnung und welche Informationen liefern sie jeweils?
14. Warum spricht man bei den Teilgebieten auch von den Stufen der Kosten- und Leistungsrechnung?
15. Definieren Sie die Begriffe Einzelkosten, Gemeinkosten und Sondereinzelkosten und nennen Sie je zwei Kostenarten als Beispiel.
16. Warum ist für die verursachungsgerechte Verrechnung der Gemeinkosten eine Kostenstellenrechnung erforderlich?
17. In welche vier Funktionsbereiche sollte der Betriebsabrechnungsbogen eines Industriebetriebs mindestens eingeteilt sein und warum ist diese Einteilung erforderlich?
18. Definieren Sie den Begriff Kostenträger.
19. Worin unterscheiden sich Kostenträgerzeitrechnung und Kostenträgerstückrechnung?
20. Welcher Zusammenhang besteht zwischen:
    a) Einnahmen und Einzahlungen,
    b) Ausgaben und Auszahlungen,
    c) Aufwendungen und Kosten,
    d) Erträgen und Leistungen?
21. Definieren Sie die Begriffe Kosten, pagatorische Kosten, relevante Kosten und Leistungen, Lagerleistungen, innerbetriebliche Leistungen, aktivierte Eigenleistungen.

II. Kostenartenrechnung

1. Aufgaben der Kostenartenrechnung

Die Kostenartenrechnung ist die erste Stufe der Kosten- und Leistungsrechnung. Sie ist 70
zugleich die Grundlage für die Kostenstellen- und die Kostenträgerrechnung.

Wesentliche Aufgaben der Kostenartenrechnung sind:

- die **Feststellung** der in einer Abrechnungsperiode verursachten Kosten nach Art und Höhe des Anfalls,
- die **Gliederung** der Kosten nach der Zurechenbarkeit in Einzel-, Gemein- und Sondereinzelkosten,
- die **Aufteilung** der Kosten nach der Abhängigkeit von der Beschäftigung in fixe (unveränderliche) und variable (veränderliche) Bestandteile.

Im Rahmen der Feststellung der einer Abrechnungsperiode zuzuordnenden Kosten werden die Aufwendungen aus der Finanzbuchhaltung (Rechnungskreis I) übernommen, soweit sie durch die betriebliche Leistungserstellung verursacht worden sind. Bestimmte Aufwendungen, wie Urlaubslöhne, Weihnachtsgratifikationen u. Ä., werden nicht in dem Monat, in dem sie ausgezahlt werden, mit dem ausgabewirksamen Betrag in die Kostenrechnung übernommen. Sie werden auf die Monate verteilt, in denen sie verursacht worden sind. So ist z. B. innerhalb der Kostenrechnung bereits ab Januar monatlich 1/12 der voraussichtlich zu zahlenden Weihnachtsgratifikation zu verrechnen, die später im November oder Dezember zur Auszahlung gelangt.

Einige Aufwendungen der Finanzbuchhaltung, wie die Abschreibungen, werden in der Kostenrechnung mit anderen Beträgen verrechnet als in der Finanzbuchhaltung und in der Bilanz. Dieses Verfahren ist sinnvoll, da z. B. die bilanziellen Abschreibungen eher die steuerrechtlichen Möglichkeiten berücksichtigen als den tatsächlichen Werteverzehr der eingesetzten Vermögensgegenstände. In einigen Fällen werden bei der betrieblichen Leistungserstellung Kosten verursacht, denen in der Finanzbuchhaltung kein Aufwand gegenübersteht.

BEISPIEL Da die mitarbeitenden Inhaber und Gesellschafter von Einzelunternehmungen und Personengesellschaften kein Gehalt beziehen, wird für diesen Diensteverzehr in der Kostenrechnung, zusätzlich zu den in der Finanzbuchhaltung angefallenen Aufwendungen, ein kalkulatorischer Unternehmerlohn verrechnet.

Ein Teil der Kostenarten – vom Wert her gleichzeitig die meisten Kosten – werden zuvor in Nebenbuchhaltungen aufbereitet. Beispiele:

- Fertigungslöhne, Hilfslöhne und Gehälter werden aus der **Lohn- und Gehaltsbuchhaltung** übernommen.
- Rohstoffaufwendungen, Hilfsstoffaufwendungen und ein Teil der Betriebsstoffaufwendungen werden in der **Lager- oder Materialbuchhaltung** erfasst.
- Abschreibungen und kalkulatorische Zinsen werden in der **Anlagenbuchhaltung** ermittelt.

Aus diesem Grunde werden die genannten Nebenbuchhaltungen der **Betriebsbuchhaltung** zugeordnet.

2. Sachlich-kalkulatorische Abgrenzung

71 In die Kosten- und Leistungsrechnung sollen nur die betriebsbedingten Aufwendungen und Erträge aus der Geschäfts- oder Finanzbuchführung übernommen werden. Folglich müssen zunächst die unternehmensbezogenen Aufwendungen und Erträge von den Kosten und Leistungen abgegrenzt werden. In einer **Ergebnistabelle** (s. Rn. 76) werden die Aufwendungen und Erträge in neutrale (neutrales Ergebnis) und betriebsbedingte (Betriebsergebnis) aufgeteilt. Die Abgrenzung erfolgt in zwei Schritten:

- **Abgrenzung der betriebsbezogenen Kosten** von den unternehmensbezogenen Aufwendungen,
- **kostenrechnerische Korrekturen** in Form der
  - Verrechnung kalkulatorischer Kosten,
  - Verrechnung der Differenzen aus Verrechnungspreisen,
  - periodengerechten Zuordnung stoßweise anfallender Kosten.

Die im Rechnungskreis II verrechneten Kosten stimmen dann nicht mit den im Rechnungskreis I tatsächlich angefallenen Aufwendungen überein.

Aus den betriebsbezogenen Kosten und Leistungen wird das **Betriebsergebnis** ermittelt. Das Betriebsergebnis ist das Ergebnis aus der eigentlichen betrieblichen Tätigkeit entsprechend dem Sachziel. **Sachziel** eines Industriebetriebes ist die Erstellung bestimmter Produkte und Dienstleistungen nach Art, Menge, Qualität, z. B. Verpackungsmaschinen, Küchengeräte oder Pkws.

Die Aufwendungen und Erträge, die zwar im Unternehmen erwirtschaftet worden sind, aber nicht der Erreichung des Sachziels dienen, werden im **neutralen Ergebnis** gegenübergestellt. Dabei handelt es sich um betriebsfremde, betrieblich-außerordentliche oder periodenfremde Aufwendungen und Erträge.

TAB. 18: Die Summe aus Betriebsergebnis und neutralem Ergebnis ergibt das Gesamtergebnis

Gesamtergebnis Sämtliche Aufwendungen und Erträge im Rechnungskreis I	
Neutrales Ergebnis betriebsfremde außerordentliche periodenfremde **Aufwendungen und Erträge**	**Betriebsergebnis** betriebsbedingte Aufwendungen und Erträge als **Kosten und Leistungen**

72 **Betriebsfremde Aufwendungen und Erträge** werden nicht durch die Leistungserstellung entsprechend dem Sachziel des Unternehmens verursacht. Dazu zählen z. B. Mieterträge, Zinsaufwendungen und Zinserträge, Erträge aus Wertpapieren, Abschreibungen auf Wertpapiere, Spenden.

73 **Betrieblich-außerordentliche Aufwendungen und Erträge** entstehen zwar im Rahmen der betrieblichen Tätigkeit. Sie treten aber unregelmäßig hinsichtlich ihres zeitlichen Anfalls und der Höhe auf. In die Kostenrechnung sollen nur die normalerweise anfallen-

den, die kalkulierbaren, d. h. berechenbaren, Aufwendungen und Erträge eingehen. Die Abgrenzung der betrieblich-außerordentlichen Aufwendungen und Erträge ermöglicht der Unternehmensleitung einen Überblick über die normalerweise anfallenden Kosten und Leistungen und deren Entwicklung.

Außerordentlich im Sinne der sachlich-kalkulatorischen Abgrenzung sind u. a.: 74

- Aufwendungen und Erträge aus dem Abgang von Vermögensgegenständen bei Verkauf über oder unter Buchwert,
- Erträge aus der Herabsetzung von Rückstellungen,
- Verluste aus Schadensfällen und Diebstahl,
- Aufwendungen und Erträge, die ungewöhnlich in der Art sind, selten vorkommen (mit einer Wiederholung kann nicht gerechnet werden) und außerhalb der gewöhnlichen Geschäftstätigkeit anfallen (§ 277 Abs. 4 HGB).

Zu den außerordentlichen Aufwendungen und Erträgen im weiteren Sinne gehören die 75
periodenfremden Aufwendungen und Erträge, wie:

- Steuernachzahlungen oder Steuererstattungen im Folgejahr,
- Zahlungseingänge zu in Vorjahren bereits abgeschriebenen Forderungen,
- Aufwendungen für Großreparaturen.

Periodenfremde Aufwendungen und Erträge werden abgegrenzt, weil sie nicht zu den der Abrechnungsperiode zuzurechnenden Aufwendungen und Erträgen gehören und ebenso wie die betrieblich-außerordentlichen Aufwendungen und Erträge den Überblick über die normalerweise anfallenden Kosten erschweren würden.

BEISPIEL Die Finanzbuchhaltung der GmbH weist die folgenden Aufwendungen und Erträge 76
aus.

		€
500	Umsatzerlöse	110.000
520	Mehrbestand an unfertigen und fertigen Erzeugnissen	3.000
540	Mieterträge	5.000
546	Erträge aus dem Abgang von Vermögensgegenständen	12.500
571	Zinserträge	3.400
600	Aufwendungen für Rohstoffe/Fertigungsmaterial	25.000
602	Aufwendungen für Hilfs- und Betriebsstoffe	10.000
616	Fremdinstandhaltung (für Maschinen)	1.200
620	Fertigungslöhne	22.000
630	Gehälter	8.000
640	Sozialaufwendungen	7.200
652	Abschreibungen auf Sachanlagen	8.000
680	Büromaterial	1.200
682	Postgebühren	1.150
687	Kosten für Werbung	3.200
688	Spenden	200
690	Versicherungsbeiträge	3.780
750	Zinsaufwendungen	1.400
770	Gewerbesteuer	4.500

ABB. 5: Ergebnistabelle

Finanz- oder Betriebsbuchhaltung Rechnungskreis I			Abgrenzungsbereich Neutrales Ergebnis				Kosten- und Leistungsrechnung	
Erfolgsbereich GuV-Rechnung			Unternehmens-bezogene Abgrenzung		Kosten-rechnerische Korrekturen		Betriebsergebnis	
Konto	Aufwendungen €	Erträge €	Aufw. €	Erträge €	Betriebl. Aufw. €	Verrech. Kosten €	Kosten €	Leistungen €
500 Umsatzerlöse		110.000						110.000
520 Bestandsveränderung		3.000						3.000
540 Mieterträge		5.000		5.000				
546 Erträge aus Abgängen		12.500		12.500				
571 Zinserträge		3.400		3.400				
600 Aufw. für Rohstoffe	25.000						25.000	
602 Hilfs-/Betriebs.-Aufw.	10.000						10.000	
616 Fremdinstandhaltung	1.200						1.200	
620 Fertigungslöhne	22.000						22.000	
630 Gehälter	8.000						8.000	
640 Sozialaufwendungen	7.200						7.200	
652 Abschr. auf Sachanl.	8.000						8.000	
680 Büromaterial	1.200						1.200	
682 Postgebühren	1.150						1.150	
687 Kosten für Werbung	3.200						3.200	
688 Spenden	200		200					
690 Versicherungsbeiträge	3.780						3.780	
750 Zinsaufwendungen	1.400		1.400					
770 Gewerbesteuer	4.500						4.500	
Summen I	**96.830**	**133.900**	**1.600**	**20.900**			**95.230**	**113.000**
Salden	**37.070**		**19.300**				**17.770**	
Summen II	**133.900**	**133.900**	**20.900**	**20.900**			**113.000**	**113.000**
	Gesamtergebnis + 37.070 €		**Neutrales Ergebnis** + 19.300 €				**Betriebsergebnis** + 17.770 €	

In den Spalten für **kostenrechnerische Korrekturen** erfolgten im vorstehenden Beispiel noch keine Eintragungen. Zu kostenrechnerischen Korrekturen kommt es bei der Verrechnung

- von **kalkulatorischen Kosten**,
- der **kurzfristigen Periodenabgrenzung** bei der verursachungsgerechten Verrechnung von Urlaubs- und Weihnachtsgeld und bei
- der Korrektur, der in der Kostenrechnung verwendeten **Verrechnungspreise**.

Die kostenrechnerischen Korrekturen sind Gegenstand des nächsten Abschnitts.

Die Darstellung in der Ergebnistabelle ist wesentlich einfacher als die ebenfalls mögliche Darstellung in der Kontenklasse 9 des IKR.

3. Kalkulatorische Kostenarten

TAB. 19: Die fünf kalkulatorischen Kostenarten 77

kalkulatorische Kostenarten				
kalkulatorische Zinsen	kalkulatorische Abschreibungen	kalkulatorische Miete	kalkulatorische Wagnisse	kalkulatorischer Unternehmerlohn

Im vorstehenden Abschnitt wurden alle Aufwendungen aus dem Rechnungskreis I daraufhin geprüft, ob sie unternehmensbezogen oder betriebsbezogen sind. Entsprechend wurden sie dann in die Spalten der unternehmensbezogenen Abgrenzung bzw. als Kosten oder Leistungen in den Kosten- und Leistungsbereich des Rechnungskreises II übernommen. Diese **aufwandsgleichen Kosten** werden **Grundkosten** genannt.

a) Grundkosten, Anderskosten, Zusatzkosten

Neben den aus dem Rechnungskreis I (Finanzbuchhaltung) übernommenen Kosten gibt es **Zusatzkosten**. Das sind Kosten, denen kein Aufwand gegenübersteht. Außerdem gibt es Kosten, denen in der Finanzbuchhaltung zwar ein Aufwand gegenübersteht, der aber für die Kalkulation ungeeignet ist und deshalb in der Kostenrechnung in anderer Weise verrechnet wird. Diese Kosten werden **Anderskosten** genannt.

Zusatzkosten und Anderskosten gehören zur Gruppe der **kalkulatorischen Kostenarten**. Sie müssen nicht in der gleichen Abrechnungsperiode und/oder in der, in der Kostenrechnung verrechneten Höhe angefallen sein. Sie werden kalkulatorisch, d.h. rechnerisch, ermittelt, um die Genauigkeit der Selbstkostenrechnung zu erhöhen.

TAB. 20: Unternehmensbezogene Aufwendungen und Aufwendungen für den Betriebszweck

Aufwendungen			
Unternehmensbezogene Aufwendungen			
	Auf den Betriebsprozess bezogene Aufwendungen		
Betriebsfremde, betrieblich-außerordentliche, periodenfremde Aufwendungen	**Grundkosten**	**Kalkulatorische Kosten**	
Entsprechen den Aufwendungen in der Finanzbuchhaltung. Sie werden nicht in die Kostenrechnung übernommen.	Entsprechen den Aufwendungen in der Finanzbuchhaltung. Sie werden in die Kostenrechnung übernommen.	Entsprechen nicht den Aufwendungen in der Finanzbuchhaltung.	
		Anderskosten	**Zusatzkosten**
		Werden in der Kostenrechnung in anderer Höhe verrechnet als tatsächlich angefallen: - kalkulatorische Abschreibungen, - kalkulatorische Zinsen, - kalkulatorische Miete - kalkulatorische Wagnisse	Werden in der Kostenrechnung zusätzlich zu den in der Finanzbuchhaltung angefallenen Aufwendungen verrechnet: - kalkulatorischer Unternehmerlohn, - kalkulatorische Eigenkapitalzinsen

78 **Aufgabe der kalkulatorischen Kosten** ist,

- auch solche Kosten zu verrechnen, die aufgrund handelsrechtlicher Vorschriften in der Finanzbuchhaltung nicht gebucht werden dürfen,
- Preisschwankungen und andere Zufälligkeiten aus der Kostenrechnung zu eliminieren,
- die Kalkulation unterschiedlich ausgestatteter Betriebe vergleichbar zu machen.

Es entspricht dem **Opportunitätsgedanken**,

- die Zinsen für das betriebsnotwendige Kapital und die bei einer Ausleihe des Kapitals,

- die Miete, die bei einer Vermietung der eigengenutzten Grundstücke und Gebäude oder
- den Unternehmerlohn, den der Unternehmer im Angestelltenverhältnis verdienen würde

in die Kosten zu rechnen und über den Verkaufspreis vom Markt erstatten zu lassen.

TAB. 21: Neutrale Aufwendungen, Zweckaufwendungen/Grundkosten und kalkulatorische Kosten

<table>
<tr><td colspan="2">Anfall in der Finanzbuchhaltung</td><td colspan="3"></td></tr>
<tr><td colspan="2">Aufwendungen</td><td colspan="3"></td></tr>
<tr><td>Neutrale Aufwendungen</td><td>Zweckaufwendungen</td><td colspan="3"></td></tr>
<tr><td rowspan="4"></td><td rowspan="3">Grundkosten</td><td colspan="3">Kalkulatorische Kosten</td></tr>
<tr><td colspan="2">Anderskosten</td><td rowspan="3">Zusatzkosten</td></tr>
<tr><td>verrechnungsverschieden</td><td rowspan="2">wertverschieden</td></tr>
<tr><td colspan="2">pagatorische Kosten</td></tr>
<tr><td></td><td colspan="4">Kosten</td></tr>
<tr><td></td><td colspan="4">Verrechnung in der Kostenrechnung</td></tr>
</table>

Zweck 79

Die Verrechnung kalkulatorischer Kosten anstelle der tatsächlich angefallenen Aufwendungen

- führt zu einer verursachungsgerechten Verrechnung der tatsächlich im Lieferungs- und Leistungsprozess verbrauchten Vermögenswerte,
- ermöglicht einen aussagefähigen Vergleich hinsichtlich der Entwicklung der Kosten im Zeitablauf und
- ermöglicht einen um Zufälligkeiten bereinigten Branchen- oder zwischenbetrieblichen Vergleich.

b) Ergebnisbeeinflussung 80

Die kalkulatorischen Kosten haben keinen Einfluss auf das in der Finanzbuchhaltung ermittelte Gesamtergebnis. Sie wirken sich allein auf die Ergebnisse im Rechnungskreis II aus, und zwar auf das Ergebnis aus **kostenrechnerischen Korrekturen** und auf das **Betriebsergebnis**.

c) Neutrales Ergebnis im Abgrenzungsbereich 81

Im Abgrenzungsbereich werden den in der Finanzbuchhaltung tatsächlich angefallenen Aufwendungen die verrechneten kalkulatorischen Kosten gegenübergestellt. Sind die verrechneten Kosten höher als die in der Finanzbuchhaltung tatsächlich angefallenen Aufwendungen, ergibt sich ein **neutraler Gewinn**, im umgekehrten Fall ein neutraler Verlust. Dieser Gewinn oder Verlust entspricht genau dem Betrag, um den die im Betriebsergebnis verrechneten Kosten von den in der Finanzbuchhaltung angefallenen Aufwendungen abweichen.

3.1 Kalkulatorischer Unternehmerlohn

82 Die Vorstandsmitglieder und die Geschäftsführer der **Kapitalgesellschaften** erhalten für ihre Tätigkeit **Gehälter**, die als Personalkosten in die Kostenrechnung eingehen.

Die mitarbeitenden Inhaber oder Gesellschafter der **Einzelunternehmen** und der **Personengesellschaften** werden über den Gewinn für ihre Tätigkeit entlohnt. In der Kostenrechnung fehlen somit die entsprechenden Personalkosten. Durch die Verrechnung eines kalkulatorischen Unternehmerlohns als **Zusatzkosten** entsprechen die in der Selbstkostenrechnung der Einzelunternehmen und Personengesellschaften berücksichtigten Kosten denen in der Kostenrechnung der Kapitalgesellschaften.

Die Höhe des kalkulatorischen Unternehmerlohns wird nach den verschiedensten Verfahren ermittelt, wie Abhängigkeit von der Mitarbeiterzahl oder der Lohnsumme, vom Kapitaleinsatz oder vom Umsatz. Am zuverlässigsten ist die Orientierung am Arbeitsmarkt. In diesem Fall soll der Unternehmerlohn dem Entgelt zuzüglich aller Sozialleistungen entsprechen, das der Unternehmer bei gleicher Leistung in einem Unternehmen gleicher Größe und gleicher Branche als Angestellter verdienen würde.

BEISPIEL ▸ B ist Einzelunternehmer und arbeitet ganztägig in seinem Unternehmen mit. Das Gehalt einschließlich aller Sozialleistungen beträgt für eine vergleichbare Tätigkeit als Geschäftsführer in der Branche und in der Region, in der das Unternehmen des B ansässig ist, 7.000 €.

ABB. 6: Verrechnung des kalkulatorischen Unternehmerlohns auf Konten

S	483 Kalk. Unternehmerlohn		H
283	7.000	980	7.000

S	283 verrechneter Kalk. U'lohn		H
987	7.000	483	7.000

S	980 Betriebsergebniskonto		H
483	7.000	989	7.000

S	987 Neutrales Ergebniskonto		H
989	7.000	283	7.000

S	989 GuV-Konto		H
980	7.000	987	7.000

Buchungen:

483	Kalk. Unternehmerlohn	7.000 €	an	283	Verr. kalk. Unternehmerlohn	7.000 €
283	Verr. kalk. Unternehmerlohn	7.000 €	an	987	Neutrales Ergebniskonto	7.000 €
980	Betriebsergebniskonto	7.000 €	an	483	Kalk. Unternehmerlohn	7.000 €
987	Neutrales Ergebniskonto	7.000 €	an	989	Gewinn- und Verlustkonto	7.000 €
989	Gewinn- und Verlustkonto	7.000 €	an	980	Betriebsergebniskonto	7.000 €

<table>
<tr><th colspan="9">TAB. 22: Verrechnung des kalkulatorischen Unternehmerlohns in der Ergebnistabelle</th></tr>
<tr><td colspan="3">Finanz- oder Geschäftsbuchhaltung
Rechnungskreis I</td><td colspan="6">Betriebsbuchhaltung
Rechnungskreis II</td></tr>
<tr><td colspan="3" rowspan="2">Erfolgsbereich
GuV-Rechnung</td><td colspan="4">Abgrenzungsbereich
Neutrales Ergebnis</td><td colspan="2" rowspan="2">Kosten- und Leistungsrechnung

Betriebsergebnis</td></tr>
<tr><td colspan="2">Unternehmens-bezogene Abgrenzung</td><td colspan="2">Kostenrech-nerische Korrekturen</td></tr>
<tr><td>Konto</td><td>Aufw.
€</td><td>Erträge
€</td><td>Aufw.
€</td><td>Erträge
€</td><td>Betriebl. Aufw.
€</td><td>Verrech. Kosten
€</td><td>Kosten
€</td><td>Leistungen
€</td></tr>
<tr><td>Kalkul. Unternehmerlohn</td><td></td><td></td><td></td><td></td><td></td><td>7.000</td><td>7.000</td><td></td></tr>
<tr><td>Auswirkungen auf</td><td colspan="2">Gesamtergebnis
0 €</td><td colspan="4">Neutrales Ergebnis
+ 7.000 €</td><td colspan="2">Betriebsergebnis
- 7.000 €</td></tr>
</table>

Beim kalkulatorischen Unternehmerlohn handelt es sich um Zusatzkosten. Deshalb sind im Rechnungskreis I keine Aufwendungen angefallen, die in die Kostenrechnung hätten übernommen werden können. Das Betriebsergebnis wird zusätzlich mit 7.000 € Kosten belastet. Im Abgrenzungsbereich wird der gleiche Betrag in der Spalte der verrechneten Kosten gutgeschrieben. Da der gleiche Betrag einmal in einer Sollspalte und einmal in einer Habenspalte „gebucht" wurde, heben die Einträge sich ergebnismäßig innerhalb des Rechnungskreises II gegeneinander auf, d. h. die Verrechnung des kalkulatorischen Unternehmerlohns wirkt sich nicht auf das Gesamtergebnis aus.

3.2 Kalkulatorische Eigenkapitalzinsen

Kapitalgesellschaften verrechnen kalkulatorische Eigenkapitalzinsen als Kontrollgrößen 83
für die, von den Anteilseignern gewünschte oder geforderte, Mindestverzinsung. Wird trotz der Verrechnung dieser Zusatzkosten ein operativer Gewinn erzielt, war die Unternehmensführung erfolgreich.

In der Regel wird die Verzinsung des zur Verfügung gestellten Eigenkapitals im Rahmen der Verrechnung kalkulatorischer Zinsen als Anderskosten berücksichtigt.

3.3 Kalkulatorische Zinsen auf das betriebsnotwendige Kapital

In der Finanzbuchhaltung werden nur die tatsächlich gezahlten Zinsen als Aufwand er- 84
fasst. Ein vollständig eigenfinanziertes Unternehmen könnte daher keine Zinsen in die Kosten- und Leistungsrechnung übernehmen. Unternehmen mit hohem Fremdkapital

haben höhere Zinsaufwendungen als Unternehmen mit weniger Fremdkapital. Je nach Bonität des Unternehmens und je nach Art und Zeitpunkt der Darlehnsaufnahme kann der Zinssatz für Fremdkapital höher oder niedriger sein. Durch die Verrechnung kalkulatorischer Zinsen werden die Selbstkosten unterschiedlich finanzierter Betriebe vergleichbar gemacht.

HINWEIS

Genau genommen handelt es sich bei den für das Eigenkapital und für das Fremdkapital gleichzeitig ermittelten kalkulatorischen Zinsen um eine Mischung aus Zusatzkosten und Anderskosten.

85 Die kalkulatorischen Zinsen werden vom **betriebsnotwendigen Kapital** berechnet. Das ist das Kapital, das für die betriebliche Leistungserstellung erforderlich ist. Das betriebsnotwendige Kapital wird mit dem kalkulatorischen Zinssatz multipliziert. Als **kalkulatorischer Zinssatz** wird in der Regel der sogenannte landesübliche oder banküblich Zinssatz für langfristige Kapitalanlagen gewählt, der oft noch um einen Risikozuschlag erhöht wird. Immer mehr Betriebe setzten statt des landesüblichen Zinssatzes den **Kalkulationszinsfuß** der Investitionsrechnung ein.

Da die kalkulatorischen Zinsen unabhängig von den tatsächlich angefallenen Zinsen zum bank-, markt- oder landesüblichen Zinsfuß verrechnet werden, wird der Vergleich der Kosten für das eingesetzte Kapital im zwischenbetrieblichen Vergleich erleichtert. Nur ein über mehrere Abrechnungsperioden konstanter kalkulatorischer Zinssatz ermöglicht auch einen aussagefähigen Zeitvergleich.

86 Basis für die Ermittlung des betriebsnotwendigen Kapitals ist die Vermögensseite der Bilanz. Unternehmen, bei denen das Geschäftsjahr mit dem Kalenderjahr übereinstimmt, werden – insbesondere beim Umlaufvermögen – die Mittelwerte aus den Bilanzen zum 1. 1., 30. 6. und 31. 12. zugrunde legen. Die Mittelwerte aus den Bilanzen werden um die Werte der **nicht betriebsnotwendigen Vermögensteile** gekürzt, z. B. ungenutzte Grundstücke (sog. Vorratsgrundstücke), stillgelegte Maschinen und Anlagen, Wertpapierbestände, überflüssige Vorräte und überhöhte Kassenbestände und Bankguthaben. Das Ergebnis ist das **betriebsnotwendige Vermögen**.

	Gesamtvermögen
-	nicht betriebsnotwendiges Vermögen
=	betriebsnotwendiges Vermögen

Das **betriebsnotwendige Vermögen** setzt sich aus den Teilen des Anlage- und des Umlaufvermögens zusammen, die der betrieblichen Leistungserstellung dienen. Wertansatz für das Anlagevermögen sind die kalkulatorischen Restbuchwerte der letzten Bilanz, d. h. Anschaffungswerte abzüglich kalkulatorischer Abschreibungen.

87 Vom betriebsnotwendigen Vermögen wird das Abzugskapital abgezogen. Als **Abzugskapital** werden die Fremdkapitalbeträge zusammengefasst, die dem Unternehmen

zinslos zur Verfügung stehen wie erhaltene Anzahlungen, Liefererkredite, sonstige Verbindlichkeiten und Rückstellungen.

	betriebsnotwendiges Vermögen
-	Abzugskapital
=	betriebsnotwendiges Kapital

Das **betriebsnotwendige Kapital** ist die Basis für die Ermittlung der kalkulatorischen Zinsen. 88

Betriebsnotwendiges Kapital	x	% marktüblicher Zinssatz	=	kalkulatorische Zinsen

BEISPIEL ▶ Bei der GmbH ergeben sich für das Geschäftsjahr die folgenden Werte:

Summe des Vermögens	950.000 €
darin sind enthalten:	
Vorratsgrundstücke	30.000 €
stillgelegte Maschinen	10.000 €
Wertpapiere	10.000 €
Überbestände an Vorräten	20.000 €
Überbestände an Zahlungsmitteln	10.000 €

An zinslosem Fremdkapital stehen der GmbH zur Verfügung:

Rückstellungen	45.000 €
zinslose Darlehen	15.000 €
zinslose Lieferantenkredite	200.000 €
erhaltene Anzahlungen (zinslos)	10.000 €

Der bankübliche Zinsfuß für langfristige Kapitalanlagen ist 6 %. Im Monat Februar wurden tatsächlich 2.000 € Zinsen an die Hausbank überwiesen.

Buchung:

751 Zinsaufwendungen	2.000 €	an	280 Bank	2.000 €

Ermittlung des betriebsnotwendigen Kapitals und der kalkulatorischen Zinsen:

Summe des Vermögens		950.000 €
- Vorratsgrundstücke	30.000 €	
- stillgelegte Maschinen	10.000 €	
- Wertpapiere	10.000 €	
- Überbestände an Vorräten	20.000 €	
- Überbestände an Zahlungsmitteln	10.000 €	80.000 €
Betriebsnotwendiges Vermögen		870.000 €

Abzugskapital:		
- Rückstellungen	45.000 €	
- zinslose Darlehen	15.000 €	
- zinslose Lieferantenkredite	200.000 €	
- erhaltene Anzahlungen (zinslos)	10.000 €	270.000 €
Betriebsnotwendiges Kapital		600.000 €

600.000 € x 6 % kalkulatorischer Zinssatz = 36.000 € kalkulatorische Zinsen jährlich, 3.000 € kalkulatorische Zinsen monatlich.

ABB. 7: Verrechnung der kalkulatorischen Zinsen auf Konten

S	240 Zinsaufwendungen		H
113/	2.000 €	987/	2.000 €

S	113 Bank		H
		240/	2.000 €

S	482 Kalulatorische Zinsen		H
282/	3.000 €	980/	3.000 €

S	282 Verrechn. kalk. Zinsen		H
987/	3.000 €	482/	3.000 €

S	987 Neutrales Ergebniskonto		H
240/	2.000 €	282/	3.000 €
989/	1.000 €		
	3.000 €		3.000 €

S	980 Betriebsergebniskonto		H
482/	3.000 €	989/	3.000 €

S	989 GuV-Konto		H
980/	3.000 €	987/	1.000 €
		Verlust	2.000 €

TAB. 23: Verrechnung der kalkulatorischen Zinsen in der Ergebnistabelle

Finanz- oder Geschäftsbuchhaltung Rechnungskreis I			Betriebsbuchhaltung Rechnungskreis II					
Erfolgsbereich GuV-Rechnung			Abgrenzungsbereich Neutrales Ergebnis				Kosten- und Leistungsrechnung Betriebsergebnis	
			Unternehmensbezogene Abgrenzung		Kostenrechnerische Korrekturen			
Konto	Aufw. €	Erträge €	Aufw. €	Erträge €	Betriebl. Aufw. €	Verrech. Kosten €	Kosten €	Leistungen €
750 Zinsaufwendungen	2.000				2.000	3.000	3.000	
Summen I	**2.000**	**0**	**0**	**0**	**2.000**	**3.000**	**3.000**	**0**
Salden		**2.000**	**0**	**0**	**1.000**			**3.000**
Summen II	**2.000**	**2.000**	**0**	**0**	**3.000**	**3.000**	**3.000**	**3.000**
	Gesamtergebnis - 2.000 €		**Neutrales Ergebnis** + 1.000 €				**Betriebsergebnis** - 3.000 €	

Die **kalkulatorischen Zinsen** sind Kosten für die Nutzung des betriebsnotwendigen Kapitals. Die **gezahlten Fremdkapitalzinsen** sind Aufwendungen in der Finanzbuchhaltung, die im Abgrenzungsbereich den kalkulatorischen Zinsen gegenübergestellt werden. Auf das Gesamtergebnis im handelsrechtlichen und auch im steuerrechtlichen Jahresabschluss wirken sich nur die tatsächlich gezahlten Zinsen aus. 89

3.4 Kalkulatorische Miete

Mietet ein Unternehmen Geschäftsräume, fallen Mietaufwendungen an. Stellt ein Unternehmen eigene Räume für betriebliche Zwecke zur Verfügung, fallen Abschreibungen, Instandhaltungskosten, Zinsen, Grundsteuer u. a. an. Will ein Unternehmen mit eigenen Räumlichkeiten Kosten verrechnen, die vergleichbar sind mit denen eines Unternehmens in gemieteten Räumlichkeiten, empfiehlt sich die Verrechnung einer kalkulatorischen Miete. In diesem Fall müssen alle durch die Bewirtschaftung von Grundstücken und Gebäuden verursachten Aufwendungen abgegrenzt werden, damit sie nicht über die kalkulatorische Miete ein zweites Mal belastet werden. 90

Bei der Festlegung der kalkulatorischen Miete wird sich der Unternehmer an der ortsüblichen Miete für gleichartige Räume in vergleichbarer Lage orientieren (ortsübliche Vergleichsmiete).

BEISPIEL

In der Finanzbuchhaltung wurden gebucht:

		insgesamt €	davon entfallen auf Grundstücke u. Gebäude €
616	Fremdinstandhaltung	6.000	500
652	Abschreibungen auf Gebäude	1.000	1.000
690	Versicherungsbeiträge	1.200	250
702	Grundsteuer	120	120

Die ortsübliche Vergleichsmiete beträgt 4.000 €.

Die Verrechnung der kalkulatorischen Miete mindert das Betriebsergebnis. Die Differenz aus tatsächlichem Aufwand und der verrechneten Miete erhöht das neutrale Ergebnis um 2.130 €. Auf das Gesamtergebnis hat die Verrechnung keinen Einfluss.

Wird eine kalkulatorische Miete verrechnet, dürfen nicht zusätzlich

- kalkulatorische Zinsen, 91
- kalkulatorische Abschreibungen,
- Instandhaltungskosten,
- Gebäudeversicherung und
- Grundsteuer

in die Kosten- und Leistungsrechnung übernommen werden.

ABB. 8: Verrechnung der kalkulatorischen Miete auf Konten

S 230 Bilanzielle Abschreibung H

S		H	
	1.000 €	987/	1.000 €

S 460 Versicherungen H

S		H	
	950 €	980/	950 €

S 480 Kalkulatorische Abschreibung H

S		H	
215/	4.000 €	980/	4.000 €

S 980 Betriebsergebniskonto H

S		H	
450/	5.500 €	989	10.450 €
460/	950 €		
480/	4.000 €		
	10.450 €		10.450 €

S 989 GuV-Konto H

S		H	
980/	10.450 €	989/	2.130 €
		Gewinn	8.320 €

S 450 Fremdinstandhaltung H

S		H	
	5.500 €	980/	5.500 €

210 Haus- u. Grundstücks-aufwendungen (S / H)

S		H	
Instandhaltung	500 €	987/	870 €
Versicherung	250 €		
Grundsteuer	120 €		
	870 €		870 €

S 215 Haus- u. Grundstückserträge H

S		H	
987/	4.000 €	480/	4.000 €

S 987 Neutrales Ergebniskonto H

S		H	
210/	870 €	215/	4.000 €
230/	1.000 €		
989/	2.130 €		
	4.000 €		4.000 €

TAB. 24: Verrechnung der kalkulatorischen Miete in der Ergebnistabelle

Finanz- oder Geschäftsbuchhaltung Rechnungskreis I			Betriebsbuchhaltung Rechnungskreis II					
Erfolgsbereich GuV-Rechnung			Abgrenzungsbereich Neutrales Ergebnis				Kosten- und Leistungsrechnung Betriebsergebnis	
			Unternehmensbezogene Abgrenzung		Kostenrechnerische Korrekturen			
Konto	Aufw. €	Erträge €	Aufw. €	Erträge €	Betriebl. Aufw. €	Verrech. Kosten €	Kosten €	Leistungen €
616 Fremdinstandh.	6.000				500		5.500	
652 Aschr./ Grund. u. Geb.	1.000				1.000			
690 Versicherungsbeitr.	1.200				250		950	
702 Grundsteuer	120				120			

Kalkulat. Miete						4.000	4.000	
Summen I	**8.320**	**0**	**0**	**0**	**1.870**	**4.000**	**10.450**	**0**
Salden	**0**	**8.320**	**0**	**0**	**2.130**			**10.450**
Summen II	**8.320**	**8.320**	**0**	**0**	**4.000**	**4.000**	**10.450**	**10.450**
	Gesamtergebnis - 8.320 €		**Neutrales Ergebnis** + 2.130 €				**Betriebsergebnis** - 10.450 €	

HINWEIS

Die kalkulatorische Miete ist in diesem Fall höher als der tatsächlich für die Nutzung der Grundstücke und Gebäude angefallene Aufwand. Deshalb wurde die kalkulatorische Miete in diesem Buch den Anderskosten zugeordnet. Einige Autoren zählen die kalkulatorische Miete zu den Zusatzkosten, was auch vertretbar ist, wenn die tatsächlich angefallenen Kosten einen verschwindend geringen Teil der verrechneten Miete ausmachen.

3.5 Kalkulatorische Abschreibungen

3.5.1 Abschreibung vom Wiederbeschaffungswert 92

Die Wertansätze in der Handelsbilanz sind maßgeblich für die Steuerbilanz. Deshalb werden bereits in der Handelsbilanz neben bilanzpolitischen Zielsetzungen steuerliche Vorteile berücksichtigt. Handels- und steuerrechtlich dürfen bilanzmäßige Abschreibungen nur von den tatsächlichen Anschaffungs- oder Herstellungskosten vorgenommen werden. Die kalkulatorische Abschreibung unterliegt dagegen keinen gesetzlichen Vorschriften. Sie wird meist vom Wiederbeschaffungswert ermittelt. Der Wiederbeschaffungswert ist der Preis, der für einen vergleichbaren Vermögensgegenstand zum Ersatzzeitpunkt bezahlt werden muss. Da der Wiederbeschaffungswert zum Ersatzzeitpunkt nur schwer zu ermitteln ist, wird stattdessen auch der Tageswert zum vorausgegangenen Bilanzstichtag zu Grunde gelegt.

3.5.2 Ziel der Abschreibung vom Wiederbeschaffungswert

Erfahrungsgemäß steigen die Anschaffungskosten der meisten Vermögensgegenstände von Jahr zu Jahr. Das Ziel der **Abschreibung vom Wiederbeschaffungswert** ist, dass die bis zum Ende der Nutzungsdauer angesammelten Abschreibungsbeträge für die Ersatzbeschaffung ausreichen und so der **Substanzwert** des Vermögens erhalten bleibt.

BEISPIEL ▸ Ermittlung des Wiederbeschaffungswertes

93 Eine Metallverarbeitungsmaschine im Anlagevermögen wurde in 2004 gebaut und zu einem Gesamtanschaffungspreis von 100.000 € erworben und aktiviert. Ermittelt wird der Wiederbeschaffungswert in 2008.

Erzeugerpreisindizes für umformende Metallverarbeitungsmaschinen						
Jahr	2003	2004	2005	2006	2007	2008
Index	100,0	103,2	107,1	110,5	113,4	117,1

$$\text{Wiederbeschaffungswert} = \frac{\text{Gesamtanschaffungspreis} \times \text{Index zum Bewertungszeitpunkt}}{\text{Index des Baujahres}}$$

$$\text{Wiederbeschaffungswert} = \frac{100.000{,}00\,€ \times 117{,}1}{103{,}2} = 113.468{,}99\,€ = 114.000{,}00\,€$$

Für den Einsatz in der Kostenrechnung wird der Wiederbeschaffungswert auf volle tausend € aufgerundet.

94 **TAB. 25: Gegenüberstellung der Unterschiede zwischen bilanzieller und kalkulatorischer Abschreibung**

Unterscheidungskriterien	**Bilanzielle Abschreibungen**	**Kalkulatorische Abschreibungen**
Rechtsvorschriften	Unterliegen handels- und steuerrechtlichen Vorschriften	Unterliegen keinen Rechtsvorschriften
Anwendungsbereich	Werden auf das betriebsnotwendige und auf das nicht betriebsnotwendige Vermögen angewendet	Werden nur auf das betriebsnotwendige Vermögen angewendet
Abschreibungsbasis	Anschaffungs- oder Herstellungskosten	Wiederbeschaffungswert oder Tageswert, wenn der Wiederbeschaffungswert nicht ermittelt werden kann
Schätzung der Nutzungsdauer	Unter Beachtung des Grundsatzes der Vorsicht nach steuerpolitischen und bilanziellen Erwägungen	Unter Berücksichtigung des tatsächlichen Werteverzehrs

Unterscheidungskriterien	Bilanzielle Abschreibungen	Kalkulatorische Abschreibungen
Abschreibungsart	- degressiv, linear oder nach Leistungseinheiten - berücksichtigen außerdem steuerliche Sonderabschreibungen und die Möglichkeit der Sofortabschreibung bei GWG	Grundsätzlich linear, bei messbarer Leistung kann auch die Abschreibung nach Leistungseinheiten sinnvoll sein
Ziel der Abschreibung	Unternehmenspolitische Zielsetzungen, z. B. Gewinnminderung zum Zweck der Steuerersparnis	Erfassen den, durch den betrieblichen Einsatz verursachten Verbrauch der Vermögensgegenstände
Prinzip der Kapitalerhaltung	Nominelle Kapitalerhaltung	Substanzielle Kapitalerhaltung
Abschreibungsumfang	Die Anschaffungs- oder Herstellungskosten können nur einmal abgeschrieben werden, d. h. keine Abschreibungen unter Null.	Für bereits abgeschriebene Vermögensgegenstände können weitere Abschreibungen über Null hinaus verrechnet werden.

Das Rechnen mit **außerplanmäßige Abschreibungen** ist in der Kostenrechnung nicht sinnvoll, da dies die Kontrolle über den regelmäßigen Kostenanfall und die gleichmäßige Verteilung der Kosten erschweren würde. Gerade diese Kontrolle soll durch die Verrechnung kalkulatorischer Abschreibungen erreicht werden. 95

BEISPIEL Eine vor dem 1. 1. 2008 angeschaffte Maschine mit einem Anschaffungswert von 100.000 € hat eine betriebsgewöhnliche Nutzungsdauer von 10 Jahren. Die Maschine wird im Anschaffungsjahr in der Bilanz nach § 7 Abs. 2 EStG mit 20 % vom Buchwert degressiv abgeschrieben. Der Wiederbeschaffungswert beträgt 120.000 €. 96

ABB. 9: Buchung der bilanziellen und der kalkulatorischen Abschreibung auf Konten 97

S	010 Maschinen		H
AB	100.000	230	20.000

S	230 bilanzielle Abschreibung		H
010	20.000	987	20.000

S	480 Kalk. Abschreibung		H
280	12.000	980	12.000

S	280 Verrechnete kalk. Abschr.		H
987	12.000	480	12.000

S	980 Betriebsergebniskonto		H
480	12.000	989	12.000

S	987 Neutrales Ergebniskonto		H
230	20.000	280	12.000
		989	8.000

S	989 GuV-Konto		H
987	8.000	Ergebnis	
980	12.000		20.000

98 **TAB. 26: Verrechnung der bilanziellen und der kalkulatorischen Abschreibung in der Ergebnistabelle**

Finanz- oder Geschäftsbuchhaltung Rechnungskreis I			Betriebsbuchhaltung Rechnungskreis II					
Erfolgsbereich GuV-Rechnung			Abgrenzungsbereich Neutrales Ergebnis				Kosten- und Leistungsrechnung Betriebsergebnis	
			Unternehmensbezogene Abgrenzung		Kostenrechnerische Korrekturen			
Konto	Aufw. €	Erträge €	Aufw. €	Erträge €	Betriebl. Aufw. €	Verrech. Kosten €	Kosten €	Leistungen €
652 Abschreibungen auf Sachanlagen	20.000				20.000	12.000	12.000	
Summen I	**20.000**	**0**	**0**	**0**	**20.000**	**12.000**	**12.000**	**0**
Salden		**20.000**	**0**	**0**		**8.000**		**12.000**
Summen II	**20.000**	**20.000**	**0**	**0**	**20.000**	**20.000**	**12.000**	**12.000**
	Gesamtergebnis - 20.000 €		**Neutrales Ergebnis** - 8.000 €				**Betriebsergebnis** - 12.000 €	

Das GuV-Konto und die Eintragungen in der untersten Zeile der Ergebnis- oder Abgrenzungstabelle zeigen, dass sich auf das Gesamtergebnis allein die bilanzielle Abschreibung mit 20.000 € auswirkt.

3.6 Kalkulatorische Wagnisse

99 Jede unternehmerische Tätigkeit ist mit dem Risiko eines Verlustes verbunden. Dieses Risiko erstreckt sich auf das allgemeine Unternehmerwagnis und auf die Wagnisse, die unmittelbar einzelne Unternehmensbereiche oder Abteilungen betreffen.

TAB. 27: Zusammensetzung der Wagnisse

Wagnisse	
Nicht kalkulierbares **Unternehmerwagnis**	Kalkulierbare **Einzelwagnisse**
Ist nicht versicherbar und geht nicht in die Kostenrechnung ein.	Sind grundsätzlich versicherbar und werden in der Kostenrechnung berücksichtigt.

3.6.1 Allgemeines Unternehmerwagnis 100

Das allgemeine Unternehmerwagnis betrifft das Unternehmen insgesamt. Es wird beeinflusst durch die Unternehmensführung, den technischen Fortschritt, Verschiebungen der Nachfrage und die gesamtwirtschaftliche Entwicklung. Das allgemeine Unternehmerwagnis ist in keiner Weise voraussehbar oder berechenbar (= kalkulierbar). Es lässt sich auch nicht durch eine Versicherung abdecken oder kalkulatorisch in die Selbstkosten einrechnen. Das Unternehmerwagnis liegt darin, dass der Unternehmer einen hohen Gewinn (Risikoprämie) oder einen Verlust (Wagnis) erzielen kann. Die Abgeltung ist nur über den Gewinn möglich.

Zum nicht versicherungsfähigen Unternehmerwagnis gehören z. B. die Wahl des Fertigungsverfahrens, Risiken aus Modewechsel, Standortwahl, Absatzmarkt- und Bezugsquellenwahl, aus der Preisfestlegung, aus Spekulation und überhöhter Liquidität.

3.6.2 Einzelwagnisse 101

Einzelwagnisse sind leistungsbedingt. Sie treten zufällig, unregelmäßig und in unterschiedlicher Höhe auf. Einzelwagnisse lassen sich aufgrund von Erfahrungswerten der letzten Jahre berechnen (= kalkulieren), sie sind in vielen Fällen versicherbar und gehen als kalkulatorische Kosten in die Selbstkosten ein. Versicherbare Einzelwagnisse werden als kalkulatorische Wagnisse verrechnet, wenn z. B. aus Gründen der Wirtschaftlichkeit auf den Abschluss einer Versicherung verzichtet wird.

Versicherbare Einzelwagnisse sind:

- Feuer-, Wasser-, Sturmschäden,
- Einbruchdiebstahl,
- Unfallschäden, Betriebshaftpflicht,
- Betriebsunterbrechungen,
- Computer-Missbrauch,
- Glas-, Ausstellungs-, Transportschäden,
- usw.

Nicht versicherbare Einzelwagnisse sind:

- Material- und Arbeitsausschuss,
- Schwund,
- Garantie- und Kulanzleistungen,
- Konstruktionsfehler,
- Kassendifferenzen,
- Güte- und Wertminderungen,
- Transportverzögerungen.

102 Die nicht versicherbaren Einzelwagnisse lassen sich einteilen in:

- **Anlagenwagnis** für Schadensfälle durch Brand, Fehlschätzung der Nutzungsdauer, insbesondere bei vorzeitigem Verschleiß, vorzeitiger Alterung durch technischen Fortschritt.
- **Beständewagnis** durch Mengenverluste aufgrund von Schwund, Verderb, Veraltern, Diebstahl sowie durch Preisverfall, Modewechsel, Güteminderung, Änderung von Konstruktionen und Fertigungsverfahren.
- **Vertriebswagnis** zur Abdeckung von Forderungsausfällen, Währungsverlusten und Verlusten beim Transport.
- **Fertigungswagnis** für Mehrkosten aus Materialfehlern, Bearbeitungsfehlern und Konstruktionsmängeln, die zu Ausschuss und Nachbearbeitung führen.
- **Gewährleistungswagnis** zur Verrechnung von Garantie- und Kulanzleistungen, Vertragsstrafen, Rückrufaktionen sowie Preisnachlässen aufgrund von Mängelrügen.
- **Arbeitswagnis** aus – in der Regel durch Krankheit bedingte – Fehlzeiten mit Lohnfortzahlung.
- **Entwicklungswagnis** für Verluste aus fehlgeschlagenen Forschungs- und Entwicklungsarbeiten.

103

TAB. 28:	Bezugsgrößen für die Verrechnung der Einzelwagnisse
Anlagenwagnis	Anschaffungs- oder Herstellungskosten bzw. Buchwert
Beständewagnis	Materialeinsatz oder durchschnittlicher Wert des Lagerbestandes zu Einstandspreisen
Vertriebswagnis	Durchschnittlicher Forderungsbestand oder Selbstkosten bzw. Herstellkosten des Umsatzes
Fertigungswagnis	Herstellkosten oder Fertigungskosten
Gewährleistungswagnis	Umsatz, Selbstkosten oder Herstellkosten des Umsatzes mit Garantieverpflichtung
Arbeitswagnis	Lohnkosten ohne bezahlte Fehlzeiten
Entwicklungswagnis	Entwicklungskosten der Abrechnungsperiode

104 Fallen keine Versicherungsprämien für die genannten Einzelwagnisse an, werden entsprechende kalkulatorische Kosten in regelmäßiger Höhe im Betriebsergebnis verrechnet (**Selbstversicherung**). Der tatsächliche Aufwand fällt zeitlich unregelmäßig und in unterschiedlicher Höhe an. Er belastet in der Finanzbuchhaltung das Gesamtergebnis. Sind Einzelwagnisse durch Versicherungsprämien gedeckt (**Fremdversicherung**), werden die Aufwendungen für Versicherungsprämien in die Kosten übernommen. Die Verrechnung kalkulatorischer Wagnisse entfällt.

105 Durch die Verrechnung kalkulatorischer Kosten werden die Wagnisse gleichmäßig auf die Abrechnungsperioden verteilt. Eine Verzerrung der Kostenstruktur wird vermieden. Die Betriebsergebnisse der einzelnen Monate und Jahre lassen sich vergleichen. Der Kaufmann erhält einen Überblick über die normalerweise anfallenden (durchschnittlichen) Kosten. Da die tatsächlichen Aufwendungen für Wagnisse nicht in einem festen

Bezug zur Leistung stehen, dürfen sie weder das Periodenergebnis der Kostenrechnung, noch die Kostenträgerstückrechnung beeinflussen.

BEISPIEL 1 Ermittlung eines Gesamtwagniszuschlages aufgrund der Statistik von Einzelwagnis- 106
sen.

Zuschlagsbasis sind die Herstellkosten des Umsatzes im Durchschnitt der letzten fünf Geschäftsjahre mit 1.000.000 €. Der Durchschnittswert aller effektiven Wagnisarten während der letzten fünf Geschäftsjahre beläuft sich auf 30.000 €.

$$\frac{30.000 \times 100}{1.000.000} = 3\,\%\text{ Gewinnzuschlag}$$

Belaufen sich die Herstellkosten des Umsatzes für den Monat Februar ´01 auf 20.000 €, so werden darauf 3 % von 20.000 € = 600 € verrechnet.

BEISPIEL 2 Verrechnung des Vertriebswagnisses 107

In den letzten fünf Jahren betrug die Summe der Forderungen 1.000.000 €. Die Forderungsausfälle betrugen im gleichen Zeitraum 25.000 €.

$$\text{Wagnissatz} = \frac{\text{Summe der Ausfälle}}{\text{Summe der Forderungen}} \times 100 = \frac{25.000}{1.000.000} \times 100 = 2{,}5\,\%$$

BEISPIEL 3 Verrechnung von Beständewagnis und tatsächlichem Ausfall 108

Die in den letzten 5 Jahren durch Schwund, Verderb, Diebstahl, Brand- und Wasserschäden verursachten Verluste bei den Vorräten belaufen sich auf 180.000 €.

Monatlich sind (180.000°€ : 60 Monate =) 3.000 € Kosten für das Beständewagnis zu verrechnen. Im Abrechnungsmonat wurden Kupferrohre (Rohstoffe) für 10.000 € vom Lager entwendet. Die Finanzbuchhaltung hat gebucht:

693 Verluste aus Schadensfällen an 200 Rohstoffe 10.000 €

TAB. 29: Darstellung eines eingetretenen Verlustes aus Schadensfällen in der Ergebnistabelle

Finanz- oder Geschäftsbuchhaltung Rechnungskreis I			Betriebsbuchhaltung Rechnungskreis II					
Erfolgsbereich GuV-Rechnung			Abgrenzungsbereich Neutrales Ergebnis				Kosten- und Leistungsrechnung Betriebsergebnis	
			Unternehmensbezogene Abgrenzung		Kostenrechnerische Korrekturen			
Konto	Aufw. €	Erträge €	Aufw. €	Erträge €	Betriebl. Aufw. €	Verrech. Kosten €	Kosten €	Leistungen €
693 Verluste aus Schadensfällen	10.000				10.000	3.000	3.000	
	Gesamtergebnis - 10.000 €		**Neutrales Ergebnis** - 7.000 €				**Betriebsergebnis** - 3.000 €	

Auf das Gesamtergebnis wirken sich allein die tatsächlich angefallenen Aufwendungen mit 10.000 € aus. In der Kostenrechnung werden Monat für Monat 3.000 € belastet.

4. Kurzfristige Periodenabgrenzung

109 Den einzelnen Abrechnungsperioden dürfen nur die Kosten belastet werden, die durch die betriebliche Tätigkeit in dieser Abrechnungsperiode verursacht worden sind. Die kurzfristige Periodenabgrenzung bewirkt eine **gleichmäßige Verteilung** stoßweise anfallender Aufwendungen und Erträge eines Geschäftsjahres auf die einzelnen Monate und ermöglicht so eine kurzfristige Erfolgsrechnung (Betriebsabrechnung). Beispiele für betrieblich-periodenfremde Aufwendungen:

- Urlaubsgeld,
- Weihnachtsgratifikationen,
- Jahressteuerbeträge,
- Versicherungsprämien.

Die gleichmäßige Verteilung der stoßweise in der Finanzbuchhaltung anfallenden Aufwendungen als Kosten innerhalb der monatlichen Kostenrechnung kann erfolgen als:

- Vorverteilung,
- Vor- und Nachverteilung,
- Nachverteilung.

110 BEISPIEL ▸ Vor- und Nachverteilung

Das Geschäftsjahr der GmbH stimmt mit dem Kalenderjahr überein. Für November ist die Zahlung einer Weihnachtsgratifikation von 120.000 € geplant. Diesen Betrag erhalten die Mitarbeiter für ihren Einsatz in den Monaten Januar bis Dezember. Im Monat Januar haben die Mitarbeiter damit bereits einen Anspruch auf 1/12 der Weihnachtsgratifikation erworben. Im November werden schließlich 119.500 € an Weihnachtsgratifikationen ausgezahlt.

Eintragungen in die Ergebnistabellen der einzelnen Monate:

TAB. 30: Monatliche Verrechnung der Weihnachtsgratifikation in der Ergebnistabelle für die Monate Januar bis Oktober und Dezember

Finanz- oder Geschäftsbuchhaltung Rechnungskreis I			Betriebsbuchhaltung Rechnungskreis II					
Erfolgsbereich GuV-Rechnung			Abgrenzungsbereich Neutrales Ergebnis				Kosten- und Leistungsrechnung Betriebsergebnis	
			Unternehmensbezogene Abgrenzung		Kostenrechnerische Korrekturen			
Konto	Aufw. €	Erträge €	Aufw. €	Erträge €	Betriebl. Aufw. €	Verrech. Kosten €	Kosten €	Leistungen €
Verrechn. Weihnachtsgratifikat.						10.000	10.000	

Die Verrechnung wirkt sich auf das Betriebsergebnis und auf das neutrale Ergebnis, nicht aber auf das Gesamtergebnis aus.

TAB. 31: Darstellung der Zahlung der Weihnachtsgratifikation in der Ergebnistabelle für den Monat November

Finanz- oder Geschäftsbuchhaltung Rechnungskreis I			Betriebsbuchhaltung Rechnungskreis II					
Erfolgsbereich GuV-Rechnung			Abgrenzungsbereich Neutrales Ergebnis				Kosten- und Leistungsrechnung Betriebsergebnis	
			Unternehmensbezogene Abgrenzung		Kostenrechnerische Korrekturen			
Konto	Aufw. €	Erträge €	Aufw. €	Erträge €	Betriebl. Aufw. €	Verrech. Kosten €	Kosten €	Leistungen €
Weihnachtsgratifikat.	119.500				119.500	10.000	10.000	
Summen I	**119.500**	**0**	**0**	**0**	**119.500**	**10.000**	**10.000**	**0**
Salden		**119.500**	**0**	**0**		**109.500**		**10.000**
Summen II	**119.500**	**119.500**	**0**	**0**	**119.500**	**119.500**	**10.000**	**10.000**
	Gesamtergebnis - 119.500 €		**Neutrales Ergebnis** - 109.500 €				**Betriebsergebnis** - 10.000 €	

Der Minderanfall von 500 € wirkt sich auf das neutrale Ergebnis aus.

MERKE 111

In die Kosten- und Leistungsrechnung einer Abrechnungsperiode dürfen nur die Aufwendungen und Erträge übernommen werden, die durch die betriebliche Tätigkeit **in dieser Periode verursacht** worden sind. Die Übernahme darf nur in Höhe der Beträge erfolgen, die **normalerweise anfallen**.

Mit den Werten aus der Finanzbuchhaltung werden alle Aufwendungen und Erträge im Betriebsergebnis gegenübergestellt, die **durch die eigentliche betriebliche Tätigkeit** (die Aufgabe, das Sachziel des Unternehmens) verursacht worden sind.

Nicht in die Kosten- und Leistungsrechnung übernommen werden die in der Finanzbuchhaltung ausgewiesenen **betriebsfremden, periodenfremden** und **betrieblich-außerordentlichen** Aufwendungen und Erträge.

Zusätzlich zu den in der Finanzbuchhaltung angefallenen Aufwendungen können in der Kosten- und Leistungsrechnung **Zusatzkosten** als kalkulatorische Kostenarten belastet werden.

Einige Aufwendungen werden in der Kosten- und Leistungsrechnung mit anderen Werten als den in der Finanzbuchhaltung angefallenen verrechnet (**Anderskosten**).

Daneben gibt es Aufwendungen, die in der Kosten- und Leistungsrechnung, **unabhängig vom Zeitpunkt ihres Anfalls in der Finanzbuchhaltung**, den Abrechnungsperioden belastet werden, denen sie verursachungsgerecht zuzurechnen sind.

Nur die in der Spalte **Betriebsergebnis** der Ergebnistabelle als **Kosten** ausgewiesenen Werte werden in die Kosten- und Leistungsrechnung übernommen.

5. Korrekturen zu Verrechnungspreisen

112 Die Anschaffungskosten der Roh-, Hilfs- und Betriebsstoffe unterliegen im Zeitablauf starken Schwankungen. Wenn der Verbrauch zu den tatsächlichen Anschaffungskosten bewertet wird, werden die Materialkosten bei gleichen Verbrauchsmengen in den unterschiedlichen Abrechnungsperioden auch mit wechselnden Preisen angesetzt. Die Schwankungen der Anschaffungskosten führen zu ständigen Änderungen des Kostengefüges. Dadurch werden Kostenvergleiche erschwert.

113 In der **Kosten- und Leistungsrechnung** wird der Verbrauch an Roh-, Hilfs- und Betriebsstoffen deshalb oft zu **gleichbleibenden Verrechnungspreisen** bewertet. Die Verrechnungspreise werden in der Regel unter Berücksichtigung steigender oder fallender Marktpreise aus den **durchschnittlichen Anschaffungskosten** in der Vergangenheit ermittelt. Sie müssen laufend überprüft werden, sollten aber nur in größeren Zeitabständen – möglichst nur jährlich – angepasst werden.

Verrechnungspreise sind **gewichtete Durchschnittspreise** aus vergangenen Perioden, in denen auch bereits absehbare Veränderungen (während der nächsten 12 Monate) berücksichtigt werden.

$$\text{Durchschnittspreis} = \frac{\text{Summe der angeschafften Menge x Einstandspreis}}{\text{angeschaffte Gesamtmenge}}$$

114 Die Verrechnung des Verbrauchs von Roh-, Hilfs- und Betriebsstoffen zu gleichbleibenden Verrechnungspreisen entspricht dem Verfahren bei der Verrechnung kalkulatorischer Kosten. Im Feld **kostenrechnerische Korrekturen** der Ergebnistabelle werden die tatsächlichen Anschaffungskosten aus der Finanzbuchhaltung den in der Kosten- und Leistungsrechnung verrechneten Beträgen gegenübergestellt. Die **Differenz** aus beiden Beträgen geht in das **neutrale Ergebnis** ein.

BEISPIEL ▸ Rohstoffe wurden für 11 € je kg eingekauft. In der Kostenrechnung wird ein Verrechnungspreis von 10 € angesetzt. Im Abrechnungsmonat wurden 10.000 kg verbraucht.

TAB. 32: Darstellung der Korrekturen zu Verrechnungspreisen in der Ergebnistabelle

Finanz- oder Geschäftsbuchhaltung Rechnungskreis I			Betriebsbuchhaltung Rechnungskreis II					
Erfolgsbereich GuV-Rechnung			Abgrenzungsbereich Neutrales Ergebnis				Kosten- und Leistungsrechnung Betriebsergebnis	
			Unternehmensbezogene Abgrenzung		Kostenrechnerische Korrekturen			
Konto	Aufw. €	Erträge €	Aufw. €	Erträge €	Betriebl. Aufw. €	Verrech. Kosten €	Kosten €	Leistungen €
600 Aufw. für Rohstoffe (Fertigungsmaterial)	110.000				110.000	100.000	100.000	
	Gesamtergebnis - 110.000 €		**Neutrales Ergebnis** - 10.000 €				**Betriebsergebnis** - 100.000 €	

Für **innerbetriebliche Leistungen** werden interne Verrechnungspreise ermittelt, die als Sekundärkosten den empfangenden Kostenstellen belastet und den leistenden Kostenstellen gutgeschrieben werden (s. Rn. 182 ff.). 115

6. Grundsätze der Kostenartenrechnung und Hilfen zur Einhaltung

6.1 Grundsätze der Kostenartenrechnung

Bei der Erfassung der Kosten in der Kostenartenrechnung sind vier Grundsätze zu beachten: 116

- **Einheitlichkeit der Erfassung:** Die Kostenarten müssen so eindeutig bezeichnet und definiert sein, dass gleiche Kosten von verschiedenen Mitarbeitern im Rechnungswesen und in jeder Abrechnungsperiode immer den gleichen Kostenarten zugerechnet werden.
- **Reinheit der Kostenarten:** Mischkostenarten wie „Sonstige Kosten", „Verschiedene Kosten" sollten nicht vorkommen.
- **Vollständige Erfassung:** Alle entstandenen Kosten müssen erfasst werden. Das setzt auch eindeutige Bestimmungen für die Abgrenzung von den nicht in die Kostenrechnung zu übernehmenden neutralen Aufwendungen voraus.
- **Periodengerechte Erfassung:** Bei Monats- und Quartalsauswertungen darf – wenn betriebliche Aufwendungen für mehrere Abrechnungsperioden anfallen – nur der auf die jeweilige Abrechnungsperiode (Monat oder Quartal) entfallende Kosten-

anfall berücksichtigt werden (z. B. bei Strom-, Gas- und Wasserabrechnungen, Urlaubsgeld und Weihnachtsgratifikationen).

TAB. 33: Durchschnittlicher Anteil einzelner Kostenarten an den Gesamtkosten im verarbeitenden Gewerbe	
Kostenarten	Anteil an den Gesamtkosten
Personalkosten	27,0 %
Materialkosten	51,0 %
Dienstleistungen	2,0 %
Mieten und Pachten	2,0 %
Kostensteuern	3,5 %
Abschreibungen	4,5 %
Fremdkapitalzinsen	1,5 %
Sonstige Kosten	8,5 %

6.2 Kostenartenplan

117 Voraussetzung für die Einheitlichkeit der Erfassung der Kostenarten ist das Vorliegen eines Kostenartenplans. Die verschiedenen Kontenrahmen geben – meist in der Kontenklasse 4 oder der Kontenklasse 6 – bereits einen **Kostenartenplan** vor, der aber entsprechend den individuellen Bedürfnissen des einzelnen Betriebes in einigen Bereichen noch einmal tiefer gegliedert oder auch gekürzt werden muss.

TAB. 34: Gliederung der Kostenarten		
Kostenart	**Beschreibung**	**Verrechnung*)**
A. Materialaufwand und Waren zu Einstandspreisen		
a. Aufwendungen für Roh-, Hilfs- und Betriebsstoffe und für bezogene Waren		
Fertigungsmaterial	Einsatz von Rohstoffen, die als Fertigungsmaterial Hauptbestandteil der Erzeugnisse eines Industriebetriebs werden und direkt auf die Kostenträger bzw. Aufträge verrechnet werden. Beispiele: Bleche im Behälterbau, Holzplatten in der Möbelindustrie. Aufwendungen für Vorprodukte und Fremdbauteile werden zusammen mit dem Fertigungsmaterial in die Kostenrechnung übernommen.	EK
Hilfsstoffe	Einsatz von Hilfsstoffen in der Regel nur im Fertigungsbereich als Nebenbestandteile der Erzeugnisse. Beispiele: Leim, Nägel, Schrauben, Schweißmaterial u. ä.	GK

Kostenart	Beschreibung	Verrechnung*)
Betriebsstoffe	Betriebsstoffe werden nicht Bestandteil der Erzeugnisse. Sie werden im Betriebsprozess verbraucht. Beispiele: Dieselöl, Kühl- und Reinigungsmittel. Betriebsstoffe können außer im Fertigungsbereich auch in allen anderen Funktionsbereichen anfallen.	GK
Verbrauchswerkzeuge	Verbrauchswerkzeuge werden wie Betriebsstoffe behandelt, in manchen Betrieben sogar in die Kostenart Betriebsstoffe einbezogen.	GK
Energie	Strom, Gas, Wasser und Fernwärme können in allen Funktionsbereichen eines Betriebes anfallen und werden als Betriebsstoffe behandelt.	GK
Instandhaltung	Reparaturmaterial und Fremdinstandhaltung können als eine Kostenart oder als jeweils selbständige Kostenart ausgewiesen werden. (Die Löhne für die von eigenen Mitarbeitern durchgeführten Reparaturen werden entweder innerhalb der Hilfslöhne oder im Rahmen der Umlage einer Hilfskostenstelle, der den Auftrag gebenden Kostenstelle, belastet.)	GK
Weitere Materialkostenarten	Größere Betriebe richten besondere Kostenarten für Putz- und Pflegemittel, Berufskleidung, Lebensmittel und Kantinenwaren ein.	GK
Aufwendungen für Waren	Industriebetriebe und Handelsbetriebe erfassen den Umsatz von Waren zu Einstandspreisen auf besonderen Konten. Dabei werden meist Konten je Materialgruppe bzw. Warengruppe eingerichtet.	EK
b. Aufwendungen für bezogene Leistungen		
Fremdleistungen für Erzeugnisse und andere Umsatzleistungen	Aufwendungen für Lohnbearbeitung und -verarbeitung. Grundsätzlich EK. Wenn die Arbeiten nur für bestimmte Arbeiten anfallen, handelt es sich um SEK, die auf einem getrennten Konto für Sondereinzelkosten der Fertigung zu erfassen sind. Fremdleistungen für Garantiearbeiten, für den Verwaltungs- und den Vertriebsbereich.	EK SEK GK

Kostenart	Beschreibung	Verrechnung*)
Fremdleistungen für Auftragsgewinnung	Bei Auftragsfertigung grundsätzlich GK. Soweit einzelnen Aufträgen zurechenbar, sind sie SEK. Getrennte Konten für GK und SEK	GK SEK
Entwicklungs-, Versuchs- und Konstruktionsarbeiten durch Dritte	Hier handelt es sich um bezogene Leistungen der Forschungs- und Entwicklungsabteilungen, die i. d. R. als Sondereinzelkosten auf Aufträge verrechnet werden, in Einzelfällen aber auch Gemeinkosten der Kostenstellen für Forschung und Entwicklung sein können.	SEK GK
Vertriebsprovisionen	Vertriebsprovisionen sind i. d. R. Sondereinzelkosten des Vertriebs.	SEK
B. Personalaufwand		
a) Löhne und Gehälter		
Löhne für geleistete Arbeit	Löhne einschließlich tariflicher, vertraglicher oder arbeitsbedingter Zulagen, wie Nacht-, Sonntags- und Feiertagszulagen, Schmutz-, Lärm-, Untertagezulagen, usw.	
a) Fertigungslöhne	Fertigungslöhne fallen bei der Herstellung von Produkten oder der Erbringung von Dienstleistungen für Fremde (Kunden) an. Sie können direkt einem Produkt oder einem Auftrag zugeordnet werden. Fertigungslöhne können als Akkordlohn, als Prämienlohn und als Zeitlohn anfallen.	EK
b) Hilfslöhne	Hilfslöhne können nicht direkt einem Produkt oder Auftrag zugeordnet werden. Sie fallen für die Tätigkeiten einer Kostenstelle allgemein an. Typische Hilfslöhne fallen an für Reinigungspersonal, Haushandwerker, Lagerarbeiter, Mitarbeiter bei der Inventur, Lohnempfänger im Verwaltungs- und im Vertriebsbereich, Ausbildungsbeihilfen für gewerbliche Auszubildende.	GK

Kostenart	Beschreibung	Verrechnung*)
Gehälter	Gehälter einschließlich der Vergütungen an Vorstandsmitglieder und Gesellschafter der Kapitalgesellschaften (Tantiemen), Ausbildungsbeihilfen für kaufmännische und technische Auszubildende.	GK
	Gehälter sind i. d. R. Gemeinkosten für den dispositiven Produktionsfaktor im Unternehmen. Schreiben Gehaltsempfänger ihre Arbeitsstunden auf Auftragsnummern für bestimmte Produkte oder Dienstleistungen, dann liegen Einzelkosten vor.	EK bzw. SEK (in besonderen Fällen)
Freiwillige Zuwendungen	Wohnungsentschädigungen, vom Arbeitgeber freiwillig übernommene Versicherungsprämien für Belegschaftsmitglieder.	GK
Sonstige Aufwendungen mit Lohncharakter	Jubiläumszahlungen, Zahlungen im zeitlichen Zusammenhang mit einem Geschäftsjubiläum, Abfindungen an vorzeitig ausscheidende Mitarbeiter u. ä. können direkt der verursachenden Kostenstelle belastet werden (Kostenstellen-Einzelkosten) oder nach Anzahl der Mitarbeiter in den Kostenstellen auf die Kostenstellen verteilt werden (Kostenstellengemeinkosten).	GK
b) soziale Aufwendungen		
Arbeitgeberanteil zur Sozialversicherung	Gesetzliche Pflichtbeiträge zur Renten-, Arbeitslosen-, Kranken- und Pflegeversicherung werden grundsätzlich als Gemeinkosten verrechnet. Sie können direkt der verursachenden Kostenstelle belastet werden (Kostenstellen-Einzelkosten) oder der Gesamtbetrag wird nach der Anzahl der Mitarbeiter in den Kostenstellen auf die Kostenstellen verteilt (Kostenstellen-Gemeinkosten).	GK
	Einige Betriebe verrechnen die auf die Fertigungslöhne entfallenden Sozialkosten zusammen mit den Fertigungslöhnen als Einzelkosten.	EK
Berufsgenossenschaftsbeiträge	Der Gesamtbetrag wird nach der Anzahl der Mitarbeiter in den Kostenstellen auf die Kostenstellen verteilt (Kostenstellen-Gemeinkosten).	GK

Kostenart	Beschreibung	Verrechnung*)
Sonstige soziale Abgaben	Beiträge zum Pensionssicherungsverein, die Zuführung zu den Pensionsrückstellungen und entsprechende Prämienzahlungen an Versicherungsträger werden in der Praxis meistens den verursachenden Kostenstellen belastet (Kostenstellen-Einzelkosten). Zahlungen zur Insolvenzversicherung werden nach der Anzahl der Mitarbeiter in den Kostenstellen oder nach der Lohn- und Gehaltssumme in den Kostenstellen auf die Kostenstellen verteilt (Kostenstellen-Gemeinkosten).	GK
Beihilfen und Unterstützungszahlungen	Die Summe der Heirats-, Geburtsbeihilfen, Beihilfen zu Kuren und Heilbehandlungen, Erholungsbeihilfen, Familienfürsorgezahlungen, Hausbrandzuschüsse, Deputate für Invaliden, Pensionäre, Witwen sowie Zuweisungen für diese Zwecke in Form von Sozialkosten und Unterstützungseinrichtungen wird i. d. R. entsprechend der Anzahl der Mitarbeiter auf die Kostenstellen verteilt (Kostenstellen-Gemeinkosten).	GK
C. Kosten für Rechte und Dienste		
Mieten, Pachten, Leasing	Hier handelt es sich immer um tatsächlich gezahlte Mieten und Pachten. Für eigene Grundstücke und Gebäude wird eine kalkulatorische Miete verrechnet (s. unten G. Kalkulatorische Kostenarten).	GK
Lizenzen und Konzessionen	Regelmäßig in Anspruch genommene Lizenzen und Konzessionen sind Gemeinkosten. In einzelnen Fällen können Aufwendungen für Lizenzen bei der Herstellung eines bestimmten Auftrages anfallen. Dann liegen Sondereinzelkosten der Fertigung vor.	GK SEK
Kosten des Geld- und Kapitalverkehrs	Dazu gehören Wechselspesen, Bankspesen, Kosten des Geldverkehrs und der Kapitalbeschaffung, Provisionen.	GK
Provisionen	Vermittlungsgebühren aller Art sind i. d. R. Gemeinkosten. Soweit Provisionen einem bestimmten Auftrag zugerechnet werden können, liegen Sondereinzelkosten – meist SEK des Vertriebs – vor.	GK SEK

Kostenart	Beschreibung	Verrechnung*)
Prüfungskosten	Kosten für die Prüfung des Jahresabschlusses, im Rahmen des Qualitätsmanagements usw.	GK
Rechts- und Beratungskosten	Beratung, Rechtsschutz, Aufwendungen für den Aufsichtsrat, Beirat u. ä.	GK
D. Kosten für Kommunikation		
Büromaterial	Schreibmaterial, Vordrucke, Formulare, Geräte, Druckerkartuschen usw.	GK
Bücher und Fachzeitschriften	Abonnements für Zeitungen und Fachliteratur, Bücher und sonstiges Informationsmaterial	GK
Postdienste einschl. Internet	Porto, Telefon und andere Postnetzdienste	GK
Reisekosten	Tagegelder, Übernachtungsgelder, Fahrt- und Flugkosten, Erstattungen für private Pkw-Benutzung und Parkgebühren	GK
Repräsentationskosten	Gästebewirtung und andere Repräsentationskosten	GK
Werbekosten	Werbekosten sind Gemeinkosten im Vertriebsbereich.	GK
E. Beiträge		
Versicherungsprämien	Versicherungsprämien werden je nach Art der Versicherung als Kostenstellen-Gemeinkosten auf sämtliche Kostenstellen oder auf die Kostenstellen eines bestimmten Bereichs – meist des Fertigungsbereichs – verteilt. Kfz-Versicherungen werden als Kostenstellen-Einzelkosten der Kostenstelle Fuhrpark belastet. Versicherungsprämien für Grundstücke und Gebäude sind grundsätzliche neutrale Aufwendungen. Sie können auch bei der Berechnung und Verteilung der kalkulatorischen Miete berücksichtigt werden.	GK
Beiträge zu Verbänden	Beiträge zu Wirtschaftsverbänden und Berufsvertretungen, IHK-Beiträge, Vereinsbeiträge	GK

Kostenart	Beschreibung		Verrechnung*)
F. Kostensteuern und Abgaben			
Kostensteuern	Gewerbesteuern, Besitzsteuern, Verkehrsteuern, Verbrauchsteuern, Kfz-Steuern werden als Gemeinkosten verrechnet. Die Gewerbesteuer wird oft der Kostenstelle Geschäftsleitung belastet und mit der Umlage dieser Kostenstelle verteilt. Die Kfz-Steuern werden der Kostenstelle Fuhrpark belastet.		GK
Abgaben	Öffentlichen Abgaben für den Grundbesitz (werden i. d. R. in der kalkulatorischen Miete berücksichtigt).		GK
G. Kalkulatorische Kostenarten			
Kalk. Unternehmerlohn	s. Rn. 82	monatlich in gleicher Höhe	GK
Kalk. Zinsen	s. Rn. 84	monatlich in gleicher Höhe	GK
Kalk. Miete	s. Rn. 90	monatlich in gleicher Höhe	GK
Kalk. Abschreibungen	s. Rn. 92	monatlich in gleicher Höhe	GK
Kalk. Wagnisse	s. Rn. 99	monatlich in gleicher Höhe	GK

*) EK = Einzelkosten, GK = Gemeinkosten, SEK = Sondereinzelkosten

6.3 Kontierungsverzeichnis

118 Die Kostenarten müssen so festgelegt werden, dass die Kosten eindeutig einer bestimmten Kostenart zugeordnet werden können. Weil der Autor in fast allen Betrieben, in die er auch im Rahmen von Tätigkeiten in Verbands- und Konzernarbeitskreisen Einsicht hatte, immer wieder nicht eindeutige Bezeichnungen mit entsprechenden Folgen vorgefunden hat, folgt hier noch einmal der Hinweis: Bezeichnungen wie „sonstige" oder „verschiedene" sind zu vermeiden.

119 Sinnvollerweise wird der Kostenartenplan durch ein **Kontierungsverzeichnis** ergänzt, das je Kostenart die folgenden Angaben enthält:

- Kostenartennummer
- Kostenartenbezeichnung
- Beschreibung der Kostenart
- Zeilennummer im Betriebsabrechnungsbogen (BAB)

Unter der „Beschreibung der Kostenart" können die „exotischen" Fälle, die sonst über „sonstige" oder „verschiedene" gebucht würden, laufend ergänzt werden. Damit wird erreicht, dass – kommen diese seltenen Fälle noch einmal vor – sie unter der gleichen Kostenart gebucht werden.

TAB. 35: Nach Kostenarten gegliedertes Kontierungsverzeichnis (Auszug)			
KA-Nr.	Kostenarten-Bezeichnung	Beschreibung der Kostenart	BAB-Zeilen-Nr.
604	Verpackungs-material	Verpackungsmaterial, das ausschließlich für den Versand gebraucht wird wie Packpapier, Kordeln, Kartons. Bei dieser sog. Außenverpackung handelt es sich grundsätzlich um Vertriebskosten, d. h. in der Regel ist zusätzlich die Kostenstelle 68 zu kontieren.	21

Wenn die Kontierung von Mitarbeitern ohne Buchhaltungskenntnisse durchgeführt werden soll, wird das Kontierungsverzeichnis alphabetisch geordnet.

TAB. 36: Nach Sachbegriffen geordnetes Kontierungsverzeichnis (Auszug)			
Gegenstand	Kostenart	KSt./Auftr.Nr.	Vermerke
Fertigungsmaterial	600	Auftragsnummer	
Vordrucke	603	Versch. Kostenstellen	
Kartons	604	68 i. d. R.	
Kordeln	604	68 i. d. R.	
Packpapier für Außenverpackung	604	68 i. d. R.	
Packpapier für Innenverpackung	600	Auftragsnummer	
usw.			

Das Kontierungsverzeichnis gewährleistet, dass die Aufwendungen **sachlich richtig** und **einheitlich** den verschiedenen Kostenarten zugeordnet werden.

7. Leistungsarten

Den Kostenarten stehen die Leistungsarten gegenüber. Die Leistungsrechnung tritt nur 120
in Industriebetrieben in den Vordergrund. Die Bedeutung der Leistungsrechnung ist wesentlich geringer als die der Kostenrechnung. Die Leistungsrechnung erfolgt auf den Konten **Umsatzerlöse, Bestandsveränderungen** und **(sonstige) aktivierte Eigenleistungen** in der Finanzbuchhaltung. Die sonstigen – innerbetrieblichen – Leistungen werden innerhalb der Kostenrechnung verrechnet und berühren die Finanzbuchhaltung erst gar nicht.

TAB. 37: Leistungsarten		
Absatzleistungen (Umsatzerlöse)	**Lagerleistungen** (Bestandsveränderungen an unfertigen und fertigen Erzeugnissen)	**Aktivierte Eigenleistungen** (z. B. selbsterstellte Maschinen und Anlagen)

In der Kosten- und Leistungsrechnung erfolgt eine tiefere Gliederung, die sich organisatorisch in entsprechenden Auftragsgruppen und Auftragsnummernkreisen niederschlägt.

121 Bei Vorliegen einer detaillierten Kostenrechnung können weitere innerbetriebliche Leistungen, meist als sog. Zusatzleistungen (s. Rn. 123 ff.), gleich in der Kostenrechnung im Umlageverfahren weiterverrechnet werden.

TAB. 38: Leistungen im Produktionsbereich und in anderen Bereichen

<table>
<tr><th colspan="7">Leistungen</th></tr>
<tr><th colspan="6">Im Produktionsbereich</th><th rowspan="2">in anderen Bereichen</th></tr>
<tr><th colspan="2">absatzbestimmte</th><th colspan="4">innerbetriebliche</th></tr>
<tr><td>Produkte</td><td>Dienstleistungen</td><td>Vorratsfertigung (Vorprodukte) Unfertige und fertige Erzeugnisse in Werkstätten und am Lager</td><td>Reparaturen und sonstige innerbetriebliche Dienstleistungen, eigene Strom- oder Wärmeerzeugung</td><td>Selbsterstellte Anlagen (aktivierte Eigenleistungen)</td><td>Leistungen für Ausbildung, Sozialeinrichtungen und Ähnliches</td><td>Ausbildung, Verwaltungsleistungen und Ähnliches</td></tr>
</table>

122 Auch die Leistungen können in Grundleistungen und kalkulatorische Leistungen gegliedert werden. Wie bei den Aufwendungen der Finanzbuchhaltung und den Kosten der Betriebsbuchhaltung lassen sich die Erträge und die Leistungen im Zusammenhang darstellen.

123 **TAB. 39: Neutrale Erträge, Zweckerträge/Grundleistungen und kalkulatorische Leistungen**

<table>
<tr><th colspan="2">Anfall in der Finanzbuchhaltung</th><td colspan="3"></td></tr>
<tr><th colspan="2">Erträge</th><td colspan="3"></td></tr>
<tr><th>Neutrale Erträge</th><th>Zweckerträge</th><td colspan="3"></td></tr>
<tr><td></td><th rowspan="3">Grundleistungen</th><th colspan="3">Kalkulatorische Leistungen</th></tr>
<tr><td></td><td colspan="2">Andersleistungen</td><td rowspan="3">Zusatzleistungen</td></tr>
<tr><td></td><td>Zeitlich verrechnungsverschieden</td><td rowspan="2">Wertverschieden</td></tr>
<tr><td></td><td colspan="2">pagatorische Leistungen</td></tr>
<tr><td></td><th colspan="4">Leistungen</th></tr>
<tr><td></td><th colspan="4">Verrechnung in der Leistungsrechnung</th></tr>
</table>

Erträge aus dem Verkauf von Erzeugnissen, Dienstleistungen und Nutzungen (z. B. Leasingerträge) sind **Zweckerträge** und gleichzeitig **Grundleistungen**.

Andersleistungen werden zu anderen Zeiten als der zugehörige neutrale Ertrag oder mit anderen Werten verrechnet. 124

- **Zeitlich verrechnungsverschiedene Leistungen** treten beispielsweise auf bei langfristiger Fertigung im Anlagenbau und bei zeitlich anders verrechneten Bonuszusagen.
- **Wertverschiedene Andersleistungen** ergeben sich aus Wechselkursschwankungen bei Fremdwährungsgeschäften oder durch höhere oder niedrigere Absatzpreise aufgrund der Preisentwicklung am Absatzmarkt.

In der Praxis hat die Verrechnung dieser kalkulatorischen Leistungen keine Bedeutung. Lediglich zu Kontrollzwecken werden hin und wieder kalkulatorische Unternehmerleistung und kalkulatorischer Unternehmerlohn sowie Zinserträge für Bargeldbestände und zinslose Bankguthaben den anteiligen kalkulatorischen Leistungen gegenübergestellt. Sehr häufig fallen dagegen die meisten der folgenden Zusatzleistungen in Industriebetrieben an

Zusatzleistungen sind die innerbetrieblichen Leistungen 125

- aus Reparaturen und sonstigen innerbetrieblichen Dienstleistungen,
- aus Strom- und Wärmeerzeugung,
- für Aus- und Weiterbildung,
- für die Unterhaltung von Sozialeinrichtungen für die Mitarbeiter,
- für die Verrechnung von Zinserträgen für nicht verzinslich angelegtes Bargeld und zinslose Bankguthaben (als Gegenposten zu den kalkulatorischen Zinsen),
- für die Arbeitsleistung der Unternehmer in Einzelunternehmen und Personengesellschaften (als Gegenposten zum kalkulatorischen Unternehmerlohn).

Zusatzleistungen werden nie als Ertrag in der Finanzbuchhaltung gebucht. Sie werden i. d. R. im Rahmen der Kostenstellenumlage als Sekundärkosten den empfangenden Kostenstellen belastet und den leistenden Kostenstellen gutgeschrieben. 126

FRAGEN

(Die Antworten zu den Kontrollfragen 22 – 58 befinden sich auf Seite 260 ff.)

22. Nennen Sie die wesentlichen Aufgaben der Kostenartenrechnung.
23. Welche Aufgaben übernehmen die Nebenbuchhaltungen für die Kostenrechnung? – Nennen Sie Beispiele.
24. Erklären Sie den Begriff „sachlich-kalkulatorische Abgrenzung".
25. Welche Informationen entnehmen Sie der Ergebnistabelle?
26. Warum gilt die Ergebnistabelle als Bindeglied zwischen der Geschäftsbuchführung (Rechnungskreis I) und der Kosten- und Leistungsrechnung (Rechnungskreis II)?

27. Das Gesamtergebnis beträgt 17.000 €, das Betriebsergebnis 16.000 €. Wie hoch ist das neutrale Ergebnis?

28. Das Unternehmen hat einen Betriebsverlust von – 30.000 € und ein neutrales Ergebnis von + 8.000 €. Ermitteln Sie das Gesamtergebnis.

29. Erklären Sie die folgenden Begriffe:
    a) betriebsfremde Aufwendungen und Erträge
    b) periodenfremde Aufwendungen und Erträge
    c) betrieblich-außerordentliche Aufwendungen und Erträge
    d) Betriebsergebnis
    e) Neutrales Ergebnis
    f) Gesamtergebnis

30. Welche der folgenden Aufwendungen sind unternehmensbezogen und welche sind allein betriebsbezogen?
    a) Aufwendungen für Rohstoffe
    b) Zinsaufwendungen
    c) Versicherungsprämien für das betriebliche Kfz
    d) Instandhaltungsaufwendungen für Maschinen
    e) Verluste aus Wertpapierverkäufen
    f) Mietaufwendungen für Geschäftsräume
    g) Überdurchschnittlich hohe Forderungsausfälle aufgrund von Insolvenzen von Großkunden
    h) Nachzahlung von Betriebssteuern für Vorjahre aufgrund einer Betriebsprüfung
    i) Versicherungsprämien für Gebäude, die dem Betriebszweck dienen
    j) Mieterträge in einem Industriebetrieb

31. Definieren Sie:
    a) Zweckaufwendungen
    b) Grundkosten
    c) Anderskosten
    d) Zusatzkosten
    e) kostenrechnerische Korrekturen

32. Wie wird die Höhe des kalkulatorischen Unternehmerlohns errechnet?

33. Kann eine Aktiengesellschaft einen kalkulatorischen Unternehmerlohn verrechnen? – Begründen Sie Ihre Antwort.

34. Wie wirkt sich der kalkulatorische Unternehmerlohn aus auf:
    a) das Gesamtergebnis,
    b) das neutrale Ergebnis,

c) das Betriebsergebnis?

35. Was versteht man unter kalkulatorischen Kosten?
36. Wie heißt der Aufwand, der nicht zugleich Kosten darstellt?
37. In welchen Spalten der Ergebnistabelle wirkt sich die Verrechnung kalkulatorischer Kosten aus?
38. Was empfehlen Sie einem Einzelunternehmer, dessen Betriebsgewinn bei Verrechnung eines kalkulatorischen Unternehmerlohns langfristig negativ ist, während das Gesamtergebnis einen Gewinn ausweist?
39. Wie bestimmen Sie den Zinssatz für die Verrechnung der kalkulatorischen Zinsen?
40. Wie ermitteln Sie die Basis für die Errechnung der kalkulatorischen Zinsen?
41. Um welche nicht betriebsnotwendigen Vermögensgegenstände wird das in der Handelsbilanz ausgewiesene Vermögen bei der Ermittlung des betriebsnotwendigen Vermögens gekürzt?
42. Aus welchen Posten setzt sich das Abzugskapital zusammen?
43. Warum verrechnet ein Unternehmer kalkulatorische Zinsen?
44. Hat das Finanzamt Interesse an der Verrechnung kalkulatorischer Zinsen?
45. Wie wirkt sich die Buchung der Kalkulatorischen Miete aus auf:
    a) das Gesamtergebnis,
    b) das Betriebsergebnis,
    c) das neutrale Ergebnis?
46. Ist es sinnvoll, die kalkulatorische Miete höher anzusetzen als die ortsübliche Vergleichsmiete?
47. In welchem Fall ist die Verrechnung einer kalkulatorischen Miete unzulässig?
48. Von welchem Wert werden die bilanziellen Abschreibungen berechnet und von welchem Wert werden normalerweise die kalkulatorischen Abschreibungen berechnet?
49. Inwiefern dienen die Abschreibungen vom Wiederbeschaffungswert der Substanzerhaltung?
50. Wirken sich die kalkulatorischen Abschreibungen auf den Gewinn aus? – Begründen Sie Ihre Antwort.
51. Aus welchen Gründen werden die Sachanlagen in der Kostenrechnung anders abgeschrieben als in der Geschäftsbuchführung?
52. Entscheiden Sie bei den folgenden Aussagen, ob diese dem allgemeinen Unternehmerwagnis oder den Einzelwagnissen zuzuordnen sind.
    a) Marktrisiko
    b) Wasserschaden
    c) versicherbar
    d) aus dem Gewinn zu decken

e) über die Selbstkosten zu decken

53. Begründen Sie, warum die folgenden Kostenarten jeweils zu den Anders- bzw. zu den Zusatzkosten zu rechnen sind.

a) kalkulatorische Miete

b) kalkulatorischer Unternehmerlohn

c) kalkulatorische Zinsen

d) kalkulatorische Abschreibungen

e) kalkulatorische Wagnisse

54. Beschreiben Sie anhand des Beispiels in den Ergebnistabellen unter Rn. 110 die Auswirkungen der Weihnachtsgratifikationen in der Geschäftsbuchführung und in der Kostenrechnung jeweils in den Monaten Februar, November und Dezember.

55. Was sollte bei der Festlegung von Verrechnungspreisen berücksichtigt werden?

56. Aus welchen Gründen sollten Verrechnungspreise möglichst nur einmal jährlich zu Beginn des Geschäftsjahres angepasst werden?

57. Warum sollten in jedem Unternehmen ein Kostenartenplan und ein Kontierungsverzeichnis vorliegen?

58. Welche Leistungsarten werden in der Finanzbuchhaltung verrechnet und welche Leistungen werden innerhalb der Kostenstellenumlage in der Kostenrechnung verrechnet?

III. Kostenstellenrechnung

1. Aufgaben der Kostenstellenrechnung

Die Kostenstellenrechnung ist bei Mehrproduktbetrieben das Bindeglied zwischen der Kostenarten- und der Kostenträgerrechnung. Sie schafft die Möglichkeiten für die Verrechnung der Gemeinkosten auf die Kostenträger. 151

Die **Gemeinkosten** fallen nicht für einen einzelnen Auftrag oder ein einzelnes Produkt, sondern **für den Betriebsprozess allgemein** an. Sie können nicht wie die Einzelkosten aufgrund von Belegen verursachungsgerecht einem bestimmten Kostenträger zugerechnet werden. Feststellen lässt sich jedoch, wo im Betrieb, in welcher Abteilung bzw. welcher Kostenstelle die Gemeinkosten angefallen sind. Damit ist die Verrechnung auf Kostenstellen möglich. 152

Kostenstellen sind selbständig abzurechnende Abteilungen oder Bereiche. Die Leiter der Kostenstellen – oft gleichzeitig die Abteilungs- oder Werkstattleiter – sind verantwortlich für die Wirtschaftlichkeit ihrer Kostenstelle. 153

Die Kostenstellenrechnung dient der 154

- **verursachungsgerechten Zurechnung** der Gemeinkosten auf die Kostenstellen,
- **Ermittlung von Zuschlagssätzen** für die Verrechnung der Gemeinkosten auf die Kostenträger,
- **Berechnung der Selbstkostenpreise für innerbetriebliche Leistungen**,
- **Kontrolle** des Kostenanfalls nach Verantwortungsbereichen,
- **Ermittlung der Abweichungen** zwischen den tatsächlich angefallenen und den auf die Kostenträger verrechneten Gemeinkosten,
- **Ermittlung von Kennzahlen** zur Kontrolle der Wirtschaftlichkeit,
- **Lieferung von Erfahrungswerten für die Planung** der in Zukunft anfallenden Gemeinkosten.

2. Kostenbereiche und Kostenstellen

Die Aufteilung eines Betriebs in Kostenstellen erfolgt nach den **Bedürfnissen der Kalkulation** und nach den **Bedürfnissen der Kostenkontrolle**. Ausschlaggebend sind dabei: 155

- **Funktion**, z. B. Beschaffung, Fertigung, Verwaltung, Vertrieb,
- **Tätigkeiten**, wie Schlosserei, Lackiererei, Montage,
- **abrechnungstechnische Gesichtspunkte**, z. B. eindeutige Zurechenbarkeit der Kosten nach der Verursachung zu einer bestimmten Kostenstelle,
- eindeutige Abgrenzung nach **Verantwortungsbereichen**, damit eine wirksame Überwachung der Entscheidungen gewährleistet ist,
- die anschließende verursachungsgerechte **Verrechnung der Gemeinkosten auf die Kostenträger**.

156 Entsprechend den vier Hauptfunktionen wird ein Industriebetrieb mindestens in die Kostenbereiche **Beschaffung, Fertigung, Verwaltung** und **Vertrieb** aufgeteilt, die die Ermittlung der entsprechenden Zuschlagssätze für die Kostenträgerrechnung ermöglichen. Insbesondere der Fertigungsbereich muss wegen des unterschiedlichen Einsatzes von Maschinen- und Handarbeit oft in mehrere **Kostenstellen** aufgeteilt werden.

BEISPIEL ▸ In einem Industriebetrieb fallen die Tätigkeiten Drehen und Montieren an. Die Gemeinkosten werden als Zuschlag auf die Fertigungslöhne verrechnet.

TAB. 40: Aufteilung der Fertigung in Kostenstellen

	Alternative 1 Fertigung	Alternative 2 Fertigung	
		Dreherei	Montage
Gemeinkosten	60.000	30.000	30.000
Fertigungslöhne	20.000	5.000	15.000
Zuschlagssatz	300 %	600 %	200 %

Die Darstellung in der Tabelle zeigt, dass bei einer Aufteilung der Fertigung in (hier) zwei Kostenstellen, eine wesentlich genauere Verrechnung der Fertigungsgemeinkosten erfolgt.

Würde der einheitliche Zuschlagssatz von 300 % verrechnet, würden die Aufträge, die hauptsächlich die Dreherei beanspruchen, zu niedrig belastet. Die Aufträge, die die Montage mehr in Anspruch nehmen, würden dagegen zu hoch belastet. Die Aufteilung in zwei Kostenstellen führt hier zu einer verursachungsgerechteren Kostenzurechnung.

Für kleinere Betriebe reicht die Aufteilung in vier Kostenbereiche aus. Je größer der Betrieb wird, desto tiefer wird er die Kostenbereiche in Kostenstellen aufteilen, um eine genauere Kostenkontrolle und Kostenverrechnung zu erreichen.

TAB. 41: Aufteilung der Funktionsbereiche in Kostenstellen

Kostenbereiche	**Wesentliche Kostenstellen**
Beschaffungsbereich (Materialbereich)	Einkauf, Lager für Roh-, Hilfs- u. Betriebsstoffe
Fertigungsbereich	Werkstätten wie Schlosserei, Dreherei, Fräserei, Lackiererei, Montage
Verwaltungsbereich	Rechnungswesen, Personalwesen, Organisation
Vertriebsbereich	Verkauf, Versand, Lager für fertige Erzeugnisse

Die den vier Bereichen jeweils zugerechneten Gemeinkosten werden entsprechend **Materialgemeinkosten, Fertigungsgemeinkosten, Verwaltungsgemeinkosten** und **Vertriebsgemeinkosten** genannt.

3. Einstufiger Betriebsabrechnungsbogen

157 Die Kostenstellenrechnung wird in der Regel tabellarisch im **Betriebsabrechnungsbogen (BAB)** durchgeführt. Der Betriebsabrechnungsbogen ist senkrecht nach Kosten-

arten und waagerecht nach Kostenstellen gegliedert. Er wird normalerweise monatlich erstellt. (siehe Tabelle 43 unter Rn. 160 und Rn. 479.)

a) **Direkte Erfassung und Verrechnung von Gemeinkosten** 158

Einige Kostenarten lassen sich aufgrund von **Belegen** direkt (einzeln) bestimmten Kostenstellen zurechnen. Das trifft zu für Hilfsstoffe (lt. Entnahmeschein), Hilfslöhne, Gehälter (lt. Lohn- und Gehaltsbuchhaltung), Instandhaltungskosten (Eingangsrechnung, Lohnschein, interner Auftrag), Büromaterial (Bestellung, Entnahmeschein), Kosten für Werbung (lt. Eingangsrechnung in der Geschäftsbuchhaltung) und für die Abschreibungen (lt. Anlagenbuchhaltung). Es handelt sich um **Kostenstelleneinzelkosten**.

b) **Indirekte Verrechnung von Gemeinkosten** 159

Andere Kostenarten können nicht oder nur mittels eines vom Arbeitsaufwand her nicht vertretbaren Verfahrens je Kostenbereich erfasst und verrechnet werden. Dazu zählen die Energiekosten, der Wasserverbrauch, Steuern, Beiträge u. Ä. Diese Kostenarten werden mit Hilfe von **Verteilungsschlüsseln** den Kostenstellen belastet. Man spricht deshalb von **Kostenstellengemeinkosten** oder **Schlüsselkosten**.

TAB. 42: Verteilung der Kostenstelleneinzelkosten und der Kostenstellengemeinkosten auf die Kostenstellen

Verteilung der Gemeinkosten auf die Kostenstellen	
direkte Verteilung auf Grund von Belegen	**indirekte Verteilung mittels Schlüssel**
Kostenstelleneinzelkosten	**Kostenstellengemeinkosten**
Verteilungsgrundlage: - Lohnscheine - Materialentnahmescheine - Gehaltsbuchhaltung - Anlagenbuchhaltung - Eingangsrechnungen	Verteilungsgrundlage: - Anzahl der Mitarbeiter - Lohn- und Gehaltssumme je Kostenstelle - Installierte kWh - Arbeitsstunden

Die Kostenarten werden aus der Buchhaltung in den Betriebsabrechnungsbogen über- 160
nommen und aufgrund von Belegen (z. B. Entnahmescheine, Lohnscheine, Eingangsrechnungen, Gehaltsliste) oder Schlüsseln (z. B. installierte kWh oder qm) auf die Kostenstellen verteilt. Danach wird der Kostenanfall je Kostenstelle addiert. Die Zuschlagssätze zeigen die Gemeinkosten der Kostenstellen in Prozent zu den entsprechenden Zuschlagsgrundlagen.

TAB. 43: Einstufiger Betriebsabrechnungsbogen						
Kostenarten	Verteilungs-grundlage	Gesamt €	Material-bereich €	Fertigungs-bereich €	Verwaltungs-bereich €	Vertriebs-bereich €
Hilfsstoff-kosten	Entnahmescheine	12.880	860	12.020	0	0
Betriebsstoff-kosten	Entnahmescheine	6.000	0	6.000	0	0
Stromkosten	installierte kWh	8.000	500	7.000	300	200
Hilfslöhne	Lohnliste	9.500	2.000	5.500	0	2.000
Gehälter	Gehaltsliste	33.500	3.500	7.000	14.000	9.000
Sozialkosten	Anzahl Mitarbeiter	16.800	1.200	12.000	1.800	1.800
Kalk. Abschr.	Anlagenbuchh.	44.220	3.200	35.000	4.280	1.740
Mieten	qm	16.200	1.800	13.200	600	600
Bürokosten	Eingangsrg.	750	140	80	320	210
Versicherungs-prämien	z. B. Anlagenbuchh.	1.550	100	1.200	200	50
Betriebssteu-ern	Willkürl. Schlüssel	5.000	0	2.500	2.500	0
Summe Gemeinkosten		154.400	13.300	101.500	24.000	15.600
Zuschlagsgrundlagen:						
Fertigungsmaterial			95.000			
Fertigungslöhne				35.000		
Herstellkosten des Umsatzes					240.000	240.000
Zuschlagssätze*			14 %	290 %	10 %	6,5 %

Bei der Berechnung der Zuschlagssätze wird die Summe der Gemeinkosten des Materialbereichs zum Fertigungsmaterial in Beziehung gesetzt, die Summe der Gemeinkosten des Fertigungsbereichs zu den Fertigungslöhnen und die Summe der Gemeinkosten des Verwaltungsbereichs und des Vertriebsbereichs jeweils zu den Herstellkosten des Umsatzes.

*(s. hierzu Rn. 164)

161 **BEISPIELE** für die Form der Anlieferung der Kostenarten an die Kostenstellenrechnung

Kostenstellenplan: 10 Beschaffung, 20 Fertigung, 30 Verwaltung, 40 Vertrieb

Rechnungseingänge Mai 01 (Auszug)

TAB. 44: Meldung der Beträge aus Rechnungseingängen aus der Finanzbuchhaltung

Beleg-Nr.	Beleg-Datum	Konto Nr.	Kostenstelle Nr.	Gegenkonto	Betrag €
10340	2. 5.	616	20	4447	17.000
		616	30	4447	1.000
		616	40	4447	800
10794	25. 5.	616	10	4452	3.500
		616	40	4452	1.700
					24.000
10356	2. 5.	680	10	4409	175
10758	8. 5.	680	20	4409	140
10767	12. 5.	680	30	4409	220
10778	14. 5.	680	30	4467	920
10781	22. 5.	680	30	4414	550
10777	14. 5.	680	40	4467	980
10791	25. 5.	680	40	4409	1.015
					4.000
10370	2. 5.	690	10	4436	80
		690	20	4436	1.100
		690	30	4436	420
		690	40	4436	400
					2.000
usw.	usw.	usw.	usw.	usw.	

Kostenartenliste 1; Mai 01 (Fertigungsmaterial)

TAB. 45: Meldung des Verbrauchs von Fertigungsmaterial aus der Lagerbuchhaltung

Konto-Nr.	Auftrag Nr.	€	Summe €
Fertigungsmaterial	10446	12.800	
600	10568	14.650	
	11679	8.000	
	11989	21.000	
	20899	18.890	
	21345	21.980	
	30233	24.000	
	31678	14.500	
	34567	16.180	152.000

Kostenartenliste 2; Mai 01 (Verbrauch von Hilfs- und Betriebsstoffen nach KSt.)

TAB. 46: Meldung des Verbrauchs von Roh-, Hilfs- u. Betriebsstoffen aus der Lagerbuchhaltung

Konto-Nr.	Kostenstelle Nr.	€	Summe €
Hilfsstoffaufwendungen	10	500	
602	20	24.800	
	30	200	
	40	500	26.000
Hilfsstoffaufwendungen	10	600	
603	20	13.000	
	30	250	
	40	150	14.000

Kostenartenliste 3, Mai 01 (Löhne und Gehälter)

TAB. 47: Meldung der Lohn- und Gehaltskosten aus der Lohn- und Gehaltsbuchhaltung

Konto-Nr.	Lohn-/ Gehaltsart	Kostenstelle/ Auftrag Nummer	Summen je KSt./Auftrag €	Summe je Kostenart €
Fertigungslöhne	01	10446	34.000	
620		10568	27.349	
		11679	10.351	
		20899	34.598	
		21345	23.567	
		30233	10.567	
		31678	45.008	
		34567	34.560	220.000
Hilfslöhne	02	10	2.000	
628		20	54.500	
		30	0	
		40	1.500	58.000
Gehälter	01	10	10.000	
630		20	42.000	
usw.	usw.	usw.		

Kostenartenliste 4, Kalkulatorische Abschreibungen im Geschäftsjahr 01

TAB. 48: Meldung der kalkulatorischen Abschreibungen aus der Anlagenbuchhaltung		
Kostenstelle	Jahresbetrag €	Monatsbetrag €
10	108.000	9.000
20	888.000	74.000
30	234.000	19.500
40	114.000	9.500

Die Herstellkosten des Umsatzes werden wie folgt errechnet. 162

TAB. 49:	Kalkulationsschema für die Berechnung der Herstellkosten des Umsatzes	
	Fertigungsmaterial (FM oder MEK) lt. Lagerbuchhaltung	95.000 €
+	Materialgemeinkosten (MGK) lt. BAB	13.300 €
+	Fertigungslöhne (FL) lt. Lohnbuchhaltung	35.000 €
+	Fertigungsgemeinkosten (FGK) lt. BAB	101.500 €
=	Herstellkosten (Heko) der Produktion	244 800 €
-	Mehrbestand an unfertigen Erzeugnissen	14 800 €
+	Minderbestand an fertigen Erzeugnissen	10 000 €
=	Herstellkosten (Heko) des Umsatzes	240 000 €

Arbeitsschritte bei der Erstellung des Betriebsabrechnungsbogens:

1. Die Gemeinkostenarten werden aus der Ergebnistabelle in den BAB übernommen. 163

2. Die Einzelkosten für Fertigungsmaterial (Konto Rohstoffaufwendungen) und für Fertigungslöhne (Konto Fertigungslöhne) werden als Zuschlagsgrundlagen in den BAB übernommen.

3. Die Gemeinkosten werden je Kostenart als Kostenstelleneinzelkosten bzw. als Kostenstellengemeinkosten möglichst verursachungsgerecht auf die Kostenbereiche bzw. Kostenstellen verteilt.

4. Die Gemeinkosten werden je Kostenbereich bzw. Kostenstelle addiert.

5. In einer vereinfachten Kostenträgerzeitrechnung (s. Rn. 162) wird zunächst der Kostenanfall des Abrechnungsmonats addiert (Fertigungsmaterial + Materialgemeinkosten + Fertigungslöhne + Fertigungsgemeinkosten = Herstellkosten der Produktion). Um von den angefallenen Herstellkosten zu den auf die Umsätze des Monats entfallenden Herstellkosten zu kommen, werden Mehrbestände an unfertigen und an fertigen Erzeugnissen von den Herstellkosten der Produktion abgezogen und Minderbestände hinzugerechnet. (Begründung: Mehrbestände haben zu Herstellkosten geführt, sind aber nicht verkauft worden. Minderbestände haben in Vormonaten zu Herstellkosten geführt, sind aber erst im Abrechnungsmonat verkauft worden.)

6. Die Zuschlagssätze für die Kostenträgerrechnung werden ermittelt (siehe folgender Absatz „4. Ermittlung der Zuschlagssätze).

4. Ermittlung der Zuschlagssätze

164 Im **Beschaffungs- oder Materialbereich** des BAB werden alle Gemeinkosten gesammelt, die mit der Beschaffung, Annahme, Lagerung, Pflege, buchmäßigen Erfassung in der Lagerbuchhaltung und der Ausgabe von Material entstanden sind. Diese Gemeinkosten insgesamt sind die **Materialgemeinkosten (MGK).** Sie werden später in der Kostenträgerrechnung prozentual auf die Materialeinzelkosten (Fertigungsmaterial) zugeschlagen.

BEISPIEL (vgl. BAB Rn. 160)

Fertigungsmaterial	95.000 €	=	100 %
Materialgemeinkosten lt. BAB	13.300 €	=	14 %

$$\text{Materialgemeinkostenzuschlag} = \frac{\text{Materialgemeinkosten}}{\text{Fertigungsmaterial}} \times 100$$

Im **Fertigungsbereich** werden die **Fertigungsgemeinkosten (FGK)** gesammelt und auf die Fertigungslöhne bezogen.

BEISPIEL (vgl. BAB unter Rn. 160)

Fertigungslöhne	35.000 €	=	100 %
Fertigungsgemeinkosten lt. BAB	101.500 €	=	290 %

$$\text{Fertigungsgemeinkostenzuschlag} = \frac{\text{Fertigungsgemeinkosten}}{\text{Fertigungslöhne}} \times 100$$

Es wird unterstellt, dass die **Verwaltungsgemeinkosten (VwGK)** und die **Vertriebsgemeinkosten (VtGK)** von den verkauften Erzeugnissen verursacht worden sind und deshalb auch von diesen zu tragen sind. Entsprechend werden die VwGK und die VtGK auf die Herstellkosten des Umsatzes bezogen.

BEISPIEL (vgl. BAB unter Rn. 160)

Herstellkosten des Umsatzes	240.000 €	=	100 %
Verwaltungsgemeinkosten lt. BAB	24.000 €	=	10 %

$$\text{Verwaltungsgemeinkostenzuschlag} = \frac{\text{Verwaltungsgemeinkosten}}{\text{Herstellkosten des Umsatzes}} \times 100$$

Herstellkosten des Umsatzes	240.000 €	=	100 %
Vertriebsgemeinkosten lt. BAB	15.600 €	=	6,5 %

$$\text{Vertriebsgemeinkostenzuschlag} = \frac{\text{Vertriebsgemeinkosten}}{\text{Herstellkosten des Umsatzes}} \times 100$$

Betriebe, deren Erzeugnisse den Verwaltungsbereich und den Vertriebsbereich in gleichem Umfang in Anspruch nehmen, ermitteln einen einheitlichen Zuschlagssatz für Verwaltungs- *und* Vertriebsgemeinkosten. Im Beispiel würde das zu dem **einheitlichen Zuschlagssatz** von 16,5 % führen.

TAB. 50:	Ermittlung der Selbstkosten des Umsatzes einer Abrechnungsperiode			165
	Gesamtkosten der Abrechnungsperiode			
	Fertigungsmaterial (FM/MEK) lt. Lagerbuchhaltung	95.000 €		
+	14 % Materialgemeinkosten (MGK) lt. BAB	13.300 €		
	Materialkosten (MK)	108.300 €	108.300 €	
	Fertigungslöhne (FL) lt. Lohnbuchhaltung	35.000 €		
+	290 % Fertigungsgemeinkosten (FGK) lt. BAB	101.500 €		
=	Fertigungskosten (FK)	136.500 €	136.500 €	
	Herstellkosten (Heko) der Produktion		244.800 €	
-	Mehrbestand an unfertigen Erzeugnissen		14.800 €	
+	Minderbestand an fertigen Erzeugnissen		10.000 €	
=	**Herstellkosten (Heko) des Umsatzes**		240.000 €	
+	10 % Verwaltungsgemeinkosten (VwGK)		24.000 €	
+	6,5 % Vertriebsgemeinkosten (VtGK)		15.600 €	
=	**Selbstkosten des Umsatzes**		279.600 €	

Sondereinzelkosten der Fertigung sind Bestandteil der Herstellkosten. Wenn später in der Kostenträgerrechnung auch Sondereinzelkosten der Fertigung (SEKF) anfallen, muss dies bereits bei der Ermittlung der Zuschlagssätze für VwGK und für VtGK berücksichtigt werden. 166

TAB. 51:	Ermittlung der Selbstkosten des Umsatzes unter Berücksichtigung von SEKF und SEKV		
	Gesamtkosten der Periode unter Einbeziehung von Sondereinzelkosten (SEK)		
	Fertigungsmaterial (FM) lt. Lagerbuchhaltung	95.000 €	
+	14 % Materialgemeinkosten (MGK) lt. BAB	13.300 €	
	Materialkosten (MK)	108.300 €	108.300 €
	Fertigungslöhne (FL) lt. Lohnbuchhaltung	35.000 €	
+	290 % Fertigungsgemeinkosten (FGK) lt. BAB	101.500 €	
=	Fertigungskosten (FK)	136.500 €	136.500 €
+	**Sondereinzelkosten der Fertigung (SEKF)**		10.000 €
	Herstellkosten (Heko) der Produktion		254.800 €
-	Mehrbestand an unfertigen Erzeugnissen		14.800 €
+	Minderbestand an fertigen Erzeugnissen		10.000 €
=	**Herstellkosten (Heko) des Umsatzes**		250.000 €
+	10 % Verwaltungsgemeinkosten (VwGK)		25.000 €
+	6,5 % Vertriebsgemeinkosten (VtGK)		16.250 €
+	**Sondereinzelkosten des Vertriebs (SEKV)**		20.000 €
=	**Selbstkosten des Umsatzes**		311.250 €

5. Soll-Ist-Vergleich

167 In der **Kostenträgerrechnung** werden die Einzelkosten den **Aufträgen** (Kostenträgerstückrechnung) bzw. den **Produktgruppen** (Kostenträgerzeitrechnung) zugerechnet, die sie verursacht haben. Die Gemeinkosten werden mit Hilfe der Zuschlagssätze auf die Einzelkosten verrechnet.

Der Betriebsabrechnungsbogen wird in der Regel monatlich erstellt. Zuvor müssen jedoch die Lohnabrechnung, die Gehaltsabrechnung, die Materialbuchführung und die Geschäftsbuchführung abgeschlossen sein, weil deren Zahlen in den BAB eingehen. Aus diesem Grunde können auch bei Einsatz von EDV die Ist-Zuschlagssätze kaum vor dem 12. des Folgemonats ermittelt werden. Dem Kostenrechner liegen daher die Zuschlagssätze des Abrechnungsmonats im Zeitpunkt der Fertigstellung des Auftrages noch nicht vor. Auch für die Erstellung einer Angebotskalkulation fehlen die Ist-Zuschlagssätze künftiger Abrechnungsperioden.

Aufgrund **unterschiedlicher Preise** für Roh-, Hilfs- und Betriebsstoffe, des **unterschiedlichen Mengen-Einsatzes** einiger Kostenarten, **tariflicher Änderungen** bei Löhnen und Gehältern und besonders wegen des **unterschiedlichen Beschäftigungsgrades** kommt es bei der Kostenrechnung mit den tatsächlich angefallenen Kosten (Istkostenrechnung) permanent zu Änderungen bei den Gemeinkosten und bei den Zuschlagsgrundlagen. Schwankende Ist-Zuschlagssätze erschweren die Kostenkontrolle und führen zu einer unterschiedlichen Kostenbelastung der Aufträge, da beispielsweise der einzelne Auftrag, der in einem Monat mit niedriger Auslastung der Fertigung produziert wurde, höhere Gemeinkosten tragen müsste als ein gleichartiger Auftrag, der in einem Monat mit hoher Kapazitätsauslastung gefertigt wurde (s. Teilkostenrechnung, Rn. 341 ff.). Die Entwicklung des Kostenanfalls über die Monate wäre nur schwer vergleichbar.

Aus diesem Grunde wird in der Kostenträgerrechnung nicht mit den tatsächlich angefallenen Kosten, den Istkosten gerechnet, sondern mit Normal-, Soll- oder Plankosten, die durch Verrechnung von Normal-, Soll- oder Plan-Zuschlagssätzen auf die Einzelkosten ermittelt werden.

168 **Istkosten** sind die tatsächlich angefallenen Kosten, die im Nachhinein – in Form der Nachkalkulation – ermittelt werden.

169 **Normalkosten** sind die durchschnittlichen Istkosten mehrerer Abrechnungsperioden in der Vergangenheit, bereinigt um den außerordentlichen Kostenanfall aus Preisschwankungen und Verbrauchsschwankungen sowie extremen Beschäftigungsabweichungen. Normalkosten sind vergangenheitsbezogen.

170 **Normal-Zuschlagssätze** sind die statistischen Mittelwerte der Ist-Zuschlagssätze der vergangenen Abrechnungsperioden bzw. die Zuschlagssätze bei Zugrundelegung der Normalkosten.

171 **Soll-Zuschlagssätze** nennen Betriebe, die keine Plankostenrechnung haben, jene Zuschlagssätze, die in der Kalkulation verwendet werden. Soll-Zuschlagssätze berücksichtigen bestimmte Zielsetzungen, wie Kostensenkungen, oder – anders als die Normal-Zuschlagssätze – Rationalisierungseffekte und Änderungen im Betriebsablauf.

Plan-Zuschlagssätze berücksichtigen die in der Unternehmensplanung analytisch ermittelten Planwerte. 172

Nur bei erheblichen und gleichzeitig dauerhaften Abweichungen sollten die Normal-, Soll- oder Plan-Zuschlagssätze ausnahmsweise während eines Geschäftsjahres dem tatsächlichen Kostenanfall angepasst werden.

TAB. 52: BAB mit Ausweis der Über- und Unterdeckungen aus der Verrechnung von Sollkosten 173

Ermittlung der Überdeckungen und Unterdeckungen im einstufigen BAB						
Konto-Nr.	Kostenarten	Gesamt €	Materialbereich €	Fertigungsbereich €	Verwaltungsbereich €	Vertriebsbereich €
602	Hilfsstoffkosten	12.880	860	12.020	0	0
603	Betriebsstoffkosten	6.000	0	6.000	0	0
605	Stromkosten	8.000	500	7.000	300	200
628	Hilfslöhne	9.500	2.000	5.500	0	2.000
630	Gehälter	33.500	3.500	7.000	14.000	9.000
640	Sozialkosten	16.800	1.200	12.000	1.800	1.800
	Kalk. Abschreib.	44.220	3.200	35.000	4.280	1.740
670	Mieten	16.200	1.800	13.200	600	600
680	Büromaterial	750	140	80	320	210
690	Versicherungen	1.550	100	1.200	200	50
700	Betriebssteuern	5.000	0	2.500	2.500	0
Summe Gemeinkosten		154.400	13.300	101.500	24.000	15.600
Zuschlagsgrundlagen:						
Fertigungsmaterial		95.000	95.000			
Fertigungslöhne		35.000		35.000		
Heko des Umsatzes (Ist)		240.000			240.000	240.000
Heko des Umsatzes (Soll)		241.600			241.600	241.600
Ist-Zuschlagssätze			14 %	290 %	10 %	6,5 %
Soll-Zuschlagssätze			12 %	300 %	9 %	7,0 %
Verrechnete Gemeinkosten1)		155.056	11.400	105.000	21.744	16.912
Über- bzw. Unterdeckung 2)		+ 656	- 1.900	+ 3.500	- 2.256	+ 1.312

1) z. B. 12 % von 95.000 = 11.400

2) z. B. 13.000 € Ist-Gemeinkosten abzüglich 11.400 € verrechnete Gemeinkosten

Da die in der Kostenträgerrechnung verrechneten Gemeinkosten von den tatsächlich angefallenen abweichen, ist eine **Kontrolle der Abweichungen** erforderlich. Sind die in 174 der Kalkulation verrechneten Normal-, Soll- oder Plan-Zuschlagssätze höher als die Ist-Zuschlagssätze, werden mehr Gemeinkosten auf die Kostenträger verrechnet als angefallen sind. Über den Umsatz werden so mehr Kosten gedeckt als aufgewandt worden sind. Es liegt eine **Überdeckung** vor. Im umgekehrten Fall kommt es zu einer Unterdeckung. Bei einer **Unterdeckung** werden die tatsächlich angefallenen Kosten nicht voll auf die Kostenträger verrechnet.

175

TAB. 53: Berechnung der Soll-Herstellkosten des Umsatzes zum BAB unter Rn. 174

	Fertigungsmaterial (FM)	95.000 €
+	12 % Materialgemeinkosten (MGK)	11.400 €
+	Fertigungslöhne (FL)	35.000 €
+	300 % Fertigungsgemeinkosten (FGK)	105.000 €
=	Soll-Herstellkosten der Produktion	246.400 €
-	Mehrbestand an unfertigen Erzeugnissen	14.800 €
+	Minderbestand an fertigen Erzeugnissen	10.000 €
=	Soll-Herstellkosten des Umsatzes	241.600 €

176 Für jede Abrechnungsperiode sollten die tatsächlich angefallenen Istkosten den Sollkosten, wie sie in der Kostenträgerrechnung verrechnet werden, gegenübergestellt werden. Dabei kann sich herausstellen, dass die Soll-Zuschlagssätze niedriger sind als die Ist-Zuschlagssätze des Abrechnungszeitraums. Das bedeutet, dass auf die Kostenträger weniger Kosten verrechnet worden sind als angefallen. So kann es vorkommen, dass die Nachkalkulationen zu Sollkosten für die im Abrechnungszeitraum gefertigten und verkauften Aufträge sämtlich positive Ergebnisse ausweisen, während für den gleichen Abrechnungszeitraum in der Finanzbuchhaltung ein negatives Ergebnis ermittelt wird.

TAB. 54: Berechnung der Abweichungen zwischen Soll- und Istkosten außerhalb des BAB I

		Istkosten		Sollkosten		Abweichung
		%	€	%	€	€
	Fertigungsmaterial		95.000		95.000	
+	Materialgemeinkosten	14	13.300	12	11.400	- 1.900
+	Fertigungslöhne		35.000		35.000	
+	Fertigungsgemeinkosten	290	101.500	300	105.000	+ 3.500
	Herstellkosten der Produktion		244.800		246.400	
-	Mehrbestand unfert. Erzeugn.		14.800		14.800	
+	Minderbestand fert. Erzeugn.		10.000		10.000	
	Herstellkosten des Umsatzes		240.000		241.600	
+	Verwaltungsgemeinkosten	10,0	24.000	9,0	21.744	- 2.256
+	Vertriebsgemeinkosten	6,5	15.600	7,0	16.912	+ 1.312
	Selbstkosten des Umsatzes		279.600		280.256	+ 656

Im Abrechnungsmonat wurden insgesamt 656 € mehr auf die Kostenträger verrechnet, als angefallen sind.

6. Mehrstufiger Betriebsabrechnungsbogen

Um eine genauere Aussage über die Entstehung der Gemeinkosten zu erhalten und eine genauere Verrechnung der Gemeinkosten auf die Kostenträger mit differenzierteren Zuschlagssätzen zu ermöglichen, werden in größeren Betrieben 177

a) die bisher angesprochenen vier Kostenbereiche entsprechend den Funktionsbereichen Beschaffung, Fertigung, Verwaltung und Vertrieb in mehrere sog. Haupt- oder **Endkostenstellen** gegliedert und

b) weitere Bereiche mit sog. **Hilfskostenstellen** eingerichtet, die Leistungen für andere Kostenstellen erbringen.

TAB. 55: Einteilung des BAB I in Kostenbereiche und Kostenstellen

Kostenbereiche	Kostenstellen (Beispiele)
Allgemeiner Bereich	**Hilfskostenstellen:** Pförtner, Betriebsrat, Kantine, Sanitäter, Heizung und Energieversorgung, Fuhrpark, Werksfeuerwehr, Grundstücks- und Gebäudeverwaltung
Materialbereich (Beschaffung)	**Endkostenstellen:** Einkauf, Lager für RHB, Materialprüfung, Lagerbuchhaltung
Fertigungsbereich (Fertigung)	**Endkostenstellen:** Schmiede, Schlosserei, Dreherei, Fräserei, Lackiererei, Montage
Fertigungshilfsstellenbereich	**Hilfskostenstellen:** Betriebsleitung, Arbeitsvorbereitung, technische Leitung, Konstruktion, Lehrwerkstatt, Haushandwerker (Maler, Schreiner, Elektriker, Installateure), Modellschreinerei, in vielen Betrieben auch das Lohnbüro
Verwaltungsbereich (Verwaltung)	**Endkostenstellen:** Rechnungswesen, Personalwesen, kaufmännische Leitung, Organisation und Datenverarbeitung (manchmal auch im allgemeinen Bereich), Rechtsabteilung, allgemeine Verwaltung
Vertriebsbereich (Vertrieb)	**Endkostenstellen:** Verkauf, Marketing, Werbung, Lager der fertigen Erzeugnisse, Versand

Die **allgemeinen Kostenstellen** erfassen die Gemeinkosten, die für den **gesamten Betrieb** anfallen. Die hier erfassten Gemeinkosten sind von allen Abteilungen (deshalb „allgemein") verursacht worden. Sie werden nach einem geeigneten **Schlüssel** entsprechend der Inanspruchnahme der Leistungen dieser Kostenstellen auf die nutznießenden Kostenstellen – eben die Kostenverursacher – verteilt. Mit der Umlage auf die verursachenden Kostenstellen werden die Kosten aus den allgemeinen Kostenstellen herausgenommen und den verursachenden Kostenstellen belastet. 178

TAB. 56:	Allgemeine Kostenstellen und deren Umlageschlüssel
Hilfskostenstellen als Allgemeine Kostenstellen	**Mögliche Umlageschlüssel**
Pförtner, Betriebsrat, Kantine, Sanitäter	Anzahl der Mitarbeiter je Kostenstelle
Grundstücks- und Gebäudeverwaltung	Quadratmeter Fläche, wobei die Gebäude-qm doppelt zählen
Heizung	Kubikmeter Raum je Kostenstelle
Fuhrpark	gefahrene Kilometer je Kostenstelle

179 Die **Fertigungshilfsstellen** dienen der Aufrechterhaltung der Betriebsbereitschaft in den Fertigungskostenstellen. Die in den Fertigungshilfsstellen angefallenen Gemeinkosten werden nach einem möglichst verursachungsgerechten Schlüssel auf die Hauptkostenstellen im Fertigungsbereich umgelegt. Die Gemeinkosten werden also aus den Fertigungshilfsstellen „herausgerechnet" und den Fertigungskostenstellen belastet.

In der Praxis werden jeweils die Bezeichnungen

- **Fertigungsstelle, Fertigungskostenstelle, Fertigungshauptkostenstelle, Fertigungsendkostenstelle**

sowie

- **Fertigungshilfsstelle und Fertigungshilfskostenstelle**

nebeneinander gebraucht.

TAB. 57:	Fertigungshilfsstellen und deren Umlageschlüssel
Hilfskostenstellen als Fertigungshilfsstellen	**Mögliche Umlageschlüssel**
Betriebsleitung, technische Leitung	Anzahl Mitarbeiter in den Fertigungshauptkostenstellen und in den Fertigungshilfskostenstellen
Arbeitsvorbereitung, Konstruktion	Anzahl der Mitarbeiter in den Fertigungshauptkostenstellen
Haushandwerker	Nach Stundenverschreibung auf die nutznießenden Kostenstellen oder nach einem Schlüssel aufgrund des Einsatzes in der Vergangenheit
Lehrwerkstatt	Anzahl der Auszubildenden für die Fertigungshauptkostenstellen
Modellschreinerei	Nach einem näher zu bestimmenden Schlüssel auf die Fertigungshauptkostenstellen
Lohnbüro	Nach Anzahl der Lohnempfänger auf alle Kostenstellen, in denen Lohnempfänger beschäftigt sind

7. Umlageverfahren

7.1 Sekundärumlage oder Kostenstellenumlage

Die Leistungen der Allgemeinen Kostenstellen und der Fertigungshilfsstellen für die Haupt- oder Endkostenstellen sind innerbetriebliche Leistungen, die auf die Endkostenstellen verrechnet (umgelegt) werden. 180

Beim **Kostenstellenumlageverfahren** werden zunächst die Gemeinkosten der Allgemeinen Kostenstellen auf alle übrigen Kostenstellen und anschließend die Gemeinkosten der Fertigungshilfsstellen auf die Hauptkostenstellen umgelegt. Die Verteilung (Umlage) erfolgt:

a) **direkt** aufgrund von Aufzeichnungen (z. B. gefahrene km, Handwerkerstunden lt. Stundenaufschreibung),

b) **indirekt** unter Verwendung von Schlüsseln wie Anzahl Mitarbeiter, qm, Prozent-Schlüssel usw.

Die Verteilung der Gemeinkosten aus der Ergebnistabelle wird **Primärumlage** (Erstumlage) oder **Kostenartenumlage** genannt. Die Verteilung der Kostenstellen des Allgemeinen Bereichs und des Fertigungshilfsstellenbereichs auf die Endkostenstellen heißt **Sekundärumlage** (Zweitumlage) oder **Kostenstellenumlage**.

181

ABB. 10: Beispiel für die Umlage der Allgemeinen Kostenstellen und der Fertigungshilfsstellen

	Zahlen der Buch-haltung	Allgemeiner Bereich		20 Material-bereich	Fertigungsbereich				50 Verwal-tungs-bereich	60 Vertriebs-bereich
					Fertigungs-hilfsstellen		Fertigungs-hauptkostenstellen			
		01 Pförtner	02 Fuhrpark		31 AVO	32 Lehr-werkstatt	41 Dreherei	42 Montage		
	€	€	€	€	€	€	€	€	€	€
Primärkosten	200.000	5.000	10.000	10.000	12.000	10.000	58.000	50.000	20.000	25.000
Umlage										
KSt. 01		– 5.000	100	300	330	320	1.200	1.480	600	670
KSt. 02			– 10.100	1.100	0	100	0	2.400	700	5.800
KSt. 31					– 12.330	930	8.000	3.400		
KSt. 32						– 11.350	7.350	4.000		
Summe		0	0	11.400	0	0	74.550	61.280	21.300	31.470

Nach Beendigung der Sekundärumlage sind sämtliche Gemeinkosten aus den Allgemeinen Kostenstellen und den Fertigungshilfsstellen auf die Endkostenstellen der vier Funktionsbereiche Beschaffung (Materialwirtschaft), Fertigung, Verwaltung und Vertrieb verteilt. Jetzt werden – wie beim einstufigen BAB – die Zuschlagssätze für die Weiterverrechnung in der Kostenträgerrechnung ermittelt.

7.2 Verfahren der Sekundärumlage

7.2.1 Leistungsbeziehungen zwischen den Kostenstellen 182

In der Praxis sind drei verschiedene Formen der Leistungsbeziehungen zwischen Kostenstellen möglich:

TAB. 58: Leistungsbeziehungen zwischen Kostenstellen

Formen der Leistungsbeziehungen zwischen Kostenstellen		
einseitige, einstufige Leistungsabgabe	einseitige, mehrstufige Leistungsabgabe	Gegenseitige Leistungsabgabe

Bei **einseitig, einstufiger Leistungsabgabe** erbringt eine Kostenstelle Leistungen für eine oder mehrere andere Kostenstellen, erhält aber keine Leistung von den anderen Kostenstellen.

Bei **einseitig, mehrstufiger Leistungsabgabe** werden mehrere Kostenstellen nacheinander umgelegt, wobei eine bereits umgelegte Kostenstelle von einer in der Reihenfolge später umgelegten Kostenstelle noch einmal Leistungen zugerechnet bekommt.

Bei **gegenseitiger Leistungsabgabe** zwischen zwei oder mehreren Kostenstellen bestehen wechselseitige Leistungsbeziehungen. Eine Kostenstelle gibt Leistungen an eine oder mehrere andere Kostenstellen ab, von denen sie ihrerseits Leistungen empfängt.

Die Sekundärumlage kann nach verschiedenen Verfahren erfolgen. Die Wahl des möglichen Verfahrens ist auch von der Konstellation der Leistungsbeziehungen abhängig.

TAB. 59: Verfahren der Sekundärumlage

Stufenleiterverfahren	Iterationsverfahren	Gleichungsverfahren	Anbauverfahren	Verrechnungspreisverfahren

7.2.2 Stufenleiterverfahren

Die Sekundärumlage lässt sich am einfachsten durchführen, wenn einer allgemeinen Kostenstelle oder einer Fertigungshilfsstelle nach ihrer Umlage – wie unter Rn. 181 – keine Kosten mehr aus anderen Kostenstellen belastet werden, d. h. bei einseitig, einstufiger Leistungsverrechnung. Dazu sind die Kostenstellen in entsprechender Reihenfolge anzuordnen: Die nicht empfangende Kostenstelle (z. B. Pförtner oder AVO) wird links der nicht an sie abgebenden Kostenstellen (z. B. Fuhrpark oder Lehrwerkstatt) eingerichtet. 183

Bei einseitig, mehrstufiger Leistungsverrechnung ist das Stufenleiterverfahren dann noch anwendbar, wenn die einer Allgemeinen Kostenstelle oder Fertigungshilfsstelle nach ihrer Umlage anzulastenden Kosten von der Höhe her unwesentlich sind. Diese geringfügigen Beträge werden dann mit auf die anderen zu belastenden Endkostenstellen verteilt.

7.2.3 Iterationsverfahren

184 Beim Iterationsverfahren wird ein und dieselbe Allgemeine Kostenstelle oder Fertigungshilfsstelle (d. h. ein und dieselbe Sekundärkostenart) mehrfach umgelegt. Erhält eine bereits umgelegte, auf Null gestellte Kostenstelle noch einmal eine Belastung aus einer weiteren abgebenden Kostenstelle, so wird dieser zusätzliche Betrag noch einmal nach dem gleichen Schlüssel verteilt wie bei der Erstumlage. Dies kann sich bei einer großen Anzahl von Hilfsstellen mehrfach wiederholen.

Fallen nur wenige solcher einseitigen, mehrstufigen Leistungsabgaben an, wird die Umlage in kleinen Unternehmen von Hand auf Hilfsformularen vorbereitet. Komplexe Leistungsverflechtungen lassen sich dagegen nur mit geeigneten Datenverarbeitungsprogrammen abrechnen.

7.2.4 Gleichungsverfahren

185 Bei komplexen Leistungsverrechnungen kann statt des Iterationsverfahrens auch ein System linearer Gleichungen eingesetzt werden. Bei Änderungen der Schlüsselwerte ist dieses Gleichungssystem aber sehr aufwändig in der Pflege und auch fehleranfällig.

186

ABB. 11: Mehrstufiger Betriebsabrechnungsbogen mit Umlage nach dem Stufenleiterverfahren

Kosten-arten	Gesamt	Allgemeine Kostenstellen		Material-Bereich	Fertigungs-hilfsstellen		Fertigung			Verwal-tungs-bereich	Vertriebs-bereich
	€	Pförtner €	Fuhrpark €	€	Hand-werker €	Arbeitsvor-bereitung €	Dreherei €	Fräserei €	Montage €	€	€
Hilfsstoff-kosten	5.400	100	200	300	400	100	1.500	1.600	900	100	200
Betriebs-stoffkosten	2.300	0	400	100	100	0	800	700	200	0	0
...	...	...	...	...	...	...	...	...	...	...	...
...	...	...	...	...	...	...	...	...	...	...	...
...	...	...	...	...	...	...	...	...	...	...	...
Abschrei-bungen	5.200	200	500	500	400	100	1.200	1.100	900	100	200
Summe Erstumlage	**280.400**	**10.400**	**21.500**	**18.400**	**10.300**	**12.600**	**60.100**	**58.000**	**30.200**	**28.400**	**30.500**
Umlage Pförtner		**–10.400**	200	400	400	600	1.600	1.400	1.600	2.000	2.200
Umlage Fuhrpark			**–21.700**	2.700	400	0	0	0	0	4.600	14.000
Umlage Handwerker					**–11.100**	0	4.800	4.200	2.100	0	0
Umlage Arbeitsvorb.						**–13.200**	5.000	5.100	3.100	0	0
Summe Zweitumlage	**280.400**	**0**	**0**	**21.500**	**0**	**0**	**71.500**	**68.700**	**37.000**	**35.000**	**46.700**
Zuschlag-basis				220.300			20.800	21.000	16.900	210.000	210.000
Ist-Zuschlag-sätze				9,8 %			343 %	327 %	219 %	16,7 %	22,2 %

7.2.5 Anbauverfahren

187 Kommen zwischen den Hilfskostenstellen keine oder nur geringe Leistungsbeziehungen vor, bietet sich das Anbauverfahren an. Dabei wird die innerbetriebliche Leistungsverflechtung zwischen den Hilfskostenstellen vollkommen vernachlässigt. Die Summe der Primärkosten einer Kostenstelle wird durch die Leistungsabgabe an die jeweils zu belastende Hauptkostenstelle dividiert. An Hilfskostenstellen werden keine Leistungen abgegeben.

188 BEISPIEL

Umlage von Hilfskostenstellen nach dem Anbauverfahren					
	Allgemeiner Bereich		Fertigungsbereich		
	Stromer-zeugung €	Pförtner €	Schlos-serei €	Dreherei €	Weitere Kostenstellen €
Summe Primärkosten	16.000	5.000	50.000	58.000	100.000
Umlage Stromerzeugung	- 16.000	0	3.200	4.800	8.000
Umlage Pförtner		- 5.000	1.100	1.200	2.700
Summe Sekundärkosten	0	0	4.300	6.000	10.700
Kosten je Endkostenstelle	0	0	54.300	64.000	110.700

In der Hilfskostenstelle Stromerzeugung werden im Abrechnungszeitraum 230.000 kWh erzeugt. Davon werden insgesamt 200.000 kWh an die Hauptkostenstellen abgegeben.

Auf die KSt. Schlosserei entfallen 40.000 kWh, auf die Dreherei 60.000 kWh.

16.000 € geteilt durch 200.000 kWh ergibt 0,08 €/kWh

40.000 kWh der Schlosserei mal 0,08 € führen zu einer Belastung von 3.200 €

60.000 kWh der Dreherei mal 0,08 € führen zu einer Belastung von 4.800 €

FRAGEN

(Die Antworten zu den Kontrollfragen 59 – 85 befinden sich auf Seite 268 ff.)

59. Begründen Sie, warum Industriebetriebe, die unterschiedliche Erzeugnisse fertigen, die Gemeinkosten mithilfe von Zuschlagssätzen auf die Kostenträger verrechnen.
60. Erklären Sie den Begriff Kostenstelle.
61. Erklären Sie den Unterschied zwischen Kostenstellenbereichen und Kostenstellen.
62. Welche Gesichtspunkte müssen bei der Einteilung eines Betriebes in Kostenstellen berücksichtigt werden?
63. Nennen Sie die Aufgaben der Kostenstellenrechnung.

64. Begründen Sie, warum die Materialgemeinkosten auf das Fertigungsmaterial (Materialeinzelkosten) und warum die Vertriebsgemeinkosten auf die Herstellkosten des Umsatzes bezogen werden?
65. Worin unterscheiden sich die Herstellkosten des Umsatzes von den Herstellkosten der Erzeugung?
66. Die Herstellkosten der Produktion betragen 200.000 €. Die Minderbestände an unfertigen Erzeugnissen belaufen sich auf 20.000 €, die Mehrbestände an fertigen Erzeugnissen auf 30.000 €. Die Herstellkosten des Umsatzes sind zu ermitteln.
67. Aus welchen Nebenbuchhaltungen erhält der Kostenrechner die verschiedenen Kostenartenlisten?
68. Welche Möglichkeiten der Kostenkontrolle bietet der BAB?
69. Welche Kosten werden im Betriebsabrechnungsbogen erfasst?
70. Zu welchem Zweck werden im Betriebsabrechnungsbogen auch Einzelkosten ausgewiesen?
71. Nach welchem Prinzip und mit welchen Hilfsgrößen werden die Gemeinkosten im Betriebsabrechnungsbogen verrechnet?
72. Erklären Sie die Begriffe Kostenstellen-Einzelkosten und Kostenstellen-Gemeinkosten.
73. Welche Problematik steckt hinter der Umlage von Kostenstellen-Gemeinkosten?
74. Nach welchen Kriterien ist der Betriebsabrechnungsbogen horizontal und nach welchen Gesichtspunkten ist er vertikal gegliedert?
75. Was versteht man unter raumorientierter Kostenstellenbildung?
76. Was ist ein Kostenstellenplan?
77. Was versteht man unter Normalzuschlagssätzen?
78. Wie kommt eine Kostenüberdeckung und wie kommt eine Kostenunterdeckung zustande?
79. Welche der folgenden Ereignisse führen zu einer Gemeinkostenunterdeckung?
    a) Die Beschäftigung nimmt ab
    b) Der Tariflohn steigt
    c) Die Rohstoffpreise sinken
    d) Automatisierung der Fertigung bei unverändertem Abrechnungssystem
80. Auf welche Zuschlagsbasis beziehen Sie die:
    a) Materialgemeinkosten,
    b) Fertigungsgemeinkosten,
    c) Verwaltungsgemeinkosten,
    d) Vertriebsgemeinkosten?

81. Schlagen Sie vor, nach welchen Kriterien die Gemeinkosten der folgenden allgemeinen Kostenstellen auf andre Kostenstellen umgelegt werden können:
    a) Fuhrpark
    b) Pförtner
    c) Kantine
    d) Sanitäter
    e) Heizung
    f) Strom
    g) Grundstücks- und Gebäudeverwaltung
82. Schlagen Sie vor, nach welchen Kriterien die in den folgenden Fertigungshilfsstellen angefallenen Gemeinkosten umgelegt werden können:
    a) Betriebsleitung
    b) Konstruktion
    c) Haushandwerker
    d) Lohnbüro
    e) Lehrwerkstatt
83. Aus welchem Grund werden allgemeine Kostenstellen eingerichtet?
84. Warum ist die Aufteilung des Fertigungsbereichs in Fertigungshaupt- und Fertigungshilfsstellen sinnvoll?
85. Nach welchem Gesichtspunkt werden Zuschlagsgrundlagen für die Ermittlung der Zuschlagssätze ausgewählt?

IV. Kostenträgerrechnung

Die Kostenträgerrechnung wird als **Kostenträgerzeitrechnung** und als **Kostenträgerstückrechnung** geführt. 201

TAB. 60: Bereiche der Kostenträgerrechnung

Kostenträgerzeitrechnung	Kostenträgerstückrechnung
zeitraumbezogen (i. d. R. monatliche Erstellung) für den Betrieb insgesamt und nach Fabrikatgruppen oder Produktgruppen	**stückbezogen** je Auftrag oder je Produkteinheit
weitere Bezeichnungen: **Kurzfristige Erfolgsrechnung** **Fabrikaterfolgsrechnung**	weitere Bezeichnung: **Kalkulation**

1. Kostenträgerzeitrechnung

1.1 Wesen der Kostenträgerzeitrechnung

Die Kostenträgerzeitrechnung ist eine **Periodenrechnung**. Sie teilt das Betriebsergebnis nach Erzeugnisgruppen auf. Den Umsatzerlösen insgesamt und je Erzeugnisgruppe werden die zugehörigen Kosten gesamt und je Erzeugnisgruppe gegenübergestellt. Wegen der monatlichen Erstellung und der Übereinstimmung des Ergebnisses mit dem Betriebsergebnis in der Ergebnistabelle bzw. dem Konto „Betriebsergebnis" in der Buchhaltung, wird die Kostenträgerzeitrechnung auch als **Kurzfristige Erfolgsrechnung (KER)** bezeichnet. 202

1.2 Aufgaben der Kostenträgerzeitrechnung

Die Kostenträgerzeitrechnung dient der: 203

- Ermittlung der Selbstkosten der Abrechnungsperiode,
- Ermittlung des Anteils der verschiedenen Erzeugnisgruppen an den Gesamtkosten und am gesamten Betriebsergebnis der Abrechnungsperiode,
- Abstimmung der Kostenrechnung mit der Buchhaltung (geschlossene Kostenrechnung),
- Kontrolle der Wirtschaftlichkeit der Erzeugnisgruppen und der Einleitung Kosten senkender Maßnahmen,
- kurzfristigen Erfolgsrechnung.

1.3 Kostenträgerblatt (BAB II)

204 Die Kostenträgerzeitrechnung erfolgt – wie die Kostenstellenrechnung (BAB) – tabellarisch im **Kostenträgerblatt**, dem **BAB II**. Im Kostenträgerblatt werden auch die Ergebnisse nach Fabrikaten oder Produkten ausgewiesen, deshalb die Bezeichnungen **Kostenträgerzeit- und -ergebnisrechnung** und **Fabrikaterfolgsrechnung**. Der Aufbau des Kostenträgerblattes entspricht dem Schema der Zuschlagskalkulation.

205 Die **Einzelkosten** werden den Materialentnahmescheinen und den Lohnscheinen entnommen. Diese Belege enthalten in der Regel Auftragsnummern, aus denen gleichzeitig die Zugehörigkeit zu einer bestimmten Erzeugnisgruppe hervorgeht. Die Auftragsnummer ist dann ein Verbundschlüssel, dessen erste Stellen als klassifizierender Teil auf die Erzeugnisgruppe hinweisen, während die letzten Stellen als identifizierender Teil des Schlüssels den Auftrag bezeichnen. Eingangsrechnungen über Sondereinzelkosten werden in der *Buchhaltung* oder in der Abteilung *Rechnungsprüfung und -kontierung* nicht nur mit den Konten der Buchhaltung, sondern

a) im Falle von **Gemeinkosten** zusätzlich mit der Kostenstellennummer und

b) im Falle von **Einzelkosten** zusätzlich mit der Kostenträger- oder Auftragsnummer

kontiert. So kann die Belastung des einzelnen Auftrags und – über den klassifizierenden Teil der Auftragsnummer – auch die Belastung der jeweiligen Erzeugnisgruppe erfolgen.

Die Belege über Kostenstelleneinzelkosten (d. h. die direkt zurechenbaren Gemeinkosten) werden in der Lager- oder Materialbuchhaltung, der Lohn- und Gehaltsbuchhaltung bzw. in der Finanzbuchhaltung oder in der Rechnungsprüfung und -kontierung mit der zu belastenden Kostenstelle kontiert.

206 Die im BAB I erfassten **Gemeinkosten** werden auf die Einzelkosten verrechnet. Das kann mit Ist-, Normal- oder Soll-Zuschlagssätzen erfolgen.

BEISPIEL 1 Kostenträgerblatt / BAB II (zum BAB unter Rn. 174 Soll-Ist-Vergleich).

TAB. 61: Kostenträgerblatt / BAB II mit Ausweis einer Kostenüberdeckung

		Verrechnete Sollkosten		
		Insgesamt	Erzeugnisgruppen	
		€	Maschinenbau €	Anlagenbau €
1.	Fertigungsmaterial	95.000	45.000	50.000
2.	+ 12 % MGK	11.400	5.400	6.000
3.	Materialkosten	106.400	50.400	56.000
4.	Fertigungslöhne	35.000	25.000	10.000
5.	+ 300 % FGK	105.000	75.000	30.000
6.	Fertigungskosten	140.000	100.000	40.000
7.	Herstellkosten der Produktion	246.400	150.400	96.000
8.	- Mehrbestand an unfert. Erzeugnissen	14.800	800	14.000
9.	+ Minderbestand an fert. Erzeugnissen	10.000	8.000	2.000
10.	Herstellkosten des Umsatzes	241.600	157.600	84.000
11.	+ 9 % VwGK	21.744	14.184	7.560
12.	+ 7 % VtGK	16.912	11.032	5.880
13.	Selbstkosten des Umsatzes	280.256	182.816	97.440
14.	Verkaufserlöse	290.006	195.006	95.000
15.	**Umsatzergebnis nach Gruppen**	+ 9.750	+ 12.190	- 2.440
16.	+ Überdeckung lt. BAB I	+ 656		
17.	**Betriebsergebnis** (lt. Ergebnistabelle)	+ 10.406		

Wenn die Soll-Zuschlagssätze höher sind als die Ist-Zuschlagssätze, dann werden mehr Gemeinkosten auf die Aufträge verrechnet als angefallen sind. Es kommt zu einer Überdeckung. Die **Überdeckung** erhöht das Betriebsergebnis. 207

Sind die Ist-Zuschlagssätze höher als die Soll-Zuschlagssätze, werden weniger Gemeinkosten auf die Aufträge verrechnet als angefallen sind. Die Verrechnung auf die Aufträge deckt nicht die tatsächlich angefallenen Kosten. Es kommt zu einer **Unterdeckung**. Die Unterdeckung mindert das Betriebsergebnis. 208

BEISPIEL 2 Unterdeckung in der Kostenträgerzeitrechnung / BAB II

TAB. 62: Kostenträgerblatt / BAB II mit Ausweis einer Kostenunterdeckung

13.	Selbstkosten des Umsatzes	280.256	182.816	97.440
14.	Verkaufserlöse	290.006	195.006	95.000
15.	**Umsatzergebnis nach Gruppen**	+ 9.750	+ 12.190	- 2.440
16.	- Unterdeckung lt. BAB I	- 1.000		
17.	**Betriebsergebnis** (lt. Ergebnistabelle)	+ 8.750		

Während die Ergebnistabelle zu den beiden vorstehenden Beispielen nur ein positives Betriebsergebnis ausweist, zeigt das Kostenträgerblatt eine Aufteilung des Ergebnisses nach Fabrikategruppen (s. jeweils Zeile 15 der vorstehenden Tabellen unter Rn. 206 und 208), dass das negative Ergebnis im Anlagenbau durch das sehr gute Ergebnis des Maschinenbaus im Gesamtergebnis kompensiert worden ist. Das Beispiel 1 zeigt weiter, dass insgesamt 656 € mehr Gemeinkosten auf die Aufträge verrechnet worden sind als angefallen. In Beispiel 2 wurden 1.000 € Gemeinkosten weniger verrechnet als angefallen sind.

209 Die Kostenträgerzeitrechnung (s. Rn. 206) kann auch entsprechend der Darstellung auf der nächsten Seite geführt werden.

210

ABB. 12: Kostenträgerzeitrechnung (aufbauend auf dem BAB unter Rn. 174)

	Insgesamt					Maschinenbau					Anlagenbau				
Kostengruppe	Istkosten €	Ist %	Sollkosten €	Soll %	Über-/Unterdeckung €	Istkosten €	Ist %	Sollkosten €	Soll %	Über-/Unterdeckung €	Istkosten €	Ist %	Sollkosten €	Soll %	Über-/Unterdeckung €
1. Fertigungsmaterial	95.000		95.000			45.000		45.000			50.000		50.000		
2. MGK	13.300	14,0	11.400	12,0	– 1.900	6.300	14,0	5.400	12,0	– 900	7.000	14,0	6.000	12,0	– 1.000
3. Materialkosten	108.300		106.400			51.300		50.400			57.000		56.000		
4. Fertigungslöhne	35.000		35.000			25.000		25.000			10.000		10.000		
5. FGK	101.500	290,0	105.000	300,0	3.500	72.500	290,0	75.000	300,0	2.500	29.000	290,0	30.000	300,0	1.000
6. Fertigungskosten	136.500		140.000			97.500		100.000			39.000		40.000		
7. Heko der Produktion	244.800		246.400			148.800		150.400			96.000		96.000		
8. – Mehrbestand unfert. Erzeug.	14.800		14.800			800		800			14.000		14.000		
9. + Minderbestand fert. Erzeug.	10.000		10.000			8.000		8.000			2.000		2.000		
10. Heko des Umsatzes	240.000		241.600			156.000		157.600			84.000		84.000		
11. VwGK	24.000	10,0	21.744	9,0	– 2.256	15.600	10,0	14.184	9,0	– 1.416	8.400	10,0	7.560	9,0	– 840
12. VtGK	15.600	6,5	16.912	7,0	1.312	10.140	6,5	11.032	7,0	892	5.460	6,5	5.880	7,0	420
13. Selbstkost. des Umsatzes	279.600		280.256			181.740		182.816			97.860		97.440		
14. Nettosverkaufserlöse			290.006					195.006					95.000		
15. Umsatzergebnis			**9.750**					**12.190**					**– 2.440**		
16. Kostenüber-/ Kostenunterd.			656		656					1.076					– 420
17. Betriebsergebnis			**10.406**												

1.4 Abstimmung mit der Finanzbuchhaltung

211 Das **Umsatzergebnis** der Kostenträgerzeitrechnung, zuzüglich der Überdeckungen und abzüglich der Unterdeckungen aus dem BAB I, muss mit dem **Betriebsergebnis** in der Ergebnistabelle übereinstimmen. Auf diese Weise lässt sich prüfen, ob alle Kosten aus der Ergebnistabelle in die Kostenrechnung übernommen worden sind. Über die Ergebnistabelle wiederum ist die Abstimmung der kontenmäßigen Buchführung mit der tabellarischen Kostenrechnung sichergestellt (geschlossene Kostenrechnung).

MERKE

Das Kostenträgerblatt entspricht in seinem Aufbau dem Schema der Zuschlagskalkulation.

Die Kostenträgerzeitrechnung teilt die Selbstkosten und die Umsatzerlöse nach Erzeugnisgruppen auf und zeigt den Anteil der einzelnen Erzeugnisgruppen am Ergebnis der Abrechnungsperiode.

Umsatzergebnis + Überdeckungen im BAB I bzw. Umsatzergebnis - Unterdeckungen im BAB I müssen mit dem Betriebsergebnis in der Ergebnistabelle übereinstimmen.

2. Kostenträgerstückrechnung

2.1 Wesen der Kostenträgerstückrechnung

212 Die Kostenträgerstückrechnung ermittelt die Herstellkosten bzw. die Selbstkosten einer Produkteinheit oder eines Auftrages.

2.2 Aufgaben der Kostenträgerstückrechnung

213 Die Kostenträgerstückrechnung oder **Kalkulation** ist eine **Leistungseinheitsrechnung**. Sie erfasst die angefallenen Kosten für eine Mengen-, Maß-, Gewichts-, Verkaufseinheit bzw. einen Auftrag.

Die Kostenträgerstückrechnung oder Kalkulation dient:

- der Ermittlung der Selbstkosten der einzelnen Kostenträger, Aufträge oder Erzeugnisse,
- der Bewertung des Bestands an fertigen und unfertigen Erzeugnissen sowie der aktivierten Eigenleistungen in der Bilanz,
- als Entscheidungsgrundlage für die Eigenfertigung oder den Fremdbezug (Make or Buy),
- zur Überwachung der Stückkosten (Nachkalkulation).

Zur Überwachung des Kostenanfalls müssen die Kosten genau ermittelt werden, d. h. sie müssen wahr sein, damit die Wirtschaftlichkeit der Leistungserstellung jederzeit geprüft werden kann. **Kostenverrechnung und Preispolitik** am Absatzmarkt haben nur insofern miteinander zu tun, als die tatsächlich angefallenen Kosten den Rahmen für die Preispolitik setzen. In Zeiten schwacher Nachfrage können Produkte durchaus unter Selbstkosten verkauft werden, die Selbstkosten müssen aber bekannt sein. Für den Fortbestand eines jeden Unternehmens ist es wichtig, dass die Preise langfristig sämtliche Kosten decken und einen angemessenen Gewinn einbringen.

Die Art des Kalkulationsverfahrens richtet sich nach dem Produktionsprogramm und dem Fertigungsverfahren des Industriebetriebs. Für Mehrproduktbetriebe und solche mit Einzelfertigung im Kundenauftrag ist in der Regel das Verfahren der **Zuschlagskalkulation** am geeignetsten.

Die **Warenkalkulation** wird in Kapitel V: Kalkulation im Handel (Rn. 261 ff.) dargestellt.

TAB. 63: Abrechnung der betrieblichen Leistungen in der Kostenträgerrechnung

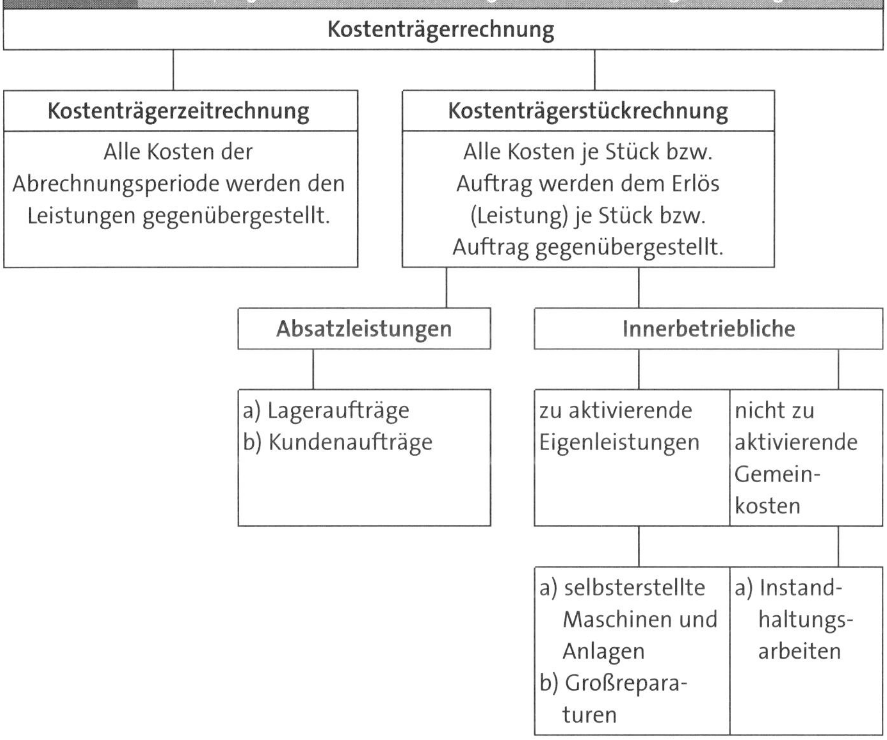

2.3 Anlässe und Arten der Kostenträgerstückrechnung

Die Kalkulationen der Kostenträgerstückrechnung unterscheiden sich allgemein nach 214
Rechnungszweck, Kalkulationszeitpunkt, verrechneten Kosten und den erfassten Kostenbestandteilen.

TAB. 64: Anlässe und Arten der Kostenträgerstückrechnung

Anlässe und Arten der Kostenträgerstückrechnung			
nach dem Rechnungszweck	**nach dem Kalkulationszeitpunkt**	**nach den verrechneten Kosten**	**nach den erfassten Kostenbestandteilen**
a) Preiskalkulation b) Erfolgskalkulation c) Betriebskalkulation	a) Vorkalkulation b) Zwischenkalkulation c) Mitlaufende Kalkulation d) Nachkalkulation	a) Istkostenkalkulation b) Normalkostenkalkulation c) Plankostenkalkulation	a) Vollkostenkalkulation b) Teilkostenkalkulation

215 Die **Preiskalkulation** oder **Absatzkalkulation** dient der Ermittlung der Preisuntergrenze. Sie geht von den Selbstkosten und einem angemessenem Gewinnzuschlag aus und vergleicht dieses Ergebnis mit den am Markt realisierbaren Verkaufserlösen und den Vorgaben der Preispolitik des Unternehmens.

216 Die **Erfolgskalkulation** ermittelt den Gewinn bzw. Verlust je Menge oder Auftrag, der unter Beachtung der Kosten bei einem bestimmten Preis zu erzielen ist.

217 Die **Betriebskalkulation** dient der Wirtschaftlichkeitskontrolle und dem internen Betriebsvergleich. Sie kann sich auf die Erstellung von Einzelteilen, Baugruppen und ganzen Produkten beziehen.

218 Die **Vorkalkulation** wird vor der Leistungserstellung durchgeführt. Sie hat Plan-Charakter. Geplant werden die voraussichtlichen Kosten der Leistungserstellung. Dem Zweck nach ist die Vorkalkulation meistens eine Preiskalkulation oder eine Angebotskalkulation. Sie wird unter Verrechnung von Normal- oder Soll-Zuschlagssätzen anhand von Stücklisten, Bearbeitungsnormzeiten sowie Erfahrungs- und Schätzwerten erstellt.

219 Der **Nachkalkulation** liegen die tatsächlich für die Leistungserstellung angefallenen Kosten zugrunde. Sie wird nach der Fertigstellung des Auftrags erstellt. Die Einzelkosten werden anhand der Materialentnahmescheine, der Lohnscheine und der Eingangsrechnungen über Sondereinzelkosten ermittelt. Als Zuschlagssätze werden je nach Zweck der Nachkalkulation Ist-Zuschlagssätze oder Normal- bzw. Soll-Zuschlagssätze verwendet. Die Nachkalkulation ist eine Kontrollrechnung. Aus den Abweichungen zwi-

schen Vorkalkulation und Nachkalkulation werden Erfahrungen für die Erstellung von Vorkalkulationen für Folgeaufträge gesammelt.

Die **Zwischenkalkulation** wird in der Zeit nach dem Beginn und vor dem Abschluss der Fertigung eines Auftrages durchgeführt. Insbesondere bei der Herstellung von Erzeugnissen mit einer langen Produktionsdauer ist sie ein wichtiges Instrument für die Kontrolle des Kostenanfalls. Sie dient: 220

a) der Ermittlung der aufgelaufenen Kosten und der noch erwarteten Kosten im Vergleich zur Vorkalkulation;

b) der Ermittlung der Herstellungskosten für die Bewertung der unfertigen Erzeugnisse im Jahresabschluss sowie der Ermittlung der Rückstellungen für drohende Verluste aus schwebenden Geschäften.

Soweit die Kosten bereits angefallen sind hat die Zwischenkalkulation den Charakter einer Nachkalkulation. Die noch erwarteten Kosten werden auf vorkalkulatorischer Basis ermittelt.

Die **mitlaufende Kalkulation** ist eine erst im Jahre 1973 im Maschinen- und Anlagenbau entwickelte projektbegleitende Rechnung. Sie wird eingesetzt zur Kontrolle des Kostenanfalls bei Projekten und bei Großaufträgen, die über einen längeren Zeitraum (i. d. R. mehrere Jahre) gefertigt werden. Aufgabe ist das rechtzeitige Erkennen von Kostenabweichungen gegenüber der Vorkalkulation, so dass Maßnahmen zur Reduzierung und eventuellen Kompensation von Kostenüberschreitungen noch während der Projektlaufzeit bzw. der Auftragsfertigung eingeleitet werden können. 221

TAB. 65: Arbeitsblatt für die mitlaufende Kalkulation

Mitlaufende Kalkulation	Auftr. Nr. 4711					31. 7. 2009
	Kostenanfall in 2008	Kostenanfall gesamt einschl. 7. 2009	noch zu erwartende Kosten	Erwartete Gesamtkosten (Spalten 3 u. 4)	Gesamtkosten lt. Vorkalkulation	Abweichung (Spalten 5 u.6)
1	2	3	4	5	6	7
Fertigungsmat.						
Fertigungs-GK						
Fertigungslöhne						
Fertigungs-GK						
Konstruktionsk.						
usw.						
Summe						

Zur **Vollkostenkalkulation und Teilkostenkalkulation** s. unter Kapitel VII.: Teilkostenrechnung, Rn. 360 ff., Wesen der Teilkostenrechnung.

2.4 Zuschlagskalkulation

2.4.1 Zuschlagskalkulation und Ermittlung der Abweichungen

222 Betriebe mit **Einzel- oder Serienfertigung**, die **unterschiedliche Produkte** herstellen, wenden das Verfahren der Zuschlagskalkulation an. Die Einzelkosten werden den Auftragspapieren entnommen (z. B. Lohnscheine, Materialentnahmescheine, Eingangsrechnungen im Falle von Sondereinzelkosten). Die Gemeinkosten werden mit Hilfe von Zuschlagssätzen auf die Einzelkosten verrechnet.

Vor der Hereinnahme des Auftrags wird i. d. R. eine Vorkalkulation erstellt, um sicherzustellen, dass der noch zu verhandelnde Verkaufspreis die Kosten des Herstellers deckt. Nach Fertigstellung wird eine Nachkalkulation erstellt. Die Werte aus Vor- und Nachkalkulation werden einander gegenübergestellt. Bei großen Abweichungen zwischen Vor- und Nachkalkulation beim Fertigungsmaterial oder Fertigungslöhnen folgt ein klärendes Gespräch mit den Mitarbeitern im Beschaffungsbereich bzw. in der Fertigung.

BEISPIEL ▸ Nachkalkulation mit Ermittlung der Abweichungen gegenüber der Vorkalkulation bei Verwendung von Soll-Zuschlagssätzen in Vor- und Nachkalkulation.

TAB. 66: Arbeitsblatt Nachkalkulation – Sollzuschlagssätze in Vor- und Nachkalkulation

Auftrag Nr.	21 201		vom 22. 11. 2001	
Gegenstand:	Blechschneidemaschine		Liefermenge: 1	
Kunde:	Ruhr-Metallbau Abel, Bauer & Co. KG			
Zeichnungs-Nr. 235	Arbeitsplan-Nr. 288		Stücklisten-Nr. 4711	
	Vorkalkulation	Nachkalkulation	Abweichungen	
	€	€	€	%
Fertigungsmaterial	22.000	24.200	- 2.200	10,0
+ 12 % MGK	2.640	2.904	- 264	10,0
Materialkosten	24.640	27.104	- 2.464	10,0
Fertigungslöhne	14.000	14.700	- 700	5,0
+ 300 % FGK	42.000	44.100	- 2.100	5,0
Fertigungskosten	56.000	58.800	- 2.800	5,0
Herstellkosten	80.640	85.904	- 5.264	6,5
+ 9 % VwGK	7.258	7.731	- 473	6,5
+ 7 % VtGK	5.645	6.013	- 368	6,5
Selbstkosten	93.543	99.648	- 6.105	6,5
Verkaufserlös	102.000	102.000		
Auftragsergebnis*) in €	8.457	2.352	- 6.105	
Auftragsergebnis in %	8,3	2,3		

*) An Stelle der Bezeichnung Auftragsergebnis werden oft die Begriffe „Gewinn" und „Verlust" verwendet. Da in die Kostenträgerrechnung nicht alle Aufwendungen aus der Finanzbuchhaltung eingehen und weil in der Kostenträgerrechnung Anders- und Zusatzkosten berücksichtigt werden, stimmt die Summe der Auftragsergebnisse einer Abrechnungsperiode nicht mit dem

Gewinn oder Verlust der monatlichen GuV-Rechnung überein. Deshalb wird im Rechnungskreis I von Gewinn und Verlust gesprochen, im Rechnungskreis II dagegen von Ergebnissen.

Die Mehrzahl der Betriebe rechnet in der Nachkalkulation – wie in der Vorkalkulation – mit Normal- oder Soll-Zuschlagssätzen. Die Abweichungen ergeben sich dann aus dem unterschiedlichen Anfall der Einzelkosten in der Vor- und in der Nachkalkulation. Insbesondere dann, wenn die Fertigungszeit sich über mehrere Monate erstreckt, ist eine Nachkalkulation unter Verwendung der unterschiedlichen Ist-Zuschlagssätze dieser Monate unter Beachtung des Grundsatzes der Wirtschaftlichkeit nicht mehr machbar. Hinzu kommt, dass der Anfall der Gemeinkosten in der Kostenstellenrechnung überwacht wird und sich nur dort steuern lässt. Schließlich sind die Auftragsergebnisse nicht mehr vergleichbar, wenn sie dadurch beeinflusst werden, dass ein Auftrag zufällig in einem Monat gefertigt worden ist, in dem – z. B. wegen besonders hoher oder besonders geringer Beschäftigung – entsprechend hohe oder niedrige Ist-Zuschlagssätze ermittelt worden sind. Konsequent wäre dann auch, dass bei einer „echten" Ist-Kostenrechnung z. B. die Verrechnungs- oder Durchschnittspreise bei der Entnahme von Roh-, Hilfs- und Betriebsstoffen zurückgenommen würden. 223

BEISPIEL Unter Berücksichtigung der Ist- und der Soll-Zuschlagssätze des BAB im III. Teil: Kostenstellenrechnung, Soll-Ist-Vergleich (Rn. 174) könnte die Gegenüberstellung von Vor- und Nachkalkulation auch wie folgt aussehen: 224

TAB. 67: Arbeitsblatt Nachkalkulation – Sollzuschlagssätze in der Vorkalkulation, Istzuschlagssätze in der Nachkalkulation

Nachkalkulation mit Ermittlung der Abweichungen gegenüber der Vorkalkulation					
Auftrag Nr.	21 201			vom 22. 11. 2001	
Gegenstand:	Blechschneidemaschine			Liefermenge: 1	
Kunde:	Ruhr-Metallbau Abel, Bauer & Co. KG				
Zeichnungs-Nr. 235	Arbeitsplan-Nr. 288			Stücklisten-Nr. 4711	
	Vorkalkulation		Nachkalkulation		Abweichungen
	%	€	%	€	€
Fertigungsmaterial		22.000,00		24.200,00	2.200,00
+ MGK	12,0	2.640,00	14,0	3.388,00	748,00
+ Fertigungslöhne		14.000,00		14.700,00	700,00
+ FGK	300,0	42.000,00	290,0	42.630,00	630,00
Herstellkosten		80.640,00		84.918,00	4.278,00
+ VwGK	9,0	7.258,00	10,0	8.491,80	1.233,80
+ VtGK	7,0	5.645,00	6,5	5.519,67	- 125,33
Selbstkosten		93.543,00		98.929,47	5.386,47
Verkaufserlös		102.000,00		102.000,00	0,00
Auftragsergebnis		8.457,00		3.070,53	- 5.386,47
% vom Umsatz		8,3		3,0	

2.4.2 Selbstkostenkalkulation

225 In vielen Industriebetrieben fallen für bestimmte Aufträge zusätzlich Sondereinzelkosten der Fertigung und Sondereinzelkosten des Vertriebs an. Dann werden die Selbstkosten wie folgt ermittelt.

TAB. 68: Selbstkostenkalkulation unter Berücksichtigung der Sondereinzelkosten

Pos.	Selbstkostenkalkulation	%	€	Berechnung
1	Materialeinzelkosten (MEK)		1.000	
2	Materialgemeinkosten (MGK)	10	100	in % von 1
3	Materialkosten (MK)		1.100	1 + 2
4	Fertigungseinzelkosten (FEK)		2.000	
5	Fertigungsgemeinkosten (FGK)	400	8.000	in % von 4
6	Sondereinzelkosten der Fertigung (SEKF)		1.000	
7	Fertigungskosten (FK)		11.000	4 + 5 + 6
8	Herstellkosten (HK)		12.100	3 + 7
9	Verwaltungsgemeinkosten (VwGK)	10	1.210	
10	Vertriebsgemeinkosten (VtGK)	20	2.420	
11	Sondereinzelkosten des Vertriebs (SEKV)		1.270	
12	Selbstkosten (SK)		17.000	8 + 9 + 10 + 11

226 ### 2.4.3 Preiskalkulation

Die Selbstkosten sind Grundlage für die **Preiskalkulation** oder **Absatzkalkulation**, in der neben einem gewünschten Gewinnzuschlag die üblichen Nachlässe für Kundenskonto und Kundenrabatt berücksichtigt werden. Die Preiskalkulation zeigt den Angebotspreis, der sämtliche Kosten und den Gewinn lt. Unternehmensplanung deckt.

TAB. 69: Preiskalkulation als Fortführung der Selbstkostenkalkulation

Pos.	Selbstkostenkalkulation	%	€	Berechnung
12	Selbstkosten (SK)		17.000,00	
13	Gewinnzuschlag (Gew)	10	1.700,00	in % von 12
14	Barverkaufspreis netto (BVP)		18.700,00	12 + 13
15	Kundenskonto (KuSk)	3 i. H.	578,35	in % von 16
16	Zielverkaufspreis netto (ZVP)		19.278,35	14 + 15
17	Kundenrabatt (KuRa)	10 i. H.	2.142,04	in % von 18
18	Listenverkaufspreis netto (LVP)		21.420,39	16 + 17
19	Umsatzsteuer (USt)	19	4.069,87	in % von 18
20	Angebotspreis brutto (AP)		25.490,26	18 + 19

2.4.4 Kalkulatorische Rückrechnung

In einer Marktwirtschaft verbleibt den Unternehmen meist kein Spielraum bei der Preisgestaltung. Der Preis wird vom Markt, d. h. von den Mitbewerbern vorgegeben. Dann muss von einem gegebenen Verkaufspreis her zurückgerechnet werden, wie hoch beispielsweise die Kosten für Fertigungslöhne oder für Fertigungsmaterial sein dürfen, wenn der Verkaufspreis die Selbstkosten und einen angemessenen Gewinn decken soll. 227

Die Rechnung erfolgt stufenweise zurück und zwar

a) zunächst mit der Prozentrechnung von Hundert vom Listenverkaufspreis bis zum Barverkaufspreis

b) und dann weiter mit der Prozentrechnung auf Hundert bis zum Fertigungsmaterial.

TAB. 70: Kalkulatorische Rückrechnung

	Kalkulatorische Rückrechnung	%	auf Hundert		von Hundert		↑
1	Materialeinzelkosten (MEK)		100 %				
2	Materialgemeinkosten (MGK)	10	10 %				
3	Materialkosten (MK)		110 %				
4	Fertigungseinzelkosten (FEK)			100 %			
5	Fertigungsgemeinkosten (FGK)	400		400 %			
6	Fertigungskosten (FK)			500 %			
7	Herstellkosten (HK)		100 %				
8	Verwaltungsgemeinkosten (VwGK)	10	10 %				
9	Vertriebsgemeinkosten (VtGK)	20	20 %				
10	Selbstkosten (SK)		130 %	100 %			
11	Gewinnzuschlag (Gew)	10		10 %			
12	Barverkaufspreis netto (BVP)			110 %		97 %	
13	Kundenskonto (KuSk)	3				3 %	
14	Zielverkaufspreis netto (ZVP)				90 %	100 %	
15	Kundenrabatt (KuRa)	10			10 %		
16	Listenverkaufspreis netto (LVP)				100 %		

2.4.5 Differenzkalkulation

Die Differenzkalkulation dient auf vorkalkulatorischer Basis der Ermittlung des erzielbaren Gewinns, auf nachkalkulatorischer Basis der Ermittlung des erzielten Gewinns. Genauso können das Fertigungsmaterial, die Fertigungslöhne, die Vertriebsgemeinkosten oder andere Posten des Kalkulationsschemas als Differenzposten ermittelt werden. Wird der Gewinn als Differenzposten ermittelt, so wird von den Materialeinzelkosten 228 bis zu den Selbstkosten vorwärts kalkuliert und vom Listenverkaufspreis bis zum Barverkaufspreis rückwärts kalkuliert.

TAB. 71: Differenzkalkulation

	Differenzkalkulation	**%**	**€**	**€**	**Richtung**
1	Materialeinzelkosten (MEK)		100,00		↓
2	Materialgemeinkosten (MGK)	10	10,00		↓
3	Materialkosten (MK)			110,00	↓
4	Fertigungseinzelkosten (FEK)		100,00		↓
5	Fertigungsgemeinkosten (FGK)	400	400,00		↓
6	Fertigungskosten (FK)			500,00	↓
7	Herstellkosten (HK)			610,00	↓
8	Verwaltungsgemeinkosten (VwGK)	10		61,00	↓
9	Vertriebsgemeinkosten (VtGK)	20		122,00	↓
10	Selbstkosten (SK)			793,00	↓
11	*Gewinnzuschlag (Gew)*	*4,584*		*36,35*	*Differenz*
12	Barverkaufspreis netto (BVP)			829,35	↑
13	Kundenkonto (KuRa)	3		25,65	↑
14	Zielverkaufspreis (ZVP)			855,00	↑
15	Kundenrabatt (KuRa)	10		95,00	↑
16	Listenverkaufspreis netto (LVP)			950,00	↑

2.5 Divisionskalkulation

229 Die Divisionskalkulation kann je nach Fertigungsprogramm als **einfache** oder **einstufige Divisionskalkulation** oder als **mehrfache** oder **mehrstufige Divisionskalkulation** oder als **Äquivalenzziffernkalkulation** durchgeführt werden.

TAB. 72: Die verschiedenen Kalkulationsverfahren in Abhängigkeit von den Fertigungsverfahren

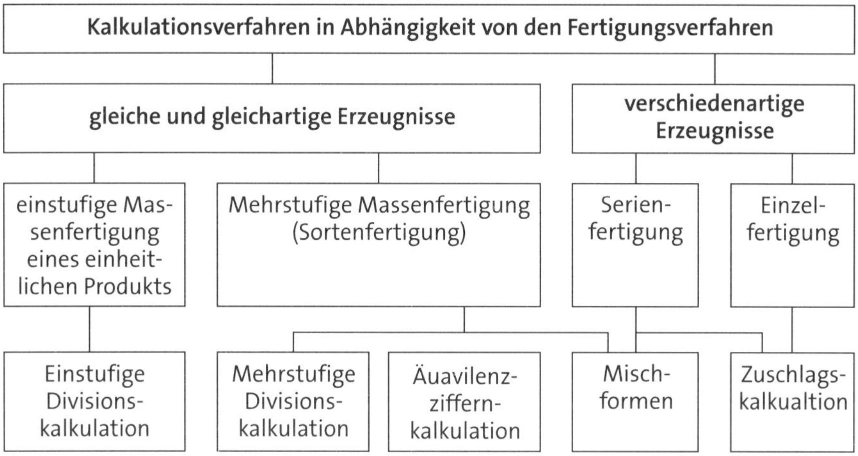

2.5.1 Einstufige Divisionskalkulation

Industriebetriebe, die nur **ein einheitliches Produkt** herstellen und bei denen **keine Be-** 230
standsveränderungen vorkommen, können die Selbstkosten je Einheit durch Division der Gesamtkosten einer Abrechnungsperiode durch die Stückzahl der in der Abrechnungsperiode gefertigten Produktionseinheiten ermitteln. Die Einteilung der Kosten in Einzelkosten und Gemeinkosten und die aufwändige Verteilung auf Kostenstellen können entfallen.

$$\text{Selbstkosten je Einheit} = \frac{\text{Gesamtkosten der Abrechnungsperiode}}{\text{Hergestellte Menge der Abrechnungsperiode}}$$

BEISPIEL Kostenerfassung nach Kostenarten

Ein Betrieb stellt eine hochwertige Spezialfolie auf Rollen von einem Meter Breite her. Die Selbstkosten werden in € je 1 m Länge errechnet. Im Abrechnungsmonat sind 200.000 m Folie hergestellt worden. Dabei sind die folgenden Kosten angefallen:

600 Fertigungsmaterial	70.000 €
602 Hilfsstoffaufwendungen	8.000 €
603 Betriebsstoffaufwendungen	9.000 €
616 Fremdinstandhaltung	10.000 €
620 Löhne	40.000 €
630 Gehälter	32.000 €
640 Sozialkosten	15.000 €
699 übrige sonstige Personalaufw.	6.000 €
670 Mieten	10.000 €
672 Lizenzen	5.000 €
673 Gebühren	2.000 €

Kalkulatorische Abschreibungen	20.000 €
680 Bürokosten	5.000 €
682 Telefon, Fax, Porti	5.000 €
687 Werbung	5.000 €
690 Versicherungsprämien	2.500 €
692 Beiträge	500 €
700 Betriebliche Steuern	5.000 €
Gesamtkosten/Selbstkosten	250.000 €

$$\frac{250.000\,€}{200.000\,m} = 1{,}25\,€ \text{ Selbstkosten je 1 m Folie}$$

Selbstkosten für 1 m Folie	1,25 €
+ 12 % Gewinnzuschlag	0,15 €
Verkaufspreis für 1 m Folie	1,40 €

2.5.2 Zweistufige Divisionskalkulation

231 Voraussetzungen für die Anwendung der zweistufigen Divisionskalkulation sind:

- wie bei der einstufigen Divisionskalkulation wird nur ein Erzeugnis hergestellt;
- es wird ein Betriebsabrechnungsbogen mit zumindest den Kostenstellen „Fertigung" und „Verwaltung und Vertrieb" geführt.

Die Herstellkosten der Abrechnungsperiode werden zunächst durch die gesamte Menge dividiert, die Verwaltungsgemeinkosten und die Vertriebsgemeinkosten werden allein den verkauften Einheiten belastet.

BEISPIEL In der Abrechnungsperiode werden 10.000 Einheiten produziert, von denen 9.000 Einheiten verkauft werden. In der Abrechnungsperiode sind 80.000 € Herstellkosten und 13.500 € für Verwaltungs- und Vertriebsgemeinkosten angefallen.

$$\frac{80.000}{10.000} + \frac{13.500}{9.000} = 8{,}00 + 1{,}50 = 9{,}50\,€ \text{ je Einheit}$$

2.5.3 Mehrstufige Divisionskalkulation

232 Die mehrstufige Divisionskalkulation ist in solchen Betrieben anzutreffen, die unfertige Erzeugnisse und fertige Erzeugnisse einlagern oder Produkte auf unterschiedlichen Fertigungsstufen verkaufen.

$$\text{Kosten je Einheit} = \frac{\text{Gesamtkosten der Produktionsstufe}}{\text{Gesamtleistung der Produktionsstufe}}$$

BEISPIEL Herstellkosten der Produktionsstufe I = 500.000 €, der Produktionsstufe II = 195.000 €. Leistung der Produktionsstufe I = 4.000 Einheiten, davon werden 1.000 Einheiten als Zwischenprodukt verkauft. Die restlichen 3.000 Einheiten werden in der Produktionsstufe II weiter verarbeitet und auch verkauft. In der Abrechnungsperiode sind außerdem 60.000 € für Verwaltungs- und Vertriebsgemeinkosten angefallen, die auf die abgesetzten Zwischen- und Endprodukte zur verrechnen sind. Basis für die Verrechnung können die Herstellkosten sein (% der Herstellkosten) oder die Menge der verkauften Einheiten.

TAB. 73: Ermittlung der Herstellkosten in der mehrstufigen Divisionskalkulation

Produkt	Verkaufte Einheiten	Kosten		Herstellkosten insgesamt	Herstellkosten je Einheit
		Stufe I	Stufe II		
Zwischenprodukt	1.000	125.000		125.000	125
Endprodukt	3.000	375.000	195.000	570.000	190
gesamt	4.000	500.000	195.000	695.000	

Herstellkosten je verkaufte Einheit des Endproduktes	190 €
+ 60.000 € Verwaltungs- und Vertriebsgemeinkosten/4.000 Einheiten	15 €
= Selbstkosten je verkaufte Einheit des Endproduktes	205 €

2.5.4 Kuppelproduktion

Bei der Kuppelproduktion fallen aus technischen Gründen zwangsläufig mehrere Produkte gleichzeitig an. 233

BEISPIELE

a) Kokereien erzeugen als Hauptprodukt Koks. Als Nebenprodukte fallen u. a. Gas, Benzol, Teer, Ammoniak an.

b) Raffinerien erzeugen gleichzeitig Schweröl, Heizöl und Benzin.

c) Sägewerke stellen als Hauptprodukt Balken und Bretter her, als Nebenprodukt Sägemehl.

Wegen der gegenseitigen Abhängigkeit der Kuppelprodukte ist eine Bestimmung der auf das einzelne Produkt entfallenden Herstellkosten bzw. Selbstkosten und damit eine verursachungsgerechte Kostenverrechnung i. d. R. nicht möglich. Es gibt bei der Kalkulation von Kuppelprodukten keine Einzelkosten, sondern nur Gemeinkosten. Deshalb erfolgt die Kostenverrechnung entsprechend der Kostentragfähigkeit bzw. nach dem Durchschnittsprinzip. Die angewandten Kalkulationsverfahren sind:

a) die Äquivalenzziffernrechnung,

b) die Restwertrechnung,

c) eine Kombination aus Restwert- und Äquivalenzziffernrechnung.

Bei der **Äquivalenzziffernrechnung** werden die Selbstkosten nach Äquivalenzziffern auf die Hauptprodukte und die Kuppelprodukte verteilt.

Bei der **Restwertrechnung (Restwertmethode)** werden die Umsatzerlöse der Nebenprodukte abzüglich noch anfallender Weiterverarbeitungs- oder Entsorgungskosten von den Gesamtkosten der Kuppelproduktion abgezogen. Die verbleibenden Kosten werden dem Hauptprodukt zugeordnet.

Bei der **kombinierten Restwert- und Äquivalenzziffernrechnung** werden die Erlöse einiger Nebenprodukte von der Summe der Selbstkosten abgesetzt. Die restlichen Selbstkosten werden auf der Basis von Äquivalenzziffern auf das Hauptprodukt und die Nebenprodukte verteilt.

2.5.5 Divisionskalkulation mit Äquivalenzziffern

234 Die Divisionskalkulation mit Äquivalenzziffern wird in Betrieben mit Massenfertigung nicht einheitlicher, aber ähnlicher Leistungen (Sortenfertigung) angewandt. Dabei werden unterschieden:

- **die Schlüsselmethode**, die grundsätzlich jene Betriebe anwenden, bei denen keine Unterscheidung von Haupt- und Nebenprodukten erfolgt. Beispiele sind die Herstellung
  - von verschiedenen Biersorten,
  - von Ziegeln und Fliesen unterschiedlicher Größe und Brennung,
  - von Blechen unterschiedlicher Walzstärke,
  - von Zigaretten.
- **die Marktpreismethode** in Betrieben, bei denen der Markt die Preise vorgibt.
- **die Restwertmethode** in Betrieben, die sog. Hauptprodukte herstellen, bei deren Produktion dann Nebenprodukte anfallen, z. B.
  - in Sägewerken, die Balken und Bretter herstellen und als Nebenprodukt Sägemehl,
  - Hochöfen, wo bei der Erstellung von Roheisen auch Gichtgas und Schlacke anfallen.

235 **zur Schlüsselmethode**

Bei der Schlüsselmethode werden die Kosten je Einheit **aufgrund technischer Maßstäbe** (z. B. Reifezeit, Brenndauer, Materialstärke) kalkuliert. Diese Kosten je Einheit werden dann für die Bestimmung der Kostenanteile der einzelnen Produkte an den Gesamtkosten herangezogen.

BEISPIEL Ein Betrieb stellt drei Sorten Fliesen her. Die einmalige Kostenanalyse auf der Grundlage technischer Maßstäbe ergibt, dass für Sorte I = 2,50 € Kosten je Stück anfallen, für Sorte II = 3,00 € je Stück und für Sorte III = 4,50 € je Stück. Es wurden 12.000 Stück der Sorte I, 8.000 Stück der Sorte II und 4.000 Stück der Sorte III gefertigt. Dabei sind insgesamt für 72.576 € Kosten angefallen.

TAB. 74: Ermittlung von Äquivalenzziffern

Sorte	€ je Stück lt. Kostenanalyse	Rechenweg	Äquivalenzziffern
I	2,50	Sorte I wird = 1 gesetzt	1,0
II	3,00	3,00 : 2,50 = 1,2	1,2
III	4,50	4,50 : 2,50 = 1,8	1,8

Durch Multiplikation der Mengen je Sorte mit ihren Äquivalenzziffern zu Rechnungseinheiten werden die Sorten zu rechnerisch gleichartigen Erzeugnissen gemacht. Die Summe der Selbstkosten der Abrechnungsperiode wird dann durch die Summe der Rechnungseinheiten dividiert. Das Ergebnis sind die Stückkosten der Grund- oder Hauptsorte. Multipliziert man die Stückkosten der Grund- oder Hauptsorte mit den Äquivalenzziffern der übrigen Sorten, erhält man die Stückkosten der übrigen Sorten.

TAB. 75: Selbstkostenrechnung mithilfe von Äquivalenzziffern

Sorte	gefertigte Stückzahl	Äquivalenzziffern	Rechnungseinheiten = b x c	Selbstkosten je Einheit €	Selbstkosten je Sorte €
a	b	c	d	e	f
I	12.000	1,0	12.000	2,520	30.240
II	8.000	1,2	9.600	3,024	24.192
III	4.000	1,8	7.200	4,536	18.144
Summen			28.800		72.576

Rechenweg:

28.800 Rechnungseinheiten - 72.576 €

1 Rechnungseinheit - ? €

$$\frac{72.576\,€\ \text{Selbstkosten}}{28.800\ \text{Recheneinheiten}} = 2{,}52\,€\ \text{Stückkosten je Einheit der Grundsorte}$$

2,52 x 1,2 = 3,024 € Stückkosten für Sorte I

2,52 x 1,8 = 4,536 € Stückkosten für Sorte II

zur Marktpreismethode 236

Bei der Marktpreismethode wird von den **Marktpreisen** der verschiedenen Erzeugnisse auf deren Kostenanteile an den Gesamtkosten geschlossen.

BEISPIEL Ein Unternehmen stellt die Kuppelprodukte A, B und C her. Die Gesamtkosten der Abrechnungsperiode betragen 7.000.000 €

Daten zu den Produkten		
Produkt	Menge	Marktpreis
A	36.000 kg	90 €
B	48.000 kg	63 €
C	50.000 kg	45 €

TAB. 76:	Berechnung der Stückkosten bei Anwendung der Marktpreismethode					
Produkt	Menge	Marktpreis €	Äquivalenzziffer	Rechnungseinheiten	Gesamtkosten €	Stückkosten €
A	36.000 kg	90	1,0	36.000	2.663.848	74,00
B	48.000 kg	63	0,7 1)	33.600 2)	2.486.258 3)	51,80 4)
C	50.000 kg	45	0,5	25.000	1.849.894	37,00
				94.600	7.000.000	

1) = 63,00 / 90,00 = 0,7

2) = 48.000 x 0,7 = 33.600

3) = 7.000.000 / 94.600 x 33.600 = 2.486.258 €

4) = 2.486.258 / 48.000 = 51,80 €

zur Restwertmethode

237 Die Restmethode oder Restwertrechnung kann nur in Betrieben angewendet werden, die ein Hauptprodukt und ein oder mehrere Nebenprodukte herstellen. In diesem Fall werden von der Summe der Selbstkosten die Erlöse aus dem Verkauf der Kuppelprodukte abgezogen. Die verbleibenden Selbstkosten entfallen auf das Hauptprodukt.

Die Restwertrechnung beachtet nicht das Kostenverursachungsprinzip. Bei sinkenden Erlösen für die Nebenprodukte werden mehr Kosten auf das Hauptprodukt verrechnet. Bei steigenden Erlösen für die Nebenprodukte sinken die Kosten für das Hauptprodukt. Geht man davon aus, dass das Unternehmensziel allein die Herstellung des Hauptprodukts ist, dann werden die Erlöse für die Nebenprodukte lediglich „mitgenommen". Unter diesem Gesichtspunkt ist die Kalkulationsmethode vertretbar.

BEISPIEL Ein Unternehmen stellt ein Hauptprodukt und zwei Nebenprodukte in Kuppelproduktion her. Von dem Hauptprodukt wurden im Monat Januar 5.000 t zum Verkaufspreis von insgesamt 500.000 € abgesetzt. Von dem Nebenprodukt A wurden 2.000 t für insgesamt 120.000 € und vom Nebenprodukt B 1.000 t für insgesamt 45.000 € abgesetzt.

Die Gesamtkosten der Kuppelproduktion für den gleichen Zeitraum beliefen sich auf 490.000 €. Für die Weiterverarbeitung vom Nebenprodukt A sind 100.000 € und für die Weiterverarbeitung vom Nebenprodukt B sind 40.000 € angefallen.

TAB. 77:	Anwendung der Restwertmethode bei einem Hauptprodukt und zwei Nebenprodukten			
Produkt	Menge t	Erlös gesamt €	Kosten der Weiterverarbeitung €	Erlös je t €
Hauptprodukt	5.000	500.000		100
Nebenprodukt A	2.000	120.000	100.000	60
Nebenprodukt B	1.000	45.000	40.000	45

Gesamtkosten der Kuppelproduktion				490.000
-	Erlöse Nebenprodukt A	120.000 - 100.000	= 20.000	
-	Erlöse Nebenprodukt B	45.000 - 40.000	= 5.000	25.000
=	Herstellkosten gesamt des Hauptprodukts			465.000
	Herstellkosten je t des Hauptprodukts (465.000 / 5.000) =			93

FRAGEN

(Die Antworten zu den Kontrollfragen 86 – 97 befinden sich auf Seite 274 ff.)

86. Betrachten Sie das Kostenträgerblatt unter Rn. 210 und beantworten Sie folgende Fragen:
    a) Welche weiteren Bezeichnungen gibt es für das Kostenträgerblatt?
    b) Welche Informationen liefert das Kostenträgerblatt dem Unternehmer?
    c) Welche Entscheidungen könnte der Unternehmer aufgrund der Informationen aus dem Kostenträgerblatt treffen?
    d) Was sollte der Unternehmer Ihrer Meinung nach zusätzlich zu den Aussagen des Kostenträgerblattes berücksichtigen?
    e) Wie würden sich Lohnsteigerungen bzw. Preissteigerungen beim Fertigungsmaterial jeweils auf das Ergebnis im Maschinenbau und im Anlagenbau auswirken?
87. Welche Aufgaben hat die Kostenträgerzeitrechnung?
88. Begründen Sie, warum die Kostenträgerzeitrechnung die Bestandsveränderungen bei unfertigen und fertigen Erzeugnissen berücksichtigt und die Kostenträgerstückrechnung die Bestandsveränderungen nicht berücksichtigt.
89. An welchen Stellen des Kalkulationsschemas der Zuschlagskalkulation werden die Sondereinzelkosten der Fertigung und die Sondereinzelkosten des Vertriebs eingefügt?
90. Welches Auftragsergebnis wird bei 6.200 € Herstellkosten, 10 % VwGK, 20 % VtGK, 140 € Sondereinzelkosten des Vertriebs und einem Verkaufserlös von netto 9.000 € erzielt?
91. Sie sind Kostenrechner in einem neu gegründeten Industriebetrieb mit Einzel- und Kleinserienfertigung im Maschinenbau. Der Inhaber des Unternehmens möchte, dass Sie die Divisionskalkulation einführen, weil diese weniger aufwändig ist. Was erklären Sie dem Inhaber?
92. Für welche Betriebe ist die einstufige Divisionskalkulation geeignet?
93. Welche Voraussetzungen müssen bei Einsatz der zweistufigen Divisionskalkulation vorliegen?
94. Für welche Betriebe ist die Divisionskalkulation mit Äquivalenzziffern geeignet?
95. Was sind Kuppelprodukte?
96. Welchen großen Nachteil hat die Restwertrechnung?
97. Erklären Sie die Marktpreismethode und die Schlüsselmethode bei der Äquivalenzziffernrechnung.

V. Kalkulation im Handel

1. Wesen der Kostenrechnung im Handel

1.1 Kostenartenrechnung 261

Die Kostenartenrechnung wird in Handelsbetrieben i. d. R. in der Finanzbuchhaltung durchgeführt. In der Finanzbuchhaltung wird dann auch die Entwicklung der einzelnen Kostenarten verfolgt, der prozentuale Anteil an den Gesamtkosten ermittelt und je Kostenart die Abweichung von dem geplanten Wert verfolgt. Je höher der Anteil einer Kostenart an den Gesamtkosten ist, desto größer ist erfahrungsgemäß auch das Einsparungspotenzial.

1.2 Kostenstellenrechnung 262

Die Kostenstellenrechnung spielt im Warenhandel nur eine untergeordnete Rolle, obwohl die Führung von Kostenstellen, z. B. für Einkauf, Lager, Verwaltung, Verkaufsbereich sowie nach Filialen, den Überblick über den Kostenanfall und damit auch die Kostenkontrolle wesentlich erleichtert.

1.3 Kostenträgerzeitrechnung 263

Die Kostenträgerzeitrechnung erfolgt – wie bei den Produktgruppen im Industriebetrieb – nach Warengruppen.

1.4 Kostenträgerstückrechnung oder Warenkalkulation 264

Der Schwerpunkt der Kostenrechnung im Handel liegt bei der **Kostenträgerrechnung** in Form der **Warenkalkulation**. Warenhandelsbetriebe wollen wissen, zu welchem Einstandspreis oder **Bezugspreis** sie eine Ware einkaufen können, und zu welchem **Verkaufspreis** sie die Ware absetzen können.

In diesem Kapitel werden die Bezugskalkulation und die Absatzkalkulation jeweils als Vor- und als Rückrechnung dargestellt. Zum Schluss folgt ein Hinweis auf die Besonderheiten der Exportkalkulation.

2. Bezugskalkulation

Aufgabe der Bezugskalkulation ist die Ermittlung des Einstandspreises (Bezugspreises). 265
Sie erfolgt im Normalfall als einfache progressive Kalkulation, in Ausnahmefällen als retrograde Kalkulation.

2.1 Bestandteile des Einstandspreises

266 Der **Einstandspreis** wird beeinflusst von

- der bestellten Menge,
- dem Einheitspreis,
- Gewichts- und Mengenabzügen,
- Preisnachlässen,
- Einkaufsgebühren.

267 Zu den **Gewichts- und Mengenabzügen** gehören

- wirkliche Tara oder Effektivtara (d. h. das genaue Gewicht der Verpackung),
- handelsübliche Tara als Stücktara (auf Grund eines handelsüblichen Gewichtssatzes für die Verpackung, z. B. 400 g für einen Sack),
- handelsübliche Tara als Prozentsatz vom Bruttogewicht (z. B. 1 % des Bruttogewichts),
- Gutgewicht (Bonifikation für Einwiegeverluste als Prozentsatz vom Nettogewicht, z. B. bei Wurstwaren),
- Refaktie (Abzug für verdorbene und schadhafte Ware),
- Fusti (als Abzug für Beimischungen wie Stiele, Körner, Blätter usw.),
- Leckage (als Entschädigung für ausgelaufene Flüssigkeit, ermittelt als Prozentabzug von der Bruttomenge, z. B. bei Wein, Fruchtsäften u. Ä.),
- Besemschon (d. h. Abzüge für Warenreste, die beim Entleeren von Fässern, Säcken usw. hängen bleiben).

268 **Preisnachlässe** treten auf in Form von

- Skonti (Abzug vom Zieleinkaufspreis, wenn der Käufer sofort oder innerhalb einer vereinbarten Zeit zahlt),
- Rabatten (Mengenrabatt, Wiederverkäuferrabatt, Treuerabatt oder Sonderrabatt als Abzug vom Einkaufspreis ohne Rücksicht auf den Zeitpunkt der Zahlung),
- Dreingabe als Naturalrabatt (geringerer Preis für eine bestimmte Warenmenge, z. B. Lieferung von 50 Einheiten, aber berechnet werden nur 45 Einheiten),
- Draufgabe als Naturalrabatt (Gratislieferung einer bestimmten Warenmenge, z. B. 50 Einheiten werden berechnet, aber 55 Einheiten werden geliefert),
- Dekort (als Preisnachlass für Minderwertigkeit).

269 **Einkaufsgebühren** fallen an für

- Makler,
- Kommissionäre,
- Auktionskosten,
- sonstige kleine Kosten (im Zusammenhang mit der Versendung).

270 Der Einstandspreis (d. h. die Beschaffungskosten) wird beeinflusst durch die Höhe der **Bezugskosten**, die in der Buchhaltung auf einem Konto "Bezugsposten" gesammelt werden. Zu den Bezugskosten zählen alle mit der Beschaffung zusammenhängenden Anschaffungsnebenkosten. Dazu gehören

- ► Verpackungskosten (sofern der Käufer sie auf Grund der Lieferbedingungen tragen muss,
- ► Frachtspesen (sofern der Lieferer sich nicht bereiterklärt hat, die Frachtspesen zu tragen),
- ► Rollgeld (für die Zustellung der Waren vom Bestimmungsbahnhof zum Geschäftssitz des Empfängers),
- ► Transportversicherung,
- ► Lagerhaltungskosten,
- ► Verlade- und Umladekosten,
- ► Entlade- und Nachwiegegebühren (sofern sie der Käufer tragen muss),
- ► Hafengebühren,
- ► Wertzoll (von der Summe aus Bareinkaufspreis + Fracht + sonstige Kosten bis Grenze oder vom Nominal- bzw. Richtwert),
- ► Gewichtszoll (vom Bruttogewicht abzüglich Zolltara),
- ► Spesen für die Ausstellung von Konnossementen bei Seefrachten,
- ► Deckungsspesen,
- ► Kosten des Geldverkehrs bei der Begleichung der Eingangsrechnungen,
- ► sog. kleine Kosten (bei der Versendung von Waren).

TAB. 78: Schema der Bezugskalkulation 271

	Bruttomenge (in kg, l, m)
-	Mengenabzüge
=	Nettomenge
	Einkaufspreis (= Nettomenge x Preis je Mengeneinheit)
-	Liefererrabatt v. H.
+	Mindermengenzuschlag
=	Zieleinkaufspreis
-	Skonto
+	Einkaufskosten
	• Kommission für Kommissionär
	• Provision für Makler
	• sonstige kleine Kosten
=	Bareinkaufspreis
+	Bezugskosten
	• Fracht
	• Rollgeld
	• Transportversicherung
	• Zoll
	• sonstige kleine Kosten
=	Einstandspreis / Bezugspreis

2.2 Angebotsvergleich

272 Die Bezugskalkulation wird häufig erstellt, um unterschiedlich gestaltete Angebote vergleichbar zu machen.

BEISPIEL Dem Einkäufer liegen folgende Angebote vor:

Angebot Lieferer A: Listenpreis für 100 Einheiten 10.000 €, 5 % Lieferrabatt, 2 % Skonto, an Bezugskosten werden 700 € anfallen.

Angebot Lieferer B: Listenpreis für 100 Einheiten 11.000 €, 8 % Lieferrabatt, 3 % Skonto bei Zahlung innerhalb von 30 Tagen, Bezugskosten 400 €.

Zu jedem der Angebote soll der Bezugspreis für 1 Einheit ermittelt werden.

TAB. 79: Kalkulationsschema für den Angebotsvergleich

		Angebot A		Angebot B	
		€	%	€	%
	Listeneinkaufspreis (netto ohne USt)	10.000,00		11.000,00	
-	Liefererrabatt	500,00	5	880,00	8
=	Zieleinkaufspreis	9.500,00		10.120,00	
-	Liefererskonto	190,00	2	303,60	3
=	Bareinkaufspreis (netto ohne USt)	9.310,00		9.816,40	
+	Bezugskosten	700,00		400,00	
=	Bezugspreis für 100 Einheiten	10.010,00		10.216,40	
	Bezugspreis für 1 Einheit (netto ohne USt)	100,10		102,16	

Der Einkäufer wird sich für den Lieferer A entscheiden, da dessen Angebot je Einheit 2,06 € günstiger ist als das Angebot des Lieferers B.

2.3 Retrograde Bezugskalkulation

273 Die retrograde Bezugskalkulation ermittelt, welcher Einkaufspreis unter Berücksichtigung der Bezugs- und sonstigen Einkaufskosten dem Einstandspreis entspricht. Der Einkaufspreis wird rückwärtsschreitend aus dem Einstandspreis errechnet.

BEISPIEL Ermittlung des Einkaufspreises

Es sollen 1.000 kg netto einer Ware aus Bremen frei Haus in Herne bezogen werden. Die Verpackung wiegt 100 kg, der Nettopreis der Ware beträgt 5 €/kg. An Bezugs- und sonstigen Einkaufskosten sind zu berücksichtigen: Lade- und Versandkosten in Bremen 30 €, Fracht 210 €, Rollgeld in Herne 20 €, Transportversicherung 10 €, sonstige kleine Kosten 5 €. Außerdem ist eine Maklerprovision von 2 % vom Einstandspreis zu entrichten.

Welchen Einkaufspreis je kg der Ware wird der Käufer in Herne höchstens zu zahlen bereit sein?

TAB. 80:	Retrograde Bezugskalkulation		
Bruttogewicht	1.100 kg		
- Tara	100 kg		
Einstandspreis für	1.000 kg à 5 €		5.000,00 €
Lade- und Versandkosten in Bremen		30,00 €	
Frachtkosten		210,00 €	
Rollgeld in Herne		20,00 €	
Transportversicherung		10,00 €	
sonstige kleine Kosten		5,00 €	275,00 €
2 % Provision von 5.000,00 € - 275,00 € = 4.725 € *)			92,65 €
Einkaufspreis für	1.000 kg		4.632,35 €
Einkaufspreis für	1 kg		4,63 €

*) Die Einkaufsprovision wird vom Einkaufspreis, d. h. auf Hundert berechnet.

102 % = 4.725,00 €

2 % = ?

2 x 4.725,00 € / 102 = 92,65 €

Der Käufer in Herne wird nicht bereit sein, einen Einkaufspreis von mehr als 4,63 € pro kg zu akzeptieren.

3. Absatzkalkulation

3.1 Absatzkalkulation als Vorwärtsrechnung

3.1.1 Handlungskostenzuschlag

Die Gemeinkosten der Warenhandelsbetriebe werden in der Warenkalkulation in einem **Handlungskostenzuschlag** zusammengefasst und prozentual auf den Einstandspreis verrechnet. Dabei kann bei Verrechnung differenzierter Handlungskostenzuschläge eine verursachungsgerechte Verteilung auf unterschiedliche Warengruppen angestrebt werden. 274

Zu den **Handlungskosten** (oder Handlungsgemeinkosten) zählen die betriebsbedingten Aufwendungen für Personal, Miete, betriebliche Steuern und Abgaben, Werbe- und Reisekosten, Aufwendungen für den Fuhrpark, allgemeine Verwaltungsaufwendungen und Abschreibungen. Im folgenden Berechnungsbeispiel sind das alle Aufwendungen in der GuV mit Ausnahme des Umsatzes zu Einstandspreisen. 275

TAB. 81:	Gewinn- und Verlustkonto eines Handelsbetriebs		
Umsatz zu Einstandspreisen	400.000	Umsatz zu Verkaufspreisen	550.000
Personalaufwendungen	50.000		
Raumkosten / Mieten	15.000		
Heizungskosten	10.000		
Beleuchtungskosten	7.000		
Kommunikationskosten	7.000		
Kosten für Werbung	10.000		
Rechts- und Beratungskosten	5.000		
Abschreibungen	10.000		
Zinsen	2.000		
Sonstige Steuern	4.000		
Gewinn	30.000		
	550.000		550.000

Die Handlungsgemeinkosten betragen lt. vorstehender Gewinn- und Verlustrechnung

550.000 € – 400.000 € – 30.000 € = 120.000 €

$$\text{Handlungskostenzuschlag} = \frac{\text{Handlungsgemeinkosten}}{\text{Umsatz zu Einstandspreisen}} \times 100 = \frac{120.000}{400.000} \times 100 = 30\,\%$$

Die Handlungskosten dürfen nicht mit der **Handelsspanne** verwechselt werden, die die Handlungskosten und zusätzlich den Gewinn berücksichtigt (s. Rn. 285).

Der Handlungskostenzuschlag wird in die Absatzkalkulation – die Kalkulation zur Ermittlung des Verkaufspreises – übernommen.

3.1.2 Gewinnzuschlag

276 Ein wichtiger Bestandteil der Absatzkalkulation ist der im Verkaufspreis enthaltene Gewinn. Der Gewinn soll den Fortbestand des Unternehmens absichern und bei Einzelunternehmen und Personengesellschaften u. a. einen Unternehmerlohn für die Bestreitung des Lebensunterhalts der mitarbeitenden Unternehmer abwerfen.

277 **a) Bestandteile des Gewinnzuschlags**

Bei der Ermittlung eines angemessenen Gewinnzuschlags sind mindestens zu berücksichtigen:

- **Verzinsung des Eigenkapitals:** Das im Unternehmen angelegte Eigenkapital muss wie längerfristig angelegtes Kapital verzinst werden.

- **Risikoprämie:** Das im Unternehmen angelegte Kapital ist einem höheren Risiko ausgesetzt als z. B. Spareinlagen bei einer Bank. Zur Deckung dieses Risikos wird eine entsprechende Risikoprämie im Gewinnzuschlag berücksichtigt.
- **Unternehmerlohn:** Der Gewinnzuschlag muss zudem das Erwirtschaften eines angemessenen Unternehmerlohns gewährleisten.

Im Übrigen gelten die Aussagen im II. Kapitel: Kostenartenrechnung unter Rn. 70 ff. zu den kalkulatorischen Kostenarten. Der Gewinnzuschlag wird als Prozentsatz auf die Selbstkosten verrechnet.

b) Ermittlung des Gewinnzuschlags 278

Das Eigenkapital beträgt zu Beginn des Jahres 400.000 €. Der bankübliche Zinssatz für längerfristig angelegtes Kapital ist 5 %.

Der Netto-Jahresumsatz (ohne USt) wird im Abrechnungsjahr voraussichtlich 1.200.000 € betragen. Die Selbstkosten des Abrechnungsjahres werden sich auf 1.080.000 € belaufen. In den vorausgehenden Jahren sind durchschnittlich 1,5 % der Forderungen ausgefallen.

Bei vergleichbarer Arbeit würde der Unternehmer als Angestellter brutto 6.000 € monatlich verdienen.

TAB. 82: Ermittlung des erforderlichen Jahresgewinns und des Gewinnzuschlags	
Verzinsung des Eigenkapitals: 5 % von 400.000 €	20.000 €
Risikoprämie für Forderungsausfälle: 1,5 % von 1.200.000 €	18.000 €
Unternehmerlohn	72.000 €
Erforderlicher Jahresgewinn	110.000 €
110.000 € erforderlicher Jahresgewinn von 1.080.000 € Selbstkosten sind 10,185 %	
Erforderlicher Gewinnzuschlag	10 %

TAB. 83: Prüfung der Angemessenheit des Gewinnzuschlags	
Voraussichtliche Selbstkosten für das Abrechnungsjahr	1.080.000 €
+ 10 % Gewinnzuschlag	108.000 €
Summe der Netto-Verkaufspreise bei Verrechnung von 10 %	1.188.000 €

Die vorstehende Rechnung zeigt, dass ein Gewinnzuschlag von 10 % ausreichend ist.

Wie der Handlungskostenzuschlag muss auch der Gewinnzuschlag mindestens jährlich überprüft werden. Daneben muss in regelmäßigen Abständen kontrolliert werden, ob der tatsächlich erwirtschaftete Gewinn lt. Buchhaltung mindestens dem betriebsnotwendigen Gewinn entspricht.

Der Gewinn wird als Zuschlag auf die Selbstkosten gerechnet.

In der **Absatzkalkulation** wird ausgehend vom Einstandspreis der Verkaufspreis ermittelt. Die Absatzkalkulation der Einzelhandelsbetriebe schließt mit dem Barverkaufs- 279 preis ab. Großhandelsbetriebe rechnen – wie auch die Industriebetriebe – weiter bis zum Zielverkaufspreis und zum Listenverkaufspreis.

TAB. 84: Absatzkalkulation als Vorwärtsrechnung

		Einheit in €	Zuschlagssatz in %	
	Einstands-/Bezugspreis (netto ohne USt)	100,00	100	
+	Handlungskosten	30,03	30	
	Selbstkosten	130,13	130	100
+	Gewinn	7,81		6
	Barverkaufspreis	137,94	97	106
+	Kundenskonto	4,27	3	
	Zielverkaufspreis	142,21	100	90
+	Kundenrabatt	15,80		10
	Listenverkaufspreis (netto ohne USt)	158,01		100

3.2 Kalkulationszuschlag und Kalkulationsfaktor

280 Der **Kalkulationszuschlag** ist der Prozentsatz, um den der Verkaufspreis einer Ware über dem Einstandspreis liegt. Der Kalkulationszuschlag fasst mehrere Zuschlagssätze der Vorwärtskalkulation zu einem Zuschlagssatz zusammen.

Zusammenfassung des Handlungskostenzuschlags und des Gewinnzuschlags im Kalkulationszuschlag:

TAB. 85: Zusammenfassung des Handlungskosten- und des Gewinnzuschlags zu einem Kalkulationszuschlag

Handlungskosten- und Gewinnzuschlag			**Kalkulationszuschlag**	
	Einstandspreis	100 €	Einstandspreis	100 €
+	20 % Handlungskosten	20 €		
=	Selbstkosten	120 €	+ 32 % Kalkulationszuschlag	32 €
+	10 % Gewinnzuschlag	12 €		
=	Barverkaufspreis	132 €	= Barverkaufspreis	132 €

$$\text{Kalkulationszuschlag} = \frac{\text{Verkaufspreis - Einstandspreis}}{\text{Einstandspreis}} \times 100 = \%$$

Werden im Kalkulationszuschlag zusätzlich Kundenskonti und Kundenrabatt berücksichtigt, kann er zur Ermittlung des Listenverkaufspreises verwendet werden. Auch die Umsatzsteuer kann zusätzlich im Kalkulationszuschlag berücksichtigt werden.

Bleiben Handlungskosten und Gewinnzuschlag über einen längeren Zeitraum unverändert, vereinfacht das Rechnen mit Kalkulationszuschlägen die Kalkulation. Der Kalkulationszuschlag sollte mindestens jährlich überprüft und ggf. angepasst werden.

Der **Kalkulationsfaktor** ist die Zahl, mit der der Bezugspreis multipliziert wird, um den Barverkaufspreis oder einen anderen Angebotspreis zu errechnen. Er drückt den Kalkulationszuschlag in Prozenten vom Bezugs- oder Einstandspreis aus. 281

$$\text{Kalkulationsfaktor} = \frac{\text{Verkaufspreis}}{\text{Einstandspreis}} = \text{Multiplikator}$$

Bezogen auf die Werte unter Rn. 280:

$$\text{Kalkulationsfaktor} = \frac{132\,€\ \text{Verkaufspreis}}{100\,€\ \text{Einstandspreis}} = 1{,}32$$

Bei einem Einstandspreis von 200 € muss der Barverkaufspreis

200 € x 1,32 = 264 €

betragen.

3.3 Absatzkalkulation als kalkulatorische Rückrechnung

Der Wettbewerb in der Marktwirtschaft zwingt den Kaufmann, bei seiner Preisbildung die Preise der Konkurrenten zu berücksichtigen, wenn er sich nicht aus dem Markt kalkulieren will. Das macht es erforderlich, – wie bei der kalkulatorischen Rückrechnung im Industriebetrieb – von einem gegebenen oder durchsetzbaren Verkaufspreis aus auf den zulässigen Einkaufspreis zurückzurechnen. 282

TAB. 86: Rechenregeln für die Rückwärtskalkulation im Handelsbetrieb 283

Rechenabschnitt	Rechnung
Rückrechnung vom Listenverkaufspreis zum Barverkaufspreis	vom Hundert
Rückrechnung vom Barverkaufspreis zum Bezugspreis	auf Hundert
Rückrechnung vom Einstandspreis zum Bareinkaufspreis	Bezugskosten in Euro abziehen, Bezugskosten als Prozentsatz auf Hundert
Rückrechnung vom Bareinkaufspreis auf den Listenverkaufspreis	

Vergleichen Sie vorstehenden Regeln mit der Rechnung in der folgenden Absatzkalkulation als Rückwärtsrechnung.

284 TAB. 87: Absatzkalkulation als Rückwärtskalkulation im Handelsbetrieb

		Einheit in €	Zuschlagssatz in %	
Listenverkaufspreis (netto ohne USt)	▲	120,00	100	100
- Kundenrabatt		12,00	10	10
Zielverkaufspreis		108,00	90	100
- Kundenskonto		3,24		3
Barverkaufspreis		104,76	106	97
- Gewinn		5,93	6	
Selbstkosten		98,83		130
- Handlungskosten		22,81		30
Bezugspreis		76,02		100
- Bezugskosten		7,00		(= 700 : 100)
Bareinkaufspreis		69,02	98	
+ Liefererskonto		1,41	2	
Zieleinkaufspreis		70,43	100	95
+ Lieferrabatt		3,71		5
Listeneinkaufspreis (netto ohne USt)		74,14		100

3.4 Ermittlung der Handelsspanne

285 Die Handelsspanne ist die Differenz zwischen dem Verkaufspreis und dem Einkaufspreis (oder Bezugspreis), ausgedrückt in Prozent des Verkaufspreises. Mit der Handelsspanne lässt sich auf vereinfachtem Weg der Einkaufspreis beim Bezug der Ware ermitteln. In Handelsbetrieben wird mit der Handelsspanne gerechnet, wenn der Einstandspreis von Waren ermittelt werden soll, die zum Verkaufspreis ausgezeichnet vorliegen. Das ist beispielsweise der Fall bei der Bewertung der Vorräte oder wenn die Frage aufkommt, wie weit unter dem ausgezeichneten Preis die Ware im Einzelfall verkauft werden kann.

$$\text{Handelsspanne} = \frac{\text{Listenverkaufspreis} - \text{Listeneinkaufspreis}}{\text{Listenverkaufspreis}} \times 100 = \frac{120{,}00 - 74{,}14}{120{,}00} \times 100 = 38{,}22\,\%$$

Die Handelsspanne ermöglicht eine vereinfachte Rückwärtsrechnung:

Auf der Basis der Werte unter Rn. 284 soll ein Listenverkaufspreis von 120 € vorliegen. Gesucht wird der zugehörige Listeneinkaufspreis:

120,00 € Listenverkaufspreis		120,00 € Listenverkaufspreis
– (120 / 100 x 38,22)	entspricht:	– 45,86 € Handelsspanne
= Listeneinkaufspreis		= 74,14 € Listeneinkaufspreis

4. Differenzkalkulation

Die Differenzkalkulation im Industriebetrieb wurde in Kapitel IV: Kostenträgerrechnung unter Rn. 228 dargestellt. Bei der Handelskalkulation wird entsprechend vorgegangen. Auch im Handel können neben der Ermittlung eines verbleibenden Gewinns andere Posten des Kalkulationsschemas als Differenzposten ermittelt werden. 286

5. Exportkalkulation

Bei Ausfuhrlieferungen sind neben den Internationalen Handelsbedingungen, den Incoterms (**In**ternational **Co**mmercial **Terms** s. Tabelle unter Rn. 288), besondere Abrechnungsmethoden zu beachten. 287

TAB. 88: Kalkulationsschema der Exportkalkulation

Posten	€	%	Berechnung
Selbstkosten	30.000,00		
+ 10 % Gewinn	3.000,00		
= fob-Preis (s. Tabelle zu den Incoterms)	33.000,00		
+ Seefracht	2.000,00		nach cbm
+ Hafengebühren	100,00		nach cbm
+ sonstige kleine Kosten	20,00		
= cf-Preis (Kosten- und Frachtenpreis)	35.120,00	*88,25*	
+ 10 % Vertreterprovision	*3.979,60*	10,00	vom cif-Preis
+ 0,75 % Bankspesen	*298,47*	0,75	vom cif-Preis
+ 1 % Seeversicherung	*397,96*	1,00	vom cif-Preis
= cif-Preis (Kosten-Versicherung-Frachtenpreis)	*39.796,03*	100,00	

Berechnung des cif-Preises:

1. Schritt: Ermittlung des Prozentsatzes für den cf-Preis (cost-freight-Preis):

Der wertmäßig noch unbekannte cif-Preis wird = 100 % gesetzt

100 % - 10,00 % - 0,75 % - 1 % = 88,25 %

2. Schritt:

88,25 % = 35.120,00

100,00 % = ? = 39.796,03

3. Schritt: Ermittlung der vom cif-Preis (cost-insurance-freight-Preis) zu berechnenden Werte.

Die Incoterms (International Commercial Terms = Internationale Lieferbedingungen) sind internationale Regeln für die Auslegung handelsüblicher Vertragsformulierungen im internationalen Handel. Sie werden von der internationalen Handelskammer ver- 288 waltet und in Abständen von mehreren Jahren den veränderten Marktbedingungen angepasst.

TAB. 89: International Commercial Terms

Incoterms 2011 – International Commercial Terms		
Gruppe E – Abholklausel		Group E – Departure
EXW	Ab Werk (...benannter Ort)	Ex Works (... Named Place)
Gruppe F – Haupttransport – nicht bezahlt		Group F – Main Carriage – Unpaid
FCA	Frei Frachtführer (... benannter Ort)	Free Carrier (... Named Place)
FAS	Frei Längsseite Schiff (... benannter Verschiffungshafen)	Free Alongside Ship (... Named Port of Shipment)
FOB	Frei an Bord (... benannter Verschiffungshafen)	Free on Board (... Named Port of Shipment)
Gruppe C – Haupttransport – bezahlt		Group C – Main carriage – Paid
CFR	Kosten und Fracht (... benannter Bestimmungshafen)	Cost and Freight (... Named Port of Destination)
CIF	Kosten, Versicherung, Fracht (... benannter Bestimmungshafen)	Cost, Insurance and Freight (... Named Port of Destination)
CPT	Frachtfrei (... benannter Bestimmungsort)	Carriage Paid To (...Named Port of Destination)
CIP	Frachtfrei versichert (... benannter Bestimmungsort)	Carriage and Insurance Paid to (...Named Port of Destination)
Gruppe D – Ankunftsklausel		Group D – Arrival
DAP	Geliefert Ort (... benannter Ort)	Delivered At Place (... Named Place)
DAT	Geliefert Terminal (... benanntes Terminal im benannten Bestimmungshafen)	Delivered At Terminal (...Named Terminal of named Port of Destination)
DDP	Geliefert verzollt (... benannter Bestimmungsort)	Delivered Duty Paid (... Named Point)

FRAGEN

(Die Antworten zu den Kontrollfragen 98 – 114 befinden sich auf Seite 276 ff.)

98. In welchem Bereich des Rechnungswesens eines Handelsbetriebs erfolgt i. d. R. die Kostenartenrechnung?
99. Schlagen Sie eine Kostenstellengliederung für Handelsbetriebe vor.
100. Worüber informiert die Warenkalkulation den Kaufmann?
101. Welche Aufgabe hat die Bezugskalkulation?
102. Nennen Sie die wichtigsten Bestandteile des Einstandspreises.
103. Was versteht man unter Mengenabzügen?
104. Wofür werden Preisnachlässe gewährt?
105. Was versteht man unter Bezugskosten?
106. Ordnen Sie die Begriffe Bezugspreis, Einkaufspreis (= Listeneinkaufspreis), Zieleinkaufspreis, Skonto, Rabatt, Bezugskosten, Bareinkaufspreis zum Schema der Bezugskalkulation.
107. Zu welchem Zweck wird eine retrograde Bezugskalkulation erstellt?
108. Welche Kosten deckt der Handlungskostenzuschlag in der Absatzkalkulation?
109. Wofür muss in der Absatzkalkulation ein angemessener Gewinnzuschlag errechnet werden?
110. Erklären Sie die Begriffe Kalkulationszuschlag und Kalkulationsfaktor.
111. Zu welchem Zweck erstellt der Kaufmann eine Absatzkalkulation in Form einer Rückrechnung?
112. Warum sollte der Kaufmann den Kalkulationszuschlag und die Handelsspanne für sein Unternehmen kennen?
113. Welche Posten werden in der Exportkalkulation zusätzlich zu den Posten der normalen Absatzkalkulation verrechnet?
114. Welche Aufgabe haben die Incoterms?

VI. Kostenrechnungssysteme

Die unterschiedlichen Kostenrechnungssysteme stellen Informationen für unterschiedliche Kostenrechnungszwecke bereit. Entsprechend der unterschiedlichen Zielsetzungen werden umfangbezogene und zeitraumbezogene Kostenrechnungssysteme unterschieden. Die neueren Kostenrechnungskonzepte der **Prozesskostenrechnung** (Activity Based Costing, ABC Method s. Rn. 501 ff.) und der **Zielkostenrechnung** (Target Costing s. Rn. 551 ff.) sind keine selbständigen Kostenrechnungssysteme. 300

Bevor Sie sich in Kapitel VII. mit der Teilkostenrechnung und in Kapitel VIII. mit der Plankostenrechnung beschäftigen, soll Ihnen dieses Kapitel einen Überblick über die Kostenrechnungssysteme verschaffen.

Kostenrechnungssysteme	
zeitraumbezogen	**umfangbezogen**
vergangenheits- oder zukunftsorientiert	Vollkostenrechnung oder Teilkostenrechnung

1. Zeitraumbezogene Kostenrechnungssysteme

TAB. 90: Übersicht über die zeitraumbezogenen Kostenrechnungssysteme 301

Zeitraumbezogene Kostenrechnungssysteme		
Merkmale	**Istkostenrechnung**	**Plankostenrechnung**
Orientierung	vergangenheitsorientiert	zukunftsorientiert
Ermittlung der Kosten	Die tatsächlich angefallenen Kosten werden verrechnet und mit den Sollkosten verglichen (Soll-Ist-Vergleich) Auch in Form der Normalkostenrechnung	Der zu erwartende Kostenanfall wird - unter Berücksichtigung des Kostenanfalls in der Vergangenheit und - der zukünftigen Entwicklung im Betrieb, - unter Heranziehung von Norm- und Richtwerten - mit dem Ziel der Kostenminimierung im Voraus geplant.

1.1 Istkostenrechnung

Die **Istkostenrechnung** gibt Auskunft über den gesamten Kostenanfall nach Kostenstellen und Kostenträgern. In den Kapiteln II, III und IV wurde die Handhabung der Istkostenrechnung im Rahmen der Kostenarten-, Kostenstellen- und Kostenträgerrechnung bereits **als Vollkostenrechnung** dargestellt. Die Istkostenrechnung kann nach einer Auf- 302 teilung der Kosten in ihre festen und ihre veränderlichen Bestandteile auch **als Teilkostenrechnung** durchgeführt werden (Rn. 311).

303 Die Darstellung der kalkulatorischen Kostenarten, der Periodenabgrenzung und der Korrekturen bei Verrechnungspreisen hat bereits gezeigt, dass die reine Istkostenrechnung wegen der kalkulatorischen Abgrenzung zwischen Aufwendungen und Kosten und der zeitlichen Abgrenzung zwischen Auszahlungen und Kosten Schwachstellen aufweist. Hinzu kommen verschiedene Nachteile bei der Kostenkontrolle:

- Eine Steuerung des Ressourceneinsatzes ist nur sehr begrenzt möglich, da methodisch ermittelte Kostenvorgaben (wie bei der Plankostenrechnung, Kapitel VIII) fehlen und der Verbrauch im Zeitpunkt der Kenntnisnahme nicht mehr rückgängig gemacht werden kann.
- Für vorkalkulatorische Zwecke, z. B. die Bestimmung der Selbstkosten eines neu einzuführenden Produktes, ist die Istkostenrechnung nur begrenzt geeignet, da oft keine Erfahrungswerte vorliegen und die Werkzeuge für eine methodische Ermittlung der zu erwartenden Kosten fehlen.
- Einmalige bzw. außergewöhnliche Kostenabweichungen verfälschen das Bild der normalerweise anfallenden Kosten und erschweren damit unternehmerische Entscheidungen auf der Grundlage der Kostenrechnung.

304 Bei der **Normalkostenrechnung** handelt es sich um eine Istkostenrechnung, bei der einmalige bzw. außergewöhnliche Kostenabweichungen eliminiert wurden. Für jede Kostenstelle werden die durchschnittlichen Istwerte (statische Mittelwerte) der vorangegangenen Perioden ermittelt.

Werden in den Normalkosten bereits eingetretene oder zu erwartende Änderungen des Kostenanfalls berücksichtigt (aktualisierte Mittelwerte) oder gehen bereits Kostenvorgaben zur Steuerung des Verbrauchs in die Normalkosten ein, so spricht man von **Sollkosten**.

305 Die **starre Normalkostenrechnung** geht von einer einmal festgelegten Beschäftigung aus. Die **flexible Normalkostenrechnung** passt die Normalkosten jeweils an die Beschäftigung an.

306 Die Kontrolle des Kostenanfalls erfolgt durch Gegenüberstellung der Normalkosten und der Istkosten bzw. der Sollkosten und der Istkosten je Kostenstelle im Soll-Ist-Vergleich. Der Kostenstellenleiter muss Abweichungen begründen. Bei negativen Abweichungen sind Maßnahmen zu treffen, die eine Wiederholung ausschließen.

In der Literatur wird allgemein darauf hingewiesen, dass eine exakte Nachkalkulation wegen der normalisierten Zuschlagsätze nicht mehr möglich ist. Sie ist allerdings auch nicht mehr nötig, da die Kalkulation zu Normalkosten

- eine bessere Kostenkontrolle ermöglicht als die zu Istkosten,
- die Normalkosten bei der Ermittlung der Selbstkosten als Basis bei der Bestimmung des Verkaufspreises eher gerechtfertigt sind.

1.2 Plankostenrechnung

Die Plankostenrechnung arbeitet mit Kostenvorgaben, die bei planmäßigem Betriebsablauf als erreichbar angesehen werden. Die Kosten werden auf der Basis einer geplanten Leistungsmenge für eine zukünftige Periode unter Berücksichtigung des erwarteten Beschäftigungsgrades, der geplanten Verbrauchsmengen und der zu erwartenden Preise für die Verbrauchsmengen festgelegt. Daneben werden die **Erfahrungen der Vergangenheit** sowie die **erwartete Entwicklung im Betrieb** und die **Entwicklung des Beschaffungsmarktes** berücksichtigt. Plankosten haben Vorgabecharakter. 307

In der Plankostenrechnung werden die angefallenen Istkosten an den vorgegebenen Plankosten gemessen. Diese Kostenkontrolle kann sich auf die Kostenstellen oder Abteilungen und auf die Kostenträger oder Produkte beziehen. 308

Wenn die Kostenkontrollrechnung sich auf die Kostenträger bezieht, spricht man von einer **Standardkostenrechnung**. Dabei werden bei Serienfertigung die **technisch bestmöglichen Fertigungskosten** vorgegeben. Die Ermittlung der Kostenstandards für Rohstoffeinsatz, Maschinenleistung und Fertigungsverfahren erfolgt mittels technischer Berechnungen. Auf diese Weise werden die optimale Fertigungsdauer für die einzelnen Arbeitsgänge und der optimale Rohstoffverbrauch für ein bestimmtes Produkt errechnet. 309

TAB. 91: Standardkostenrechnung als Sonderform der Plankostenrechnung

Plankostenrechnung als Kontrollinstrument	
Plankostenrechnung	**Standardkostenrechnung**
auf die **Betriebsbereiche** (Kostenstellen) bezogene Plankostenrechnung	auf die **Leistungseinheiten** (Kostenträger) bezogene Plankostenrechnung

Innerhalb der Plankostenrechnung werden unterschieden: 310

- die **starre Plankostenrechnung** s. Rn. 423 ff.
- die **flexible Plankostenrechnung auf Vollkostenbasis** s. Rn. 431 ff. und
- die **flexible Plankostenrechnung auf Teilkostenbasis (Grenzplankostenrechnung)** s. Rn. 450 ff. als eine Variante der Deckungsbeitragsrechnung.

TAB. 92: Systeme der Plankostenrechnung

Starre Plankostenrechnung auf Vollkostenbasis	**Flexible Plankostenrechnung auf Vollkostenbasis**	**Flexible Plankostenrechnung auf Teilkostenbasis**
Planung der Kosten auf der Grundlage eines bestimmten Beschäftigungsgrades	Anpassung der Plankosten an die jeweilige Beschäftigung	Eine Deckungsbeitragsrechnung unter Verwendung von Planwerten

2. Umfangbezogene Kostenrechnungssysteme

311 Die Höhe des Kostenanfalls ist nur zum Teil abhängig von der Beschäftigung. Nach dem Verhalten der Kosten in Abhängigkeit vom Beschäftigungsgrad lassen die Kosten sich einteilen in:

- **veränderliche oder variable Kosten**, die in Abhängigkeit vom Beschäftigungsgrad wachsen oder zurückgehen;
- **unveränderliche oder fixe Kosten**, die unabhängig vom Beschäftigungsgrad anfallen.

Mehr hierzu unter Kapitel VII.: Teilkostenrechnung, Rn. 341 ff.

312 Nach dem **Verrechnungsumfang** werden unterschieden die

- **Vollkostenrechnung**, bei der alle angefallenen Kosten, die fixen und die variablen, auf Erzeugnisse und Dienstleistungen verrechnet werden, und die
- **Teilkostenrechnung**, bei der nur bestimmte Teile der gesamten Kosten, nämlich die variablen Kosten, den Erzeugnissen und Dienstleistungen zugerechnet werden.

TAB. 93: Übersicht über die umfangbezogenen Kostenrechnungssysteme

Vollkostenrechnung möglichst verursachungsgerechte Zuordnung der Vollkosten als Einheit aus variablen und fixen Kostenbestandteilen	**Teilkostenrechnung** verursachungsgerechte Zuordnung lediglich der variablen Kostenbestandteile
- Istkostenrechnung	- Direct Costing
- Normalkostenrechnung	- Einstufige Deckungsbeitragsrechnung
- Starre Plankostenrechnung	- Mehrstufige Deckungsbeitragsrechnung
- Flexible Plankostenrechnung auf Vollkostenbasis	- Grenzplankostenrechnung

313 Bei der **Teilkostenrechnung**, allgemein auch als Deckungsbeitragsrechnung bezeichnet, werden unterschieden:

- **Direct Costing**, das nur die beschäftigungsvariablen Kosten verrechnet.
- **Deckungsbeitragsrechnung** von *Riebel*, die nur die (relativen) Einzelkosten verrechnet.

Weitere Formen der Teilkostenrechnung sind die

- **Mehrstufige Deckungsbeitragsrechnung** oder **Fixkostendeckungsrechnung** und die
- **Grenzplankostenrechnung**.

TAB. 94: Vergleich der umfangbezogenen Teilkostenrechnungssysteme

Direct Costing	Einstufige Deckungsbeitragsrechnung	Mehrstufige Deckungsbeitragsrechnung	Grenzplankostenrechnung
Nur die variablen Kosten werden auf die Kostenträger verrechnet. Durch Subtraktion der variablen Kosten vom Erlös erhält man den Deckungsbeitrag	Als Einzelkosten werden nur die Kosten verrechnet, die einer bestimmten Kostenstelle (Kostenstelleneinzelkosten) oder einem bestimmten Kostenträger zugerechnet werden können. Die Fixkosten bleiben als Block außen vor.	Die Fixkosten werden nicht als Block behandelt, sondern verursachungsgerecht in mehreren Stufen differenziert auf die verschiedenen betrieblichen Ebenen verteilt.	Eine flexible Plankostenrechnung auf Teilkostenbasis. Die variablen Kosten werden auf Kostenstellen und Kostenträger verrechnet, die Fixkosten gehen als Block in die Kurzfristige Erfolgsrechnung ein.

Wenn Sie vorab mehr über die Plankostenrechnung erfahren wollen, springen Sie zu zum Kapitel VIII. Plankostenrechnung.

Wenn Sie mehr über die Teilkostenrechnung erfahren wollen, lesen Sie im folgenden Kapitel VII. Teilkostenrechnung weiter.

Zum Schluss noch eine Übersicht über die Grundformen der Kostenrechnungssysteme und deren Struktur:

TAB. 95: Vergleich der Kostenrechnungssysteme 314

Übersicht über die Grundformen der Kostenrechnungssysteme		
	Vollkostenrechnung	**Teilkostenrechnung**
Istkostenrechnung	**Traditionelle Vollkostenrechnung** als - Kostenarten-, - Kostenstellen-, - Kostenträgerrechnung und als - kurzfristige Netto-Betriebserfolgsrechnung	**Deckungsbeitragsrechnung** bzw. als kurzfristige Brutto-Betriebserfolgsrechnung
Normalkostenrechnung	**Weiterentwicklung der Istkostenrechnung** als Kostenstellen- und Kostenträgerrechnung	**Deckungsbeitragsrechnung zu Normalkosten**
Plankostenrechnung	**Plankostenrechnung** als Vollplankostenrechnung	**Grenzplankostenrechnung**

3. Kostenzurechnung

315 Am Ende jeder Kostenverrechnung steht immer der Kostenträger. Der Unternehmer will wissen, welche Kosten der einzelne Kostenträger verursacht hat, denn diese Kosten muss er vom Markt zurückbekommen, wenn der Bestand des Unternehmens nicht gefährdet sein soll.

Die Kostenzurechnung kann erfolgen nach

- dem **Verursachungsprinzip**,
- dem **Durchschnittsprinzip** und
- dem **Tragfähigkeits- oder Belastbarkeitsprinzip**.

316 Das **Verursachungsprinzip** verlangt, dass dem Kostenträger genau die Kosten zugerechnet werden, die er tatsächlich verursacht hat. Während die Kostenverrechnung im Rahmen der Vollkostenrechnung nicht immer verursachungsgerecht erfolgt, ist die Einhaltung des Verursachungsprinzips bei der Teilkostenrechnung weitgehend gewährleistet.

317 Beim **Durchschnittsprinzip** werden zumindest die Gemeinkosten nicht verursachungsgerecht verrechnet, sondern den Kostenträgern in durchschnittlicher Höhe belastet. So werden die Gemeinkosten bei Anwendung der Vollkostenrechnung nur noch **möglichst verursachungsgerecht** verrechnet. Typische Verfahren der Durchschnittsverrechnung sind die Normalkostenrechnung und die Divisionskalkulation.

318 Das **Tragfähigkeits- oder Belastbarkeitsprinzip** findet seine Anwendung bei der Preisermittlung auf der Grundlage einer Preiskalkulation. Die Preiskalkulation selber sollte noch alle Kostenbestandteile möglichst verursachungsgerecht berücksichtigen. In einem zweiten Schritt können dann die Preise der verschiedenen Produkte eines Betriebes nach ihrer Durchsetzbarkeit am Markt bestimmt werden. Mittel- bis langfristig muss aber der gesamte Kostenanfall über die Summe der Erlöse aller Produkte gedeckt sein.

Eine solche **Mischkalkulation** ist häufig in der Textilindustrie bei der Damen- und Herrenoberbekleidung zu finden. Die im Ausland gefertigten Massenprodukte werden weit über Herstellkosten verkauft und subventionieren damit die in Deutschland hergestellten hochwertigen Modeartikel, die teilweise unter Herstellkosten verkauft werden. Das Unternehmen kann auf die hochwertigen Artikel nicht verzichten, weil es sonst auch mit den Massenprodukten nicht am Markt wahrgenommen wird.

FRAGEN

(Die Antworten zu den Kontrollfragen 115 – 131 befinden sich auf Seite 279 ff.)

115. Nennen Sie zwei zeitraumbezogene Kostenrechnungssysteme und jeweils den Zeitraum, auf den sie sich beziehen.
116. Worüber gibt die Istkostenrechnung als Vollkostenrechnung Auskunft?
117. Worüber gibt die Istkostenrechnung als Teilkostenrechnung Auskunft?
118. Welches ist der größte Nachteil der Istkostenrechnung?

119. Warum eignet die Istkostenrechnung sich nicht für die Vorkalkulation von Fertigungsaufträgen nach Kundenwunsch und für erstmalig zu fertigende, neue Produkte?
120. Nennen Sie die Unterschiede zwischen Istkostenrechnung und Normalkostenrechnung.
121. Worin unterscheiden sich starre Normalkostenrechnung und flexible Normalkostenrechnung?
122. Schlagen Sie vor, wie der Kostenanfall bei Abrechnung nach dem System der Istkostenrechnung „wirkungsvoll" kontrolliert werden sollte.
123. Warum ist die Normalkostenrechnung für die Bestimmung der Verkaufspreise geeigneter als die Istkostenrechnung?
124. Nennen Sie wesentliche Unterschiede zwischen Istkostenrechnung und Plankostenrechnung.
125. Worin unterscheiden sich Plankostenrechnung und Standardkostenrechnung?
126. Worin unterscheiden sich starre Plankostenrechnung, flexible Plankostenrechnung auf Vollkostenbasis und Grenzplankostenrechnung?
127. Welche Kostenanteile werden jeweils bei einer Vollkostenrechnung und bei einer Teilkostenrechnung verrechnet?
128. Worin unterscheiden sich Direct Costing, einstufige Deckungsbeitragsrechnung, mehrstufige Deckungsbeitragsrechnung und Grenzplankostenrechnung?
129. Definieren Sie das Kostenverursachungsprinzip und gehen Sie auf die Grenzen der Einhaltung ein.
130. Welches Kostenverrechnungsprinzip (Vollständigkeitsprinzip, Verursachungsprinzip) in der Kostenträgerrechnung trifft eher auf die Vollkostenrechnung zu und welches eher auf die Teilkostenrechnung?
131. Begründen Sie, warum das Kostentragfähigkeits- oder Belastbarkeitsprinzip kein Prinzip der Kosten- und Leistungsrechnung ist.

VII. Teilkostenrechnung

1. Einteilung der Kosten nach ihrem Verhalten

Basis jeder **Teilkostenrechnung** ist die Aufteilung der Kosten nach ihrem Verhalten bei einer Änderung der Beschäftigung. Grundsätzlich lassen sich solche Kostenarten unterscheiden, die sich in der Höhe des Anfalls abhängig von der Veränderung der Beschäftigung verändern und solche, die sich nicht verändern. 341

Die Kosten für den Energieverbrauch, den Verbrauch an Fertigungsmaterial und die Kosten für Reinigung und Wartung der Maschinen gehören zu den veränderlichen. Andere Kosten, wie Mieten, Abschreibungen und Gehälter, fallen immer in gleicher Höhe an, egal ob viel, wenig oder gar nicht produziert wird.

Die Beschäftigung steht in einem engen Zusammenhang mit der Kapazität. Die **Kapazität** gibt an, wie viele Leistungseinheiten ein Unternehmen bei voller Auslastung in einem bestimmten Zeitabschnitt zu erstellen vermag (Kapazität = Leistungsvermögen). Maßstab der Beschäftigung ist der **Beschäftigungsgrad**: 342

$$\text{Beschäftigungsgrad} = \frac{\text{genutzte Kapazität}}{\text{vorhandene Kapazität}} \times 100 = \%$$

Neben Beschäftigung und Kapazität bestimmen

- die Losgrößen (Serien-, Auftragsgrößen),
- die Preise der Produktionsfaktoren und
- das Produktionsprogramm den Kostenanfall.

Will man die Wirkung dieser Einflussgrößen richtig einschätzen, muss man das Kostenverhalten kennen.

Die Kosten werden entsprechend ihrem Verhalten bei Beschäftigungsänderungen wie folgt unterschieden: 343

TAB. 96: Einteilung der Kosten nach ihrem Verhalten

variabel			sprungfix	fix
proportional	degressiv	progressiv	(intervallfix)	absolut fix

1.1 Variable Kosten

Als **variable (= veränderliche) Kosten** wird der Teil der Gesamtkosten bezeichnet, der in der Höhe des Anfalls vom Beschäftigungsgrad abhängt, sich mit wachsendem oder zurückgehendem Beschäftigungsgrad verändert. Da die variablen Kosten der Industriebetriebe in den meisten Fällen proportional (im gleichen Verhältnis) zur Leistungsmenge steigen oder fallen, werden sie auch **proportionale Kosten** genannt. 344

Proportionale Kosten steigen oder fallen in gleichem Maße wie die Beschäftigung oder Ausbringungsmenge steigt oder fällt. Das trifft z. B. auf Fertigungslöhne, Fertigungsmaterial und Sondereinzelkosten zu. 345

346 **Degressive Kosten** steigen bei zunehmender Beschäftigung unterproportional, d.h. langsamer als die Ausbringungsmenge. Sinkende Materialkosten durch Mengenrabatte, rückläufiger Energieverbrauch durch durchgängigen Maschineneinsatz und relativer Rückgang der Einrichtungszeiten durch höhere Losgrößen sind typische Beispiele.

347 **Progressive Kosten** steigen bei zunehmender Beschäftigung überproportional, d.h. relativ stärker als die Beschäftigung oder Ausbringungsmenge. Die Ursachen sind u.a. Überstundenvergütungen, Schichtzulagen, steigende Wartungs- und Reparaturkosten durch höhere Beanspruchung des Maschinenparks.

348 Die wesentlichen variablen Kosten im Industriebetrieb sind die Einzelkosten für Fertigungsmaterial und Fertigungslöhne, die Sondereinzelkosten sowie die Gemeinkosten für Energie-, Betriebsstoffverbrauch, Verbrauch von Werkzeugen und die Instandhaltungskosten.

349 Die folgende Tabelle sowie die Gesamtkostenkurve und die Stückkostenkurve zeigen: Als Gesamtkosten sind die variablen Kosten veränderliche Kosten, auf das Stück bezogen sind sie konstant:

ABB. 13: Verhalten der variablen Kosten als Gesamtkosten und als Stückkosten

	variable Kosten	
gefertigte Stückzahl	insgesamt veränderlich	auf das Stück bezogen unveränderlich
0	0 €	0 €
100	10.000 €	100 €
200	20.000 €	100 €
300	30.000 €	100 €
400	40.000 €	100 €
500	50.000 €	100 €

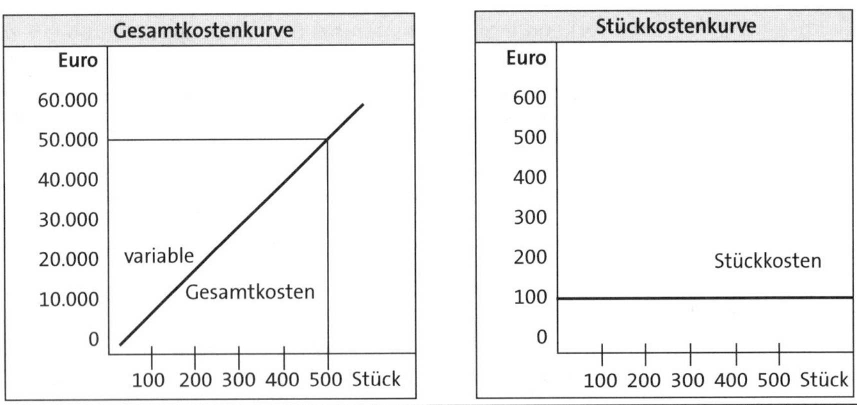

1.2 Fixe Kosten

350 Als **fixe (gleichbleibende, konstante, zeitabhängige, kapazitätsabhängige) Kosten** wird der Teil der gesamten Kosten bezeichnet, der unabhängig von der Beschäftigung anfällt

und sich nicht verändert, wenn mehr oder weniger gefertigt wird. Fixe Kosten fallen für die betriebliche Leistungserstellung **bereitgehaltene Kapazität** an. Sie werden deshalb auch Kapazitätskosten, Periodenkosten oder **Bereitschaftskosten** genannt. Fixe Kosten gehören immer zur Gruppe **der Gemeinkosten**. Typische Fixkostenarten sind die üblichen zeitabhängigen Abschreibungen, kalkulatorische Zinsen, Gehälter, Mieten und Beiträge.

Die folgende Tabelle und die graphischen Darstellungen zeigen das Verhalten der Fixkosten als Gesamtkosten und auf das gefertigte Stück (die Produktionseinheit) bezogen.

ABB. 14: Verhalten der fixen Kosten als Gesamtkosten und als Stückkosten

	Fixe Kosten	
gefertigte Stückzahl	insgesamt unveränderlich	auf das Stück bezogen veränderlich
0	50.000 €	keine Verrechnung
100	50.000 €	500,00 €
200	50.000 €	250,00 €
300	50.000 €	166,67 €
400	50.000 €	125,00 €
500	50.000 €	100,00 €

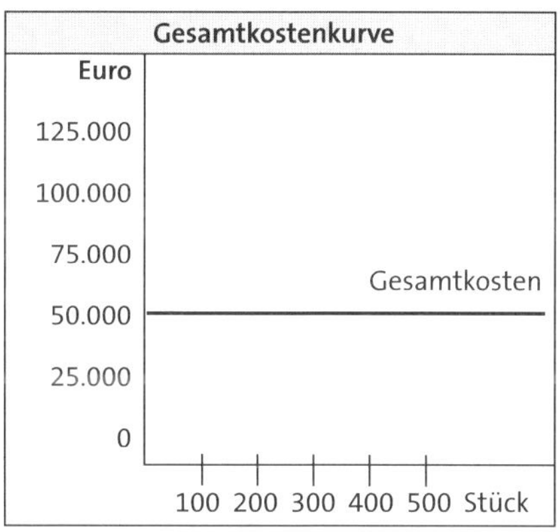

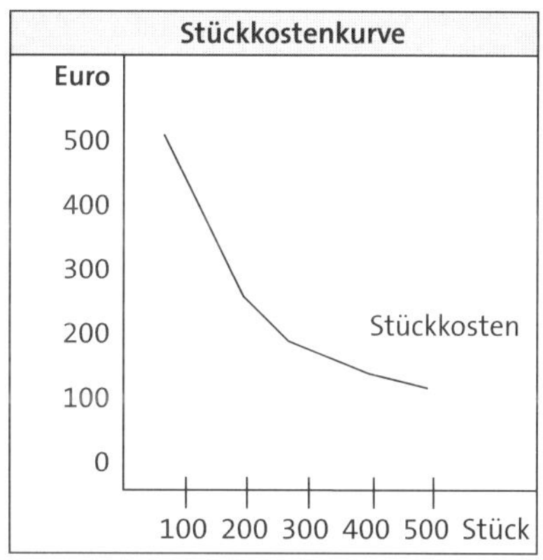

Als Gesamtkosten bleiben die fixen Kosten konstant, auf das Stück bezogen verhalten sie sich degressiv.

TAB. 97: Verhalten der fixen und der variablen Kosten als Gesamtkosten und als Stückkosten

Bezugsgröße	Fixe Kosten	Variable Kosten
Gesamtleistung	unveränderlich	veränderlich
Stück/Produktionseinheit	fallend (degressiv)	unveränderlich (fix oder konstant)

Sprungfixe (intervallfixe) Kosten bleiben innerhalb bestimmter Beschäftigungsinterval- 351
le unverändert. Sie steigen oder fallen (springen) jedoch am Ende dieser Intervalle auf das nächsthöhere oder nächstniedrigere Niveau. Sprungfixe Kosten haben ihren Ur-

sprung darin, dass Anlagen, Betriebsmittel und auch die menschliche Arbeitskraft nicht beliebig teilbar sind.

MERKE

Einzelkosten sind **variable Kosten.**
Gemeinkosten können **fix oder variabel** sein.
Fixe Kosten sind **immer Gemeinkosten.**

BEISPIEL ▸ Ein Zulieferer von Kunststoffteilen für die Automobilindustrie arbeitet mit einer Kunststoffspritzmaschine. Für die Maschine werden monatlich 2.000 € Abschreibung verrechnet. Mit der Maschine könnten monatlich 300.000 Teile gefertigt werden. Zurzeit werden im Zweischichtbetrieb monatlich zwischen 230.000 und 280.000 Teile hergestellt. Wollte der Zulieferbetrieb 300.001 oder mehr Teile im Monat fertigen, müsste er eine zweite Maschine anschaffen. Unterstellt man, dass eine Maschine der gleichen Größenordnung angeschafft wird, so **springen** die Abschreibungen von 2.000 € auf monatlich 4.000 €. Auf dem höheren Niveau würden die Abschreibungen sich so lange fix verhalten, bis mehr als 600.000 Teile gefertigt werden sollen.

352 ABB. 15 Vergleich der fixen, sprungfixen und variablen Kosten als Gesamtkosten in Abhängigkeit von der Beschäftigung

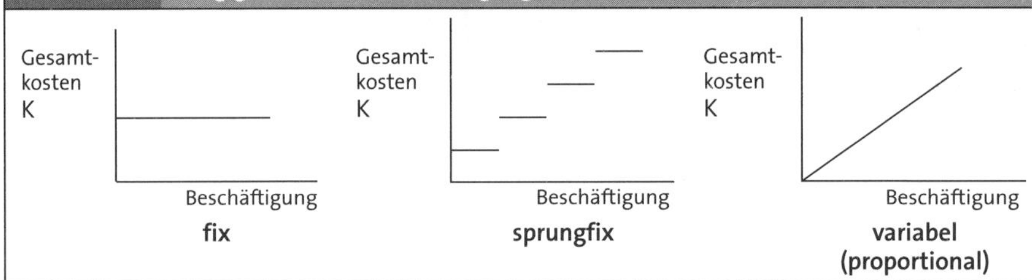

1.3 Mischkosten

353 Mischkosten sind jene Kosten, die nicht eindeutig den fixen oder den variablen Kosten zuzurechnen sind. Sie sind teils leistungs- und teils zeitabhängig. Für die Zwecke der Teilkostenrechnung müssen sie in ihren fixen und ihren variablen (proportionalen) Teil zerlegt werden.

Zu den Mischkosten gehören z. B.

a) **Wartungs- und Instandhaltungskosten**. Bei einem Stillstand des Betriebs fallen zeitbedingte Wartungskosten an. Wird die Produktion wieder aufgenommen, steigen die Wartungs- und Instandhaltungskosten an.

b) **Strom-, Gas-, Wasser- und Telekommunikationskosten**. Sie setzen sich jeweils aus einem fixen Grundbetrag (Zähler-, Anschlussgebühr) und einem leistungsabhängigen Betrag je in Anspruch genommener Einheit zusammen.

Die Kontrolle der Wirtschaftlichkeit der Betriebsführung erfordert neben dem Einblick in das Kostenverhalten je Kostenart auch die Überwachung der Kostenentwicklung in den Kostenstellen bei unterschiedlicher Auslastung.

1.4 Auflösung der Kosten in ihre fixen und variablen Bestandteile

Für die **Kostenauflösung (Kostenspaltung)** in fixe und variable Bestandteile bieten sich 354

- die Erfahrungswertmethode (buchtechnische oder direkte Methode),
- das mathematische Verfahren (Differenzen-Quotienten-Verfahren),
- das grafische Kostenauflösungsverfahren und
- die lineare Regression

an.

Bei der **Erfahrungswertmethode** wird jede Kostenart empirisch daraufhin untersucht, welcher Anteil der angefallenen Kosten fix und welcher Anteil leistungsabhängig ist. 355

TAB. 98: Beispiel für das Kostenverhalten in einer Fertigungskostenstelle

Kostenauflösung für die KSt. Dreherei bei einem Beschäftigungsgrad von 90 %				
Kostenart	gesamt €	fix €	variabel €	variabel %
Fertigungsmaterial	10.000	0	10.000	100
Hilfsstoffe	800	160	640	80
Betriebsstoffe	900	0	900	100
Instandhaltung	800	240	560	70
Fertigungslöhne [1)]	8.000	0	8.000	100
Hilfslöhne	3.000	1.200	1.800	60
Sozialkosten	2.300	575	1.725	75
Abschreibungen [2)]	2.800	2.800	0	0
Mietaufwendungen	1.500	1.500	0	0
Versicherungsbeiträge	300	300	0	0
Summe	30.400	6.775	23.625	78

[1)] Die Fertigungslöhne und die zugehörigen Sozialkosten werden allgemein als proportionale (variable) Kosten behandelt. Faktisch handelt es sich jedoch wegen der Kündigungsfristen und der Tatsache, dass qualifizierte Facharbeiter nicht permanent entlassen und wieder eingestellt werden, um fixe Kosten.

[2)] Abschreibungen setzen sich aus einem Betrag für die Abnutzung und einem Betrag für die Alterung (technische und wirtschaftliche Abnutzung) zusammen. Von daher wäre es auch zulässig, nur den Teil für die wirtschaftliche Abnutzung (= Alterung) unter den fixen Kosten auszuweisen.

TAB. 99: Beispiel für das Kostenverhalten in der Kostenstelle Verwaltung				
Kostenart	gesamt €	fix €	variabel €	variabel %
Gehälter	21.000	21.000	0	0
Sozialkosten	4.400	4.400	0	0
Abschreibungen	1.300	1.300	0	0
Sonstige Personalaufwendungen	600	150	450	75
Mietaufwendungen	900	900	0	0
Kosten des Geldverkehrs	100	20	80	80
Rechts- und Beratungskosten	300	0	300	100
Büromaterial	500	50	450	90
Zeitungen und Fachliteratur	100	100	0	0
Kommunikationskosten	700	70	630	90
Reisekosten	800	0	800	100
Versicherungsbeiträge	400	400	0	0
Betriebliche Steuern	2.000	500	1.500	75
Summe	33.100	28.890	4.210	13

356 Bei Anwendung des **mathematischen Verfahrens (rechnerisches Verfahren oder Differenzen-Quotienten-Verfahren)** wird ein annähernd linearer Kostenverlauf unterstellt. Zur Berechnung werden zwei Kosten-Mengen-Relationen herangezogen. Dabei sollten aus dem zur Verfügung stehenden Zahlenmaterial die Werte bei einem möglichst hohen und bei einem möglichst niedrigeren Beschäftigungsgrad gegenübergestellt werden.

BEISPIEL Die Instandhaltungskosten sollen in ihren fixen und ihren variablen Anteil zerlegt werden.

mathematische (rechnerische) Kostenauflösung		
	Anzahl Fertigungsstunden	angefallene Instandhaltungskosten
	200 Stunden	2.500 €
	300 Stunden	3.500 €
variabel	100 Stunden	1.000 €

$$\text{Variable (proportionale) Kosten je Fertigungsstunde} = \frac{1.000}{100} = 10\,€$$

Proberechnung:	
Gesamtkosten bei 200 Fertigungsstunden	2.500 €
variable Kosten (200 Std. x 10 €)	2.000 €
fixe Kosten	500 €
Gesamtkosten bei 300 Fertigungsstunden	3.500 €
variable Kosten (300 Std. x 10 €)	3.000 €
fixe Kosten	500 €

Die Proberechnung zeigt, dass die fixen Kosten unverändert bleiben. Unabhängig vom Beschäftigungsgrad fallen 500 € an fixen Kosten an.

Anders als beim mathematischen Verfahren greift der Kostenrechner bei Anwendung 357
des weniger exakten **grafischen Verfahrens** auf mehrere Kosten-Beschäftigungs-Relationen zurück. Die Vergangenheitswerte werden in Form eines Streupunktdiagramms in ein Koordinatensystem eingetragen. Durch die Streupunkte wird dann eine Gerade gezogen, von der die Streupunkte möglichst wenig abweichen. Die Höhe der Fixkosten lässt sich im Schnittpunkt der Geraden mit der Kostenachse ablesen. Bei den zusätzlich zu den Fixkosten angefallenen Kosten handelt es sich um variable Kosten.

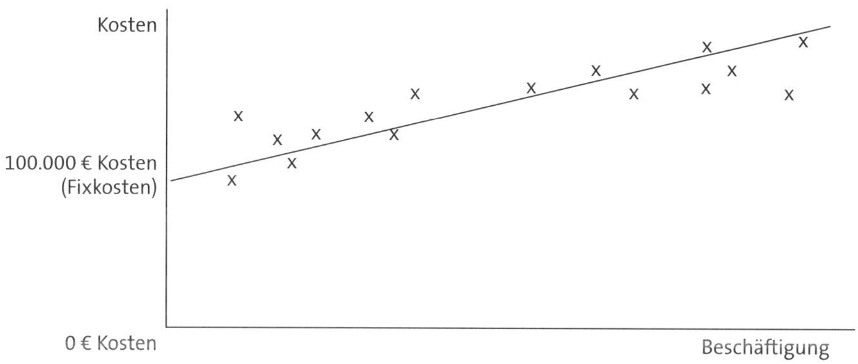

Die **lineare Regressionsanalyse** ist ein rechnerisch aufwändiges Verfahren, für das eine 358
entsprechende Software eingesetzt werden sollte. Wie beim grafischen Verfahren wird eine Vielzahl von Kosten-Beschäftigungs-Verhältnissen aus der Vergangenheit zugrunde gelegt. Die Ergebnisse sind relativ genau.

2. Wesen der Teilkostenrechnung

Bei der **Vollkostenrechnung** werden alle angefallenen Kosten ohne Rücksicht auf die 359
Beschäftigung proportional auf die Bezugsgrößen Material und Löhne den Kostenträgern zugerechnet. Die Zuschlagskalkulation zu Vollkosten versucht, alle Kosten nach dem **Verursachungsprinzip** (s. Rn. 11) auf die Kostenträger zu verrechnen. Sie nimmt **Verrechnungsfehler** in Kauf, wenn sie den Kostenträgern die beschäftigungsunabhängigen Fixkosten als Zuschlag auf die Einzelkosten belastet. Dabei werden bei einer Unterbeschäftigung zu wenige, bei einem überdurchschnittlichen Beschäftigungsgrad zu viele Fixkosten verrechnet. Es gibt auch keinen Schlüssel, der beispielsweise dazu führt,

dass das Gehalt des Buchhalters wirklich verursachungsgerecht einzelnen Kostenträgern zugerechnet werden kann.

360 Die **Teilkostenrechnung** rechnet den Kostenträgern nur die **variablen (proportionalen) Kostenbestandteile** zu. Die fixen Kosten werden nicht aufgeteilt, sondern als **Fixkostenblock** betrachtet, der zur Aufrechterhaltung der Betriebsbereitschaft erforderlich ist und nicht verursachungsgerecht den Kostenträgern belastet werden kann. Die Teilkostenrechnung lässt sich – wie die Vollkostenrechnung – als Ist-, Normal- oder Plankostenrechnung durchführen. Das am meisten anzutreffende Teilkostenrechnungssystem ist die **Deckungsbeitragsrechnung** (Direct Costing).

3. Einstufige Deckungsbeitragsrechnung

3.1 Wesen der Deckungsbeitragsrechnung

3.1.1 Deckungsbeitrag

361 Unter Gesichtspunkten der Deckungsbeitragsrechnung ist die Herstellung eines Produkts noch wirtschaftlich vertretbar, wenn der Verkaufspreis für einen begrenzten Zeitraum neben den variablen Stückkosten zusätzlich nur einen Teil der fixen Kosten des Betriebs deckt. In der **Kostenträgerstückrechnung** werden vom Verkaufserlös die variablen Kosten abgezogen. Das Ergebnis ist der Deckungsbeitrag. Anders als bei der Vollkostenrechnung kommt es in der Kostenträgerstückrechnung nicht auf das Auftragsergebnis, sondern allein auf den Deckungsbeitrag an. Bei der Hereinnahme der Aufträge werden die zuerst bedient, die den höheren Deckungsbeitrag abwerfen.

In der **Kostenträgerzeitrechnung** wird von den Verkaufserlösen einer Abrechnungsperiode zunächst die Summe der variablen Kosten der Abrechnungsperiode abgezogen. Anschließend wird von dem verbleibenden (Gesamt-)Deckungsbeitrag der Fixkostenblock (= Summe der Fixkosten der Abrechnungsperiode) abgezogen. Der dann verbleibende Differenzbetrag entspricht dem Betriebsergebnis.

BEISPIEL Die gesamten fixen Kosten für Juni 01 betragen 60.000 €. Im Juni 01 wurden 20.000 Stück zu einem Verkaufspreis von 10 € je Stück gefertigt und verkauft. Die variablen Kosten je Stück betragen 6 €.

Kostenträgerstückrechnung

	Verkauferlös	10 €
–	variable Kosten	6 €
=	Deckungsbeitrag	4 €

Kostenträgerzeitrechnung

	Verkauferlöse	200.000 €
–	variable Kosten gesamt	120.000 €
=	Deckungsbeitrag gesamt	80.000 €
–	Fixkostenblock	60.000 €
=	Ergebnis der Periode	20.000 €

3.1.2 Zweck der Deckungsbeitragsrechnung

Den Kostenstellen und Kostenträgern werden nur die direkt zurechenbaren Kosten belastet. Nicht direkt zurechenbare Kosten werden auch nicht verrechnet. Je höher der Deckungsbeitrag, desto wichtiger ist das Produkt für den Betrieb. 362

Immer wieder müssen Unternehmen Zeiten überbrücken, in denen die am Absatzmarkt erzielbaren Preise nicht alle in der Vollkostenrechnung ermittelten Selbstkosten decken. Um nicht wegen der vorübergehenden Situation vom Markt verdrängt zu werden, werden die Unternehmen auch Aufträge annehmen, deren Verkaufserlös neben den für die Herstellung zusätzlich anfallenden variablen Kosten nur einen Teil der fixen Kosten decken. Die fixen Kosten fallen in einem bestehenden Betrieb ohnehin an, auch wenn nichts gefertigt wird.

Jedes **zusätzlich** gefertigte Erzeugnis **erhöht** den Beschäftigungsgrad. Ein zusätzlicher Umsatz bewirkt die Verteilung der vorhandenen Fixkosten auf eine größere Zahl gefertigter Einheiten und senkt damit den Fixkostenanteil je gefertigte Einheit. Bei einer ungünstigen Marktsituation kann vorübergehend auf Gewinn und sogar auf die Deckung eines Teils der fixen Kosten verzichtet werden. Langfristig müssen aber alle angefallenen variablen und fixen Kosten über die Umsatzerlöse zurückfließen.

3.2 Kostenartenrechnung

Die Kostenartenrechnung der einstufigen Deckungsbeitragsrechnung entspricht weitgehend der der Vollkostenrechnung. Die Gliederung der Kostenarten sollte so erfolgen, dass möglichst wenige Mischkostenarten geführt werden, d. h. die Kostenarten sollten möglichst eindeutig fixe oder eindeutig proportionale Kosten darstellen. 363

Die Kostensartenrechnung kann auch losgelöst von der Verrechnung der Aufwandsarten in der Finanzbuchhaltung z. B. in der Kontenklasse 9 des IKR erfolgen.

3.3 Kostenstellenrechnung

Für die **Kostenstellengliederung** gelten die Ausführungen im Kapitel III. Kostenstellenrechnung. Eine besondere Bedeutung kommt dem unter Rn. 155 genannten Punkt **abrechnungstechnische Gesichtspunkte** zu. Das heißt in diesem Fall: Die Kostenstellenbildung sollte möglichst nach Produktarten oder Erzeugnisgruppen erfolgen. Das ist oft im Fertigungs- und im Vertriebsbereich möglich. 364

Da allein die variablen Kosten auf die betrieblichen Leistungen verrechnet werden, werden bei der Primärumlage grundsätzlich auch **nur die variablen Kosten** – entsprechend der Vorgehensweise in der Vollkostenrechnung wieder als Kostenstelleneinzelkosten und Kostenstellengemeinkosten – auf die Kostenstellen verteilt. 365

Werden bei Abrechnung nach dem Einkreissystem die Kostenarten aus der Finanzbuchhaltung zur Verteilung in die Kostenstellenrechnung übernommen, empfiehlt es sich, zur Abstimmung die Gesamtbeträge je Kostenart im BAB I zu zeigen:

ABB. 16: Horizontale Gliederung des Betriebsabrechnungsbogens I für die Teilkostenrechnung

Betriebsabrechnungsbogen I (Teilkostenrechnung)														Monat 02/08
Kostenart	gesamt	davon fix	davon variabel	Beschaffung			Fertigung				Verwaltung	Vertrieb		
	€	€	€	Einkauf	Lager	Summe	Schlosserei	Dreherei	Montage	Summe	Summe	Verkauf	Versand	Summe
Energie	200	20	180	5	5	10	48	55	31	134	15	10	11	21
Hilfslöhne	100	20	80		3	3	25	22	20	67			10	10
Gehälter	500	500	0											
Mieten	300	300	0											
usw.														

3.4 Kostenträgerzeitrechnung

366 Das Schema der Deckungsbeitragsrechnung weicht vollkommen von dem der Vollkostenrechnung ab. Entsprechend anders stellt sich die Kostenträgerzeit- und Ergebnisrechnung dar.

ABB. 17: Kostenträgerzeitrechnung in der Teilkostenrechnung

Kostenträgerzeit- und Ergebnisrechnung (Teilkostenrechnung)								Monat 02/08
		Kosten und Erlöse	Erzeugnisgruppe Maschinenbau			Erzeugnisgruppe Anlagenbau		
		T€	Pressen	Drehbänke	gesamt	Kessel	Wärmetauscher	gesamt
1.	Verkaufserlös	16.000	6.000	4.000	10.000	4.500	1.500	6.000
–	variable EK Fertigung	3.000	1.200	800	2.000	700	300	1.000
–	variable GK Fertigung	1.000	300	300	600	250	150	400
+/–	Bestandsveränderung	1.000	800	500	1.300	100	– 400	– 300
2.	= variable Kosten der umgesetzten Leistung	5.000	2.300	1.600	3.900	1.050	50	1.100
3.	Zwischenergebnis	11.000	3.700	2.400	6.100	3.450	1.450	4.900
–	variable GK Verwaltung	1.000	300	200	500	300	200	500
–	variable GK Vertrieb	1.200	400	250	650	450	100	550
–	variable EK Vertrieb	300	50	50	100	150	50	200
4.	Deckungsbeitrag	8.500	2.950	1.900	4.850	2.550	1.100	3.650
5.	Fixkosten Monat 02/08	7.500						
6.	Nettoergebnis	1.000						

3.5 Kostenträgerstückrechnung

3.5.1 Unvollständige Kostenvorgaben

367 Die Kalkulation je Auftrag, Stück oder Einheit gestaltet sich bei der einstufigen Deckungsbeitragsrechnung sehr schwierig, da nur die variablen Kosten je Auftrag bekannt sind. Die fixen Kosten können grundsätzlich nicht den Aufträgen zugerechnet werden.

Im **Handel** wird für die Preiskalkulation ein sog. Soll-Deckungsbeitrag ermittelt, der die fixen Gemeinkosten und einen angemessenen Gewinnzuschlag abdecken soll.

	Einstandspreis
+	Zuschlag für Kostenstelleneinzelkosten
+	Soll-Deckungsbeitrag (Fixkosten + Gewinn)
=	Verkaufspreis

In der **Industrie** wird in ähnlicher Weise ein Soll-Deckungsbeitrag für Fixkosten und Gewinn festgelegt und prozentual auf die Summe der Einzelkosten verrechnet.

	Einzelkosten des Auftrags
+	Zuschläge für Kostenstelleneinzelkosten
+	Soll-Deckungsbeitrag (Fixkosten + Gewinn)
=	Verkaufspreis

Der Prozentsatz für den Soll-Deckungsbeitrag kann bereits im Rahmen der jährlichen Unternehmensplanung ermittelt werden. Es handelt sich dann um einen Soll- oder einen Plan-Zuschlagssatz.

3.5.2 Ermittlung der Gewinnschwelle

Ein Unternehmer sollte wissen, bei welchem Beschäftigungsgrad die Umsatzerlöse die 368
Summe der variablen und fixen Kosten decken. Bei diesem Beschäftigungsgrad liegt die **Gewinnschwelle**, denn jeder Euro, der über die Deckung der variablen und der fixen Kosten hinaus am Absatzmarkt erzielt wird, erhöht den Gewinn des Unternehmens. Dieser Beschäftigungsgrad bestimmt auch die Absatzpolitik, denn jeder weitere hereingenommene Auftrag erhöht das Betriebsergebnis um den Betrag, um den der Erlös die durch den zusätzlichen Auftrag verursachten variablen Kosten (= Grenzkosten) übersteigt.

Die variablen Kosten, die zusätzlich entstehen, wenn eine zusätzliche Einheit hergestellt wird, heißen **Grenzkosten**. Die Grenzkosten entsprechen den variablen Kosten je Einheit. In der Grenzkostenbetrachtung findet das Verursachungsprinzip seinen besonderen Ausdruck.

Die Zusammenhänge zwischen Beschäftigung, Umsatzerlösen, Kosten und Betriebsergebnis werden deutlich, wenn man in einem Diagramm die Erlöskurve, die Fixkostenkurve und die Gesamtkostenkurve zueinander in Beziehung setzt. Trägt man auf der X-Achse die Beschäftigung, z. B. die verkaufte Stückzahl, und auf der Y-Achse die Erlöse und die Kosten ab, so liegt die Gewinnschwelle im Schnittpunkt der Gesamterlöskurve und der Gesamtkostenkurve. Wenn man von diesem Schnittpunkt auf die Mengenachse (X-Achse) lotet, lässt sich dort die Stückzahl ablesen bei der der Gesamterlös die Gesamtkosten deckt. Die erste über diesen Punkt hinaus gefertigte Einheit führt zu einem Gewinn und jede weitere gefertigte und verkaufte Einheit erhöht den Gewinn entsprechend. Deshalb wird der Schnittpunkt der Gesamterlöskurve und der Gesamtkostenkurve **Gewinnschwelle, Break-Even-Point (BEP), Kostendeckungspunkt** oder auch **kritischer Punkt** oder **toter Punkt** genannt.

Die Darstellung im folgenden Beispiel gilt für Einproduktbetriebe.

369 BEISPIEL ▸ Ein Unternehmen stellt Einkaufswagen für Supermärkte her. Die Kapazität beträgt 5.000 Stück je Monat. Die monatlichen Fixkosten betragen 100.000 €. Die Tabelle zeigt das Kostenverhalten bei zwei unterschiedlichen Beschäftigungsgraden.

		4.000 Stück monatliche Fertigung		2.000 Stück monatliche Fertigung	
		gesamt €	pro Stück €	gesamt €	pro Stück €
	Erlöse	400.000	100	200.000	100
-	variable Kosten	200.000	50	100.000	50
=	Deckungsbeitrag	200.000	50	100.000	50
-	fixe Kosten	100.000	25	100.000	50
=	Gewinn	100.000	25	0	0

ABB. 18: Kostenverhalten bei zwei unterschiedlichen Beschäftigungsgraden

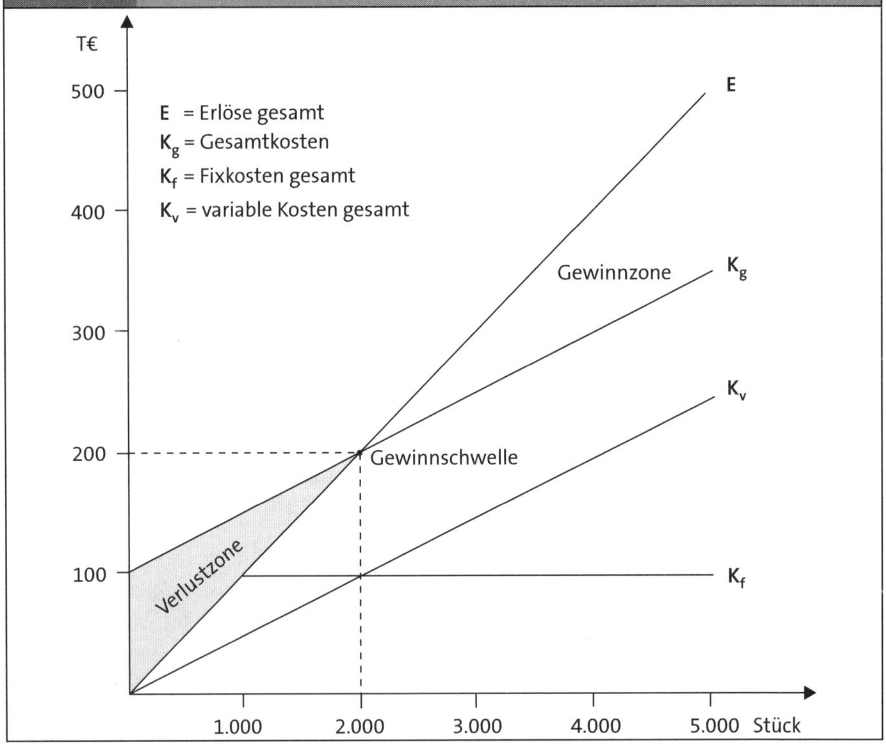

BEISPIEL ▸ Die Gewinnschwelle liegt bei 2.000 Stück = 40 % der Kapazität von 5.000 Stück.

Der Beschäftigungsgrad, bei dem die Gewinnschwelle liegt, kann errechnet werden nach der Formel:

$$\text{Beschäftigungsgrad der Gewinnschwelle} = \frac{\text{Kritische Menge}}{\text{Gesamtkapazität}} \times 100 = \frac{2.000}{5.000} \times 100 = 40\,\%$$

Die **Gewinnschwelle** oder der **Break-Even-Point** ist der Punkt, bei dem die Gesamterlöskurve die Gesamtkostenkurve schneidet. In diesem Punkt entsprechen die Gesamtkosten den Gesamterlösen. Jede zusätzlich verkaufte Einheit führt zu einem Gewinn bzw. zur Erhöhung des Gewinns.

Betriebe, die mehrere Produkte herstellen, ermitteln ihren Break-Even-Point (BEP) nach der Formel:

$$\text{Break-Even-Point (BEP)} = \frac{K_f}{\text{durchschnittlicher Deckungsbeitrag}}$$

$$\text{durchschnittl. Deckungsbeitrag} = \frac{\text{Summe der Deckungsbeiträge}}{\text{Summe der Erlöse}}$$

Den folgenden Berechnungen liegen die Zahlen aus dem vorstehenden Beispiel „Einkaufswagen für Supermärkte“ zugrunde.

3.5.3 Ermittlung der Gewinnschwellenmenge

Die Gewinnschwellenmenge ist für den Unternehmer insbesondere bei Einführung 370
neuer Produkte interessant. Sie sagt aus, wie viele Einheiten mindestens gefertigt und abgesetzt werden müssen, damit sich die Einführung überhaupt lohnt.

BEISPIEL Die Stückzahl, bei der die Gewinnschwelle erreicht wird, wird berechnet:

$$\text{Gewinnschwellenmenge} = \frac{\text{Fixkosten gesamt}}{\text{Deckungsbeitrag je Einheit}} = \frac{100.000\,€}{50\,€} = 2.000 \text{ Einheiten}$$

Bei einer Fertigung von 2.000 Einheiten werden je Einheit 50 € für Fixkosten verrechnet. Bei 2.000 Einheiten multipliziert mit 50 € wird der gesamte Fixkostenblock von 100.000 € auf die Produkte verrechnet.

3.5.4 Fixkostensprünge aufgrund von Erweiterungsinvestitionen

Bevor der Unternehmer eine Erweiterungsinvestition durchführt, die zu zusätzlichen 371
Fixkosten von 50.000 € monatlich führt, wird er ausrechnen, wie viele Einkaufswagen er zusätzlich verkaufen muss, damit er mindestens den bisherigen Gewinn je Monat erwirtschaftet.

BEISPIEL Das Unternehmen könnte mehr als 5.000 Einkaufwagen im Monat verkaufen. Eine Kapazitätserweiterung würde zu zusätzlichen Fixkosten von monatlich 50.000 € führen.

$$\text{zusätzliche Fertigung mindestens} = \frac{\text{zusätzliche Fixkosten}}{\text{Deckungsbeitrag je Einheit}} = \frac{50.000\,€}{50\,€} = 1.000 \text{ Einheiten}$$

Das Unternehmen müsste monatlich mindestens 1.000 Einheiten mehr fertigen und verkaufen, wenn der bisherige monatliche Gewinn gehalten werden soll.

3.5.5 Veränderung der Verkaufspreise

372 Bei unveränderten Kosten führen Preiserhöhungen zu höheren Deckungsbeiträgen je Einheit. Der Fixkostenblock wird bereits bei einer geringeren Menge gedeckt. Warum sollte der Unternehmer da nicht einfach seinen Preis heraufsetzen? In der Marktwirtschaft bestimmt der Markt die Höhe des Preises. Deshalb Vorsicht! Nicht selten haben sich Unternehmen aus dem Markt „herauskalkuliert"; die Preise waren zu hoch, der Absatz kam ins stocken, die Fixkosten wurden nicht mehr gedeckt und das Unternehmen schrieb rote Zahlen.

Insbesondere im Rahmen der Unternehmensplanung werden nicht selten derartige Berechnungen durchgeführt.

BEISPIEL ▸ Der Verkaufspreis je Einkaufswagen wird auf 130 € angehoben. Der Deckungsbeitrag steigt auf (130 € - 50 € =) 80 €. Gesucht wird die neue Gewinnschwellenmenge.

$$\text{Gewinnschwellenmenge} = \frac{\text{fixe Kosten gesamt}}{\text{Deckungsbeitrag (neu) je Einheit}} = \frac{100.000\,€}{80\,€} = 1.250 \text{ Einheiten}$$

3.5.6 Veränderung der variablen Kosten

373 Der Wert des Geldes unterliegt dem Gesetz des nominalen Wachstums. Deshalb kommt es auch immer wieder zu Lohnerhöhungen, von denen besonders Betriebe mit hohem Fertigungslohnanteil betroffen sind.

Im Falle einer Erhöhung der variablen Kosten je Einheit bei unverändertem Fixkostenblock sinkt der Deckungsbeitrag je Einheit um den Betrag der Kostensteigerung. Bei einer Erhöhung der Zahl der gefertigten Einheiten nehmen die Gesamtkosten je Einheit ab, weil der Anteil der fixen Kosten je Einheit sinkt.

BEISPIEL ▸ Die variablen Kosten steigen von 50 € auf 60 € je Einheit und der Deckungsbeitrag je Stück fällt auf (100 € Erlös - 60 € variable Kosten =) 40 €.

$$\text{Gewinnschwellenmenge} = \frac{\text{fixe Kosten gesamt}}{\text{Deckungsbeitrag (neu) je Einheit}} = \frac{100.000\,€}{40\,€} = 2.500 \text{ Einheiten}$$

Bei einer **Erhöhung der variablen Kosten** steigt die Gewinnschwelle. Die Ausbringungsmenge muss erhöht werden, wenn die Gewinnschwelle gehalten werden soll.

Bei einer **Senkung der variablen Kosten** je Einheit **oder des Fixkostenblocks** sinkt die Gewinnschwellenmenge.

Bei einer **Preiserhöhung** bei gleichzeitig unveränderten Kosten wird die Gewinnschwelle bereits bei einer geringeren Anzahl gefertigter Einheiten erreicht.

Voraussetzungen für eine Gewinnschwellen-Analyse sind

- ein linearer Verlauf der Gesamtkostenkurve,
- die Aufteilung der Kosten in ihre fixen und variablen Bestandteile,

- ein gleichbleibendes Produktionsprogramm,
- gleichbleibende Verkaufspreise,
- keine Bestandsveränderungen (Die hergestellten Erzeugnisse müssen in derselben Abrechnungsperiode verkauft werden).

3.5.7 Hereinnahme von Zusatzaufträgen

Häufig bieten Unternehmen ihre Markenartikel auch unter anderen Namen oder als „No-Name-Produkte" an. Diese Waren sind dann preiswerter als das gleiche Erzeugnis, das unter der Markenbezeichnung verkauft wird. 374

BEISPIEL Ein Hersteller von Gartengeräten stellt Rosenscheren unter der Markenbezeichnung „Gartenmeister" her. Das Unternehmen fertigt monatlich 100.000 Scheren. Mehr Scheren können über das bisherige Vertriebsnetz nicht abgesetzt werden, obwohl mit der vorhandenen Kapazität 135.000 Scheren je Monat hergestellt werden könnten. Die Kalkulation stellt sich wie folgt dar:

TAB. 100: Kalkulation zu Vollkosten und zu Teilkosten

	Vollkostenrechnung	gesamt €	fixe Kosten €	variable Kosten €
	Materialeinzelkosten	100.000	0	100.000
+	MGK	10.000	8.000	2.000
+	Fertigungslöhne	100.000	0	100.000
+	FGK	390.000	282.000	108.000
	Herstellkosten	600.000	290.000	310.000
+	VwGK	40.000	36.000	4.000
+	VtGK	60.000	54.000	6.000
	Selbstkosten	700.000	380.000	320.000
	Umsatzerlöse	800.000		
	Gewinn	100.000		

Zum Preis von 8 € je Stück können über das bisherige Verkaufsnetz 100.000 Rosenscheren unter der Markenbezeichnung „Gartenmeister" verkauft werden. Die Selbstkosten je Stück belaufen sich auf 7 €.

Ein Warenhauskonzern fragt bei der Firma „Gartenmeister" an, ob diese monatlich 30.000 Rosenscheren mit der Aufschrift „Kaufstadt" zum Stückpreis von 5 € liefern könne. Bei einem Vergleich dieses Preises mit den Selbstkosten von 7 € aus der Vollkostenrechnung kann die Firma „Gartenmeister" den Auftrag nicht annehmen. Aus der Deckungsbeitragsrechnung ergibt sich jedoch ein zusätzlicher Gewinn von 1,80 € je Schere.

TAB. 101:	Ergebnisentwicklung bei Hereinnahme eines Zusatzauftrages zu Teilkosten				
	Aus der bisherigen Fertigung von 100.000 Stück €	je Stück €	Aus der zusätzlichen Fertigung von 30 000 Stück €	je Stück €	insgesamt €
variable Kosten	320.000	3,20	96.000	3,20	416.000
fixe Kosten	380.000	3,80	0	0	380.000
Gesamtkosten	700.000	7,00	96.000	3,20	796.000
Umsatzerlöse	800.000	8,00	150.000	5,00	950.000
Gewinn	100.000	1,00	54.000	1,80	154.000

Bei Fertigung von zusätzlich 30.000 Rosenscheren zum Stückpreis von 5 € fallen keine zusätzlichen Fixkosten an. Der Gesamtgewinn erhöht sich damit um 54.000 €, da an jeder zusätzlichen Schere 1,80 € zusätzlich verdient werden. Rechnerisch ist der Gewinn je Schere aus dem Zusatzauftrag 80 % höher als der Gewinn einer Schere aus der Basisfertigung. Eine solche Betrachtung verstößt allerdings gegen die Grundvorstellung der Deckungsbeitragsrechnung, nach der der Fixkostenblock von „allen" gefertigten Produkten zu tragen ist.

TAB. 102:	Vergleich der Kalkulationen zu Vollkosten und zu Teilkosten				
Deckungsbeitragsrechnung		Gesamtwerte in € für		Werte je Stück in € bei	
		100.000 Stück	30.000 Stück	100.000 Stück	30.000 Stück
	Erlöse	800.000	150.000	8,00	5,00
–	variable Kosten	320.000	96.000	3,20	3,20
=	Deckungsbeitrag	480.000	54.000	4,80	1,80
–	Fixkosten	380.000	0		
=	Gewinn	100.000	54.000		

Der Deckungsbeitrag erhöht sich durch die Hereinnahme des Zusatzauftrages um 54.000 €.

3.5.8 Ermittlung der Preisuntergrenze im Zweiproduktbetrieb

375 Bei einem vorübergehenden Rückgang der Beschäftigung ist es meist sinnvoll, Aufträge auch dann anzunehmen, wenn der Erlös nicht die gesamten Kosten deckt. Dann ist jeder Verkaufspreis interessant, der auch nur knapp über den durch die Fertigung zusätzlich anfallenden Kosten liegt. Fixe Kosten, wie Abschreibungen, Zinsen, Grundsteuer, Versicherungsprämien, Mieten und Gehälter, fallen auch dann an, wenn keine Aufträge gefertigt werden. Es wäre auch nicht sinnvoll, den Betrieb vorübergehend zu schließen oder gar Facharbeiter zu entlassen. Die Einstellung, Schulung und Einarbeitung neuer Mitarbeiter würde bei einer Besserung der Absatzlage erhebliche Zusatzkosten verursachen, sofern qualifizierte Mitarbeiter dann überhaupt am Arbeitsmarkt zu beschaffen sind.

Sinkt der Verkaufspreis eines Erzeugnisses nur vorübergehend unter die Selbstkosten und kann die vorhandene Fertigungskapazität nicht für andere Erzeugnisse genutzt werden, sollten auch Aufträge angenommen werden, deren **Verkaufserlös** nur die **variablen Kosten** deckt. Jeder Euro, um den der Verkaufserlös die variablen Kosten übersteigt, trägt zur Deckung der Fixkosten bei und verbessert so das Betriebsergebnis und das Gesamtergebnis.

HINWEIS

Die variablen Kosten, die zusätzlich anfallen, wenn eine Einheit zusätzlich gefertigt wird, heißen Grenzkosten.

Ein Verkaufserlös, der nur die **variablen Kosten** deckt, stellt die absolute oder **kurzfristige Preisuntergrenze** dar. Langfristig müssen jedoch die gesamten variablen und die gesamten fixen Kosten, also die Vollkosten, über die Verkaufserlöse gedeckt werden. Deshalb bilden die **Selbstkosten** die **langfristige Preisuntergrenze**.

BEISPIEL Ein Industriebetrieb stellt normalerweise monatlich 100 Stück des Produkts A und 100 Stück des Produkts B her. Beide Produkte werden zu einem Listenpreis von 100 €/Stück verkauft. Die Selbstkosten laut Vollkostenrechnung betragen für Produkt A 85 €, für Produkt B 75 €, die variablen Kosten für A 60 € und für B 50 €. In der Vollkostenrechnung wurden dann folgende K_f auf die Produkte geschlüsselt:

A	=	(85 – 60) x 100	= 2.500 €
B	=	(75 – 50) x 100	= 2.500 €
K_f			= 5.000 €

TAB. 103: Kostenträgerzeitrechnung im Rahmen der Deckungsbeitragsrechnung bei positivem Gesamtergebnis

	A €	B €	gesamt €
Nettoverkaufserlöse	10.000	10.000	20.000
– variable Kosten	6.000	5.000	11.000
Deckungsbeitrag	4.000	5.000	9.000
– Fixkostenblock			5.000
Betriebsergebnis			4.000

Wegen vorübergehender Absatzschwierigkeiten bei beiden Produkten wird die Fertigungskapazität des Unternehmens nur noch zu einem geringen Teil genutzt. Für beide Produkte werden deshalb die kurzfristige und die langfristige Preisuntergrenze ermittelt.

Die absolute oder **kurzfristige Preisuntergrenze** entspricht den variablen Kosten je 376
Stück. Das sind für A = 60 € und für B = 50 €.

Die **langfristige Preisuntergrenze** entspricht den Selbstkosten (Vollkosten) je Stück: 377

TAB. 104: Ermittlung der langfristigen Preisuntergrenze

	A €	B €
variable Kosten je Stück	60	50
+ fixe Kosten je Stück	25	25
Selbstkosten (Vollkosten) je Stück	85	75

Marktanalysen zeigen, dass bei einem Nettoverkaufspreis von 70 € je Stück weiterhin monatlich 100 Einheiten von A und von B abgesetzt werden können. Bei einem höheren Preis wären nur noch Umsätze von maximal 20 Einheiten je Produkt möglich.

TAB. 105: Kostenträgerzeitrechnung im Rahmen der Deckungsbeitragsrechnung bei negativem Gesamtergebnis

	A €	B €	gesamt €
Nettoverkaufserlöse (70 €/Stück)	7.000	7.000	14.000
- variable Kosten	6.000	5.000	11.000
Deckungsbeitrag	1.000	2.000	3.000
- Fixkostenblock			5.000
Betriebsergebnis			- 2.000

Die Tabelle zeigt: Bei einem auf 70 € reduzierten Verkaufspreis und jeweils 100 verkauften Einheiten der Produkte A und B werden immer noch 3.000 € der fixen Kosten gedeckt.

378 Neben der kurzfristigen und der langfristigen Preisuntergrenze wird manchmal die mittelfristige Preisuntergrenze genannt. Die **mittelfristige Preisuntergrenze** berücksichtigt, dass bei dauerhaften Absatzeinbußen für bestimmte Erzeugnisse Teilkapazitäten und damit Fixkosten abgebaut werden.

379 Gründe für den Verkauf zu **Preisen, die nur einen Teil des Deckungsbeitrags erwirtschaften** sind u. a.

- **Vermeidung von Betriebsschließungen** wegen vorübergehenden Auftragsmangels
- **Überbrückung von Liquiditätsengpässen** durch höhere Einnahmen
- **Einführungspreise** für ein neues Produkt
- **Lockvogelpreise** zur Ankurbelung des Umsatzes
- **Verdrängungspreise** zur Erweiterung der Marktanteile
- **Absatzverbund:** Um Kunden für die wesentlichen Produkte des Unternehmens zu halten, werden einzelne Produkte unter Selbstkosten verkauft. Im Vordergrund steht der gesamte Erfolg des Unternehmens.

3.5.9 Optimale Sortimentgestaltung im Mehrproduktbetrieb

380 Mehrproduktbetriebe sind bestrebt, mit den vorhandenen Kapazitäten zunächst die Erzeugnisse herzustellen, die am meisten zur Rentabilität des gesamten Unternehmens beitragen. Unter der Voraussetzung, dass alle absetzbaren Erzeugnisse produziert werden können und dass keine Engpässe in der Produktion bestehen, richtet sich die Rangfolge, in der die Erzeugnisse hergestellt werden sollen, nach dem Deckungsbeitrag je Stück.

Ein Engpass liegt dann vor, wenn beispielsweise mehrere Erzeugnisse mit mindestens einem Arbeitsgang auf einer bestimmten Maschine gefertigt werden müssen und die Kapazität nicht für die Fertigung einer beliebigen Anzahl aller Produkte ausreicht.

a) Absolute Deckungsbeiträge

Wenn alle absetzbaren Erzeugnisse ohne Einschränkung durch die vorhandene Kapazität hergestellt und verkauft werden können, hängt die Entscheidung, wie viele Einheiten von jedem Produkt zu produzieren sind, allein von der **Höhe des Deckungsbeitrags je Einheit** ab. 381

BEISPIEL Ein Industriebetrieb fertigt die Erzeugnisse X, Y und Z:

TAB. 106: Vergleich der Deckungsbeiträge je Einheit

		Erzeugnis X	Erzeugnis Y	Erzeugnis Z
	Verkaufserlös je Einheit (netto)	200 €	220 €	180 €
-	variable Kosten je Einheit	160 €	200 €	150 €
=	Deckungsbeitrag je Einheit	40 €	20 €	30 €

Der Betrieb wird zunächst so viele Einheiten von X herstellen wie abzusetzen sind. Soweit dann noch Fertigungskapazität frei ist, wird er das Produkt Z fertigen. Erst wenn die Absatzmöglichkeiten für die Produkte X und Z erschöpft sind, wird der Betrieb die dann noch freien Kapazitäten für die Herstellung von Produkt Y einsetzen.

Die Kunden wollen möglichst viele unterschiedliche Produkte bei einem Lieferanten kaufen. Bevor verlustbringende Produkte aus dem Sortiment gestrichen werden, ist deshalb zu prüfen, ob die Kunden dann nicht auch die gewinnbringenden Produkte bei der Konkurrenz einkaufen (absatzpolitischer Verbund).

b) Relative Deckungsbeiträge

Wird die Produktionsmenge durch Engpässe eingeschränkt, muss die Entscheidung über die Zusammensetzung des Sortiments unter Berücksichtigung der Produktionsbedingungen im Engpassbereich getroffen werden. Die Entscheidung, von welchem Produkt mehr oder weniger Einheiten produziert werden sollen, hängt von dem Deckungsbeitrag umgerechnet auf eine Einheit der Engpasskapazität ab, z. B. umgerechnet auf eine Fertigungsstunde. 382

BEISPIEL

TAB. 107: Ermittlung des relativen Deckungsbeitrags je Einheit

Produkt	Deckungsbeitrag je Stück €	Fertigungszeit je Stück im Engpass Min.	Gefertigte Stückzahl je Stunde	Relativer Deckungsbeitrag €
1	2	3	4	5
			60 Min. / Spalte 3	Spalte 2 x Spalte 4
A	50	20	3	150
B	40	15	4	160
C	30	30	2	60
D	35	10	6	210

Zunächst sollten so viele Einheiten des Produkts D gefertigt werden wie abgesetzt werden können. Danach sollten so viele Einheiten des Produkts B hergestellt werden wie verkauft werden können. Erst dann sollte das Produkt A und zuletzt das Produkt C hergestellt werden.

Unter der Voraussetzung, dass die Kapazität im Engpass monatlich 3.400 Fertigungsstunden beträgt und die folgenden Stückzahlen je Produkt abgesetzt werden können, sind zu fertigen:

TAB. 108: Ermittlung der zu fertigenden Stückzahlen in Abhängigkeit von den relativen Deckungsbeiträgen je Einheit

Produkt	Absetzbare Menge in Stück	Produzierte Stückzahl je Std.*)	Fertigungszeit insgesamt Std.	Produktionsmenge in Stück (c x d)
a	b	c	d	e
D	4.800	6	800	4.800
B	8.000	4	2.000	8.000
A	3.000	3	600	1.800
C	2.000	2	0	0
			3.400	

oder der Rechenweg:			
	Kapazität = 3.400 Std. x 60 Min./Stück	=	204.000 Min.
	– 4.800 Stück von D x 10 Min./Stück	=	48.000 Min.
	= Restkapazität	=	156.000 Min.
	– 8.000 Stück von B x 15 Min./Stück	=	120.000 Min.
	= Restkapazität	=	36.000 Min.

$$\frac{36.000 \text{ Minuten}}{20 \text{ Minuten/Stück}} = 1.800 \text{ Stück von A}$$

*) = Spalte 4, Tabelle 107

Der auf eine Produktionsstunde im Engpass umgerechnete Deckungsbeitrag heißt **relativer Deckungsbeitrag.**

3.5.10 Eigenfertigung oder Fremdbezug

383 Fertigungsbetriebe stehen oft vor der Frage, ob es günstiger ist, Produkte selbst herzustellen oder diese als Fertigerzeugnisse einzukaufen. Unter den Gesichtspunkten der Deckungsbeitragsrechnung spielt dabei auch der Beschäftigungsgrad im eigenen Betrieb eine Rolle.

BEISPIEL ▶ Die Maschinenfabrik benötigt eine Vorrichtung für die Herstellung einer Serie bestimmter Geräte. Da die Werkstätten nicht voll ausgelastet sind – einige Facharbeiter sind bei vollem Lohn unterbeschäftigt – wird die Frage gestellt, ob die Vorrichtung wie bisher üblich bei einem auswärtigen Lieferer in Auftrag gegeben werden oder dieses Mal im eigenen Betrieb hergestellt werden soll (Make or Buy).

Der **Einkaufsabteilung** liegt das folgende Angebot vor: Listenpreis 20.000 €, 10 % Rabatt vom Listenpreis, 1.100 € für Transport und Versicherung.

Die Abteilung Kostenrechnung kalkuliert auf Vollkostenbasis bei gegenwärtiger Auslastung der Werkstätten:

TAB. 109: Ermittlung der Selbstkosten bei Eigenfertigung

Kostenträgerzeitrechnung zu Vollkosten			
	%	€	davon fix €
Fertigungsmaterial		100.000	
Materialgemeinkosten	20	20.000	12.000 (= 60 %
Fertigungslöhne		100.000	
Fertigungsgemeinkosten	500	500.000	300.000 (= 60 %)
Herstellkosten		720.000	
Verwaltungsgemeinkosten	10	72.000	50.000 (ca. 70 %)
Vertriebsgemeinkosten	20	144.000	125.000 (ca. 87 %)
Variable Kosten der Stückkalkulation (Grenzkosten)			
	variable Kosten €	Vollkosten €	Erläuterungen
Fertigungsmaterial	7.000	7.000	
Materialgemeinkosten	200	1.400	
Fertigungslöhne	0	3000	Kein zusätzlicher Anfall*)
Fertigungsgemeinkosten	6.000	15.000	200 % auf 3.000 €
Herstellkosten	13.200	26.140	
Verwaltungsgemeinkosten	755	2.640	3/10 von 10 % = 3 % auf 25.140
Vertriebsgemeinkosten	0	0	
Selbstkosten	13.955		

*) da die Facharbeiter nicht ausgelastet sind

TAB. 110: Vergleich Eigenfertigung oder Fremdbezug

Bezugskalkulation und Vergleich		
	Listenpreis	20.000 €
-	10 % Rabatt	2.000 €
	Zieleinkaufspreis	18.000 €
+	Anschaffungsnebenkosten	1.100 €
	Anschaffungskosten	19.100 €
-	Zusätzliche Kosten bei Eigenfertigung	13.955 €
	die Eigenfertigung ist günstiger	5.145 €

Da keine zusätzlichen Fixkosten anfallen, basieren die entscheidungsrelevanten Kosten auf den variablen Kosten (Grenzkosten) der Eigenfertigung. Die eigenen Kosten liegen mit 5.145 € unter den Kosten bei Fremdbezug. Die Vorrichtung sollte deshalb in Eigenfertigung erstellt werden und damit gleichzeitig zur Verbesserung der Beschäftigung beitragen.

4. Mehrstufige Deckungsbeitragsrechnung

4.1 Wesen und Aufgaben der mehrstufigen Deckungsbeitragsrechnung

384 Die bisherige Darstellung der Deckungsbeitragsrechnung, in der die fixen Kosten als ein geschlossener Block behandelt wurden, wird als **einstufige Deckungsbeitragsrechnung** bezeichnet. Ihr Vorteil liegt in der einfachen Behandlung der fixen Gemeinkosten, bei der keine Aufschlüsselung innerhalb der Kostenstellenrechnung erforderlich ist. Es fehlen jedoch – insbesondere bei Mehrproduktbetrieben – Informationen über die Zusammensetzung der fixen Kosten nach Ausgabewirksamkeit und Abbaufähigkeit.

385 Die **mehrstufige Deckungsbeitragsrechnung** unterteilt den Fixkostenblock in Teilblöcke oder Fixkostenschichten. Dabei werden allgemein unterschieden:

- **Unternehmens-Fixkosten**, die das Unternehmen insgesamt betreffen, wie Gehälter der kaufmännischen Leitung, der Mitarbeiter in der Personalabteilung, der Buchhaltung, der zentralen EDV, Beiträge zu Unternehmensverbänden usw. Sie können den nachfolgenden Stufen nicht zugerechnet werden.
- **Bereichs-Fixkosten**, die z. B. eindeutig einem der Funktionsbereiche Beschaffung, Fertigung, Verwaltung, Vertrieb zuzurechnen sind.
- **Kostenstellen-Fixkosten**, die in einer bestimmten Kostenstelle anfallen und nicht eindeutig einer Erzeugnisgruppe oder einem Erzeugnis zugeordnet werden können. Beispiel: Raumkosten einer Kostenstelle.
- **Erzeugnisgruppen-Fixkosten** [1)], die bestimmten Erzeugnisgruppen zugerechnet werden können, wie das Gehalt des Vertriebsleiters einer Erzeugnisgruppe, die fixen Kosten für einen Werksbereich, in dem nur eine Erzeugnisgruppe gefertigt wird, Forschungs- und Entwicklungskosten für eine Erzeugnisgruppe.
- **Erzeugnis-Fixkosten** [2)], wie Patente, Lizenzen, Anlagen und Werkzeuge, Vertriebskosten, die nur für bestimmte Erzeugnisse innerhalb einer Erzeugnisgruppe (einer Erzeugnisart) anfallen.

[1)] ein Unternehmen fertigt die Erzeugnisgruppen Kinderwagen, Fahrräder und Rollstühle

[2)] zur Erzeugnisgruppe Fahrräder gehören die Erzeugnisse Rennräder, Tourenräder und Falträder

Diese oder eine tiefere Aufteilung ermöglicht eine weitgehend **verursachungsgerechte Zurechnung** der Fixkosten. Allerdings sollte ein Unternehmen nicht um jeden Preis die Tiefe der oben gezeigten Gliederung nachvollziehen. Die Ungenauigkeit der Zuordnung der Fixkosten zu den einzelnen Stufen steigt mit der Tiefe der Gliederung überproportional an, so dass die Aussagekraft unter Umständen eher verschlechtert als verbessert wird.

386 Das folgende Beispiel zeigt, welche Fixkosten entfallen, wenn bestimmte Erzeugnisse oder Erzeugnisgruppen aus dem Programm genommen werden. Die mehrstufige Deckungsbeitragsrechnung ermöglicht eine genauere Ermittlung des Beitrags einzelner

Erzeugnisse oder Erzeugnisgruppen zum Gesamterfolg des Unternehmens. Voraussetzung ist eine entsprechend tief gegliederte Kostenarten- und Kostenstellenrechnung.

BEISPIEL

TAB. 111: Mehrstufige Deckungsbeitragsrechnung

		Erzeugnisgruppe I			Erzeugnisgruppe II			Erzeugnisgruppe III		
		A T€	B T€	C T€	D T€	E T€	F T€	G T€	H T€	I T€
	Umsatzerlöse	4.000	5.000	3.000	8.000	6.000	4.000	7.000	6.000	5.000
-	variable Kosten	2.100	3.000	1.000	4.500	3.200	2.300	5.000	4.500	3.800
=	Deckungsbeitrag I	1.900	2.000	2.000	3.500	2.800	1.700	2.000	1.500	1.200
-	Erzeugnis-Fixkosten	200	210	200	350	300	200	400	300	250
=	Deckungsbeitrag II	1.700	1.790	1.800	3.150	2.500	1.500	1.600	1.200	950
-	Erzeugnisgruppen-Fixkosten	2.090			4.000			1.050		
=	Deckungsbeitrag III	3.200			3.150			2.700		
-	Bereichs-Fixkosten	1.000			5.000					
=	Deckungsbeitrag IV	2.200			850					
-	Unternehmens-Fixkosten	1.050								
=	Erfolg	2.000								

Die Deckungsbeiträge II, III und IV sind von Bedeutung, wenn Produktionsentscheidungen zu treffen sind. Sie zeigen, in welchem Maße Fixkosten abgebaut werden können. Wenn z. B. die Produktion der Erzeugnisgruppe I ersatzlos aus dem Betrieb herausgenommen wird, entfallen die Fixkosten dieser Erzeugnisgruppe. Die Erzeugnisgruppen II und III müssen dann allein die gesamten Unternehmensfixkosten erwirtschaften.

4.2 Kostenartenrechnung

Wie bei der einstufigen Deckungsbeitragsrechnung sollte die Gliederung der Kosten- 387
arten so erfolgen, dass die Kostenarten möglichst eindeutig fixe oder eindeutig proportionale Kosten darstellen.

Zusätzlich ist eine Gliederung der Kostenarten nach ihrer Zurechenbarkeit und ihrer Ausgabenwirksamkeit hilfreich.

Die Gliederung nach **Zurechenbarkeit** zielt auf eine verursachungsgerechte Verrechnung. Sie berücksichtigt:

- die Zurechenbarkeit der Fixkosten zu Erzeugnissen bzw. Erzeugnisgruppen und
- die Stufe der Zurechnung, d. h. Fixkosten, die auf mehreren Stufen verursacht werden, sind der jeweils höheren Stufe zuzurechnen.

Die Gliederung nach der **Ausgabenwirksamkeit** hilft bei Entscheidungen über Preissenkungen zur Überbrückung von Liquiditätsengpässen (s. Rn. 379). Dazu erfolgt eine Aufteilung nach

- ausgabenwirksamen Fixkosten und
- nicht ausgabenwirksamen Fixkosten.

4.3 Kostenstellenrechnung

388 Im Kapitel zur Kostenstellenrechnung in der Vollkostenrechnung wurden als Hauptaufgaben der Kostenstellenrechnung

- die Kontrolle des Kostenanfalls und der Wirtschaftlichkeit sowie
- die anschließende Verrechnung der Gemeinkosten auf die Kostenträger genannt.

In der mehrstufigen Deckungsbeitragsrechnung kommt der Verrechnung der Fixkosten auf die Kostenträger eine besondere Bedeutung zu. Deshalb sollen die Fixkosten, die in der einstufigen Deckungsbeitragsrechnung als Fixkostenblock behandelt werden, möglichst weitgehend verursachungsgerecht entsprechenden Verrechnungsstufen zugerechnet werden (s. Rn. 385). Das setzt eine entsprechende Kostenstellengliederung in der Kostenstellenrechnung voraus.

4.4 Kostenträgerzeitrechnung

389 Die Kostenträgerzeitrechnung ist das Kernstück der mehrstufigen Deckungsbeitragsrechnung. Hier werden – wie im Beispiel unter Rn. 386 gezeigt wird – die Fixkosten stufenweise verrechnet. Die Rechnung kann retrograd oder progressiv erfolgen.

4.4.1 Retrograde Kostenträgerzeitrechnung

390 Das folgende Beispiel zeigt die retrograde Kostenträgerrechnung (Rückwärtsrechnung) in Anlehnung an *Mellerowicz*. Wie weit die hier dargestellte tiefe Gliederung in der Praxis übernommen wird, ist dem einzelnen Unternehmen überlassen.

TAB. 112:	Schema der retrograden Kostenträgerzeitrechnung
	Verkaufserlös
-	variable Fertigungskosten
=	Zwischenergebnis
-	variable Vertriebskosten
=	**Deckungsbeitrag I**
-	Erzeugnisfixkosten
	- ausgabenwirksame
	- nicht ausgabenwirksame
=	**Deckungsbeitrag II**
-	Erzeugnisgruppenfixkosten
	- ausgabenwirksame
	- nicht ausgabenwirksame
=	**Deckungsbeitrag III**
-	Kostenstellenfixkosten
	- ausgabenwirksame
	- nicht ausgabenwirksame
=	**Deckungsbeitrag IV**
-	Bereichsfixkosten
	- ausgabenwirksame
	- nicht ausgabenwirksame
=	**Deckungsbeitrag V**
-	Unternehmensfixkosten
	- ausgabenwirksame
	- nicht ausgabenwirksame
=	**Netto-Ergebnis (Gewinn)**

4.4.2 Progressive Kostenträgerzeitrechnung

Die progressive Kostenträgerzeitrechnung (Vorwärtsrechnung) zeigt die Fixkosten der 391
einzelnen Schichten in Prozent der einzelnen Deckungsbeiträge.

TAB. 113:	Schema der progressiven Kostenträgerzeitrechnung in der Deckungsbeitragsrechnung
	variable Kosten
+	Erzeugnisfixkosten
+	Gruppenfixkosten in % der Einzelkosten
+	Stellenfixkosten in % der Einzelkosten
+	Bereichsfixkosten in % der Einzelkosten
+	Unternehmensfixkosten in % der Einzelkosten
=	Kosten gesamt
+	Gewinn
=	Umsatzerlöse

4.5 Kostenträgerstückrechnung

392 Bei der Kostenträgerstückrechnung ist ebenfalls sowohl die retrograde als auch die progressive Kalkulation möglich.

4.5.1 Retrograde Kostenträgerstückrechnung

393 Gibt der Markt den Verkaufspreis vor, wird der Unternehmer das Auftragsergebnis (oder den Gewinn je Einheit) retrograd ermitteln. Die Zahl der Deckungsbeitragsstufen entspricht der in der Kostenträgerzeitrechnung des Unternehmens.

TAB. 114:	Retrograde Kostenträgerstückrechnung in der Deckungsbeitragsrechnung
	Schema der retrograden Kostenträgerstückrechnung
	Verkaufserlös
-	variable Kosten
=	**Deckungsbeitrag I**
-	Erzeugnisfixkosten (in % vom DB I)
=	**Deckungsbeitrag II**
-	Erzeugnisgruppenfixkosten (in % vom DB II)
=	**Deckungsbeitrag III**
-	Kostenstellenfixkosten (in % vom DB III)
=	**Deckungsbeitrag IV**
-	Bereichsfixkosten (in % vom DB IV)
=	**Deckungsbeitrag V**
-	Unternehmensfixkosten (in % vom DB V)
=	**Nettoergebnis (Gewinn)**

4.5.2 Progressive Kostenträgerstückrechnung

Wenn kein Marktpreis bekannt ist, muss der Unternehmer den Angebotspreis nach der progressiven Methode ermitteln: 394

TAB. 115: Schema der progressiven Kostenträgerstückrechnung in der Deckungsbeitragsrechnung

	Schema der progressiven Kostenträgerstückrechnung
	variable Kosten
+	Erzeugnisfixkosten
+	Gruppenfixkosten in % der Einzelkosten
+	Stellenfixkosten in % der Einzelkosten
+	Bereichsfixkosten in % der Einzelkosten
+	Unternehmensfixkosten in % der Einzelkosten
=	Kosten gesamt
+	Gewinn
=	Verkaufs- oder Angebotspreis

5. Deckungsbeitragsrechnung mit relativen Einzelkosten

5.1 Wesen der Deckungsbeitragsrechnung mit relativen Einzelkosten

Die Deckungsbeitragsrechnung mit relativen Einzelkosten schlüsselt die echten Gemeinkosten nicht auf und vermeidet eine Proportionalisierung der fixen Kosten. Grundlage dieser Deckungsbeitragsrechnung ist eine **Bezugsgrößenhierarchie** der Leistungen, die es ermöglicht, am Ende alle Kosten als Einzelkosten zu erfassen. Hinsichtlich der Bezugsgrößenhierarchie ist die DB-Rechnung mit relativen Einzelkosten eine Weiterentwicklung der mehrstufigen Deckungsbeitragsrechnung. 395

Wesentliche Merkmale dieser von *Riebel* entwickelten und von *Mellerowicz* aufgegriffenen Teilkostenrechnung sind:

- Die Unterscheidung in **Einzel- und Gemeinkosten** erfolgt nach der Zurechenbarkeit (Identitätsprinzip). Zu diesem Zweck werden Bezugsgrößen festgelegt.
- *Riebel* unterscheidet **beschäftigungsfixe** und **beschäftigungsvariable Kosten**. Daneben werden Kosteneinflussgrößen wie Leistung und Bereitschaft, zeitliche Bindungen der fixen Kosten, Kündigungstermine, Zahlungstermine und andere Einflüsse berücksichtigt.
- Für jede Bezugsgröße werden die relativen Einzelkosten und damit stufenweise sämtliche Kosten erfasst.
- Anders als die vorstehend beschriebenen Teilkostensysteme trennt die Deckungsbeitragsrechnung mit relativen Einzelkosten nicht in eine Kostenarten-, eine Kostenstellen- und eine Kostenträgerrechnung. Die Gesamtkosten werden in einer Grundrechnung zweckabhängig detailliert zugerechnet.
- Für die handels- und steuerrechtliche Bewertung zu Herstellungskosten ist die Rechnung nicht geeignet.

5.2 Bezugsgrößenhierarchie

396 ### 5.2.1 Einzelkosten

Für die Ermittlung von Deckungsbeiträgen für ein bestimmtes Erzeugnis können dessen Kosten und Erlöse nur dann eindeutig gegenübergestellt werden, wenn sie sich auf eine gemeinsame dispositive Basis beziehen lassen. Bei der Deckungsbeitragsrechnung mit relativen Einzelkosten, wird der Begriff „Einzelkosten" relativ für eine Bezugsgröße (Bezugsobjekt) verwendet. Einzelkosten betreffen dabei jeweils nur eine Bezugsgröße.

BEISPIEL ▸ Wartungskosten einer Maschine können nur dann als Einzelkosten erfasst werden, wenn die Maschine selbst eine Kostenstelle (oder Kostenplatz) ist. Gehört die Maschine zu einer Werkstatt, die als Kostenstelle geführt wird, dann ist die Werkstatt die Bezugsgröße. Die Wartungskosten sind dann Gemeinkosten. Auf der nächst höheren Ebene, der Werkstattebene, sind die Wartungskosten relative Einzelkosten.

5.2.2 Bezugsgrößenhierarchien

397 Das System der Deckungsbeitragsrechnung mit relativen Einzelkosten lässt verschiedene Bezugsgrößenhierarchien zu:

- **Produktionswirtschaftlich-institutionell**: Bezugsgrößen sind traditionell die Kostenstellen, Kostenstellengruppen, Kostenträger, Kostenträgergruppen und – bei diesem Kostenrechnungssystem – das Gesamtunternehmen als oberste Ebene in der Bezugsgrößenhierarchie.
- **Absatzwirtschaftlich-leistungsbezogen**: Statt der aus der Organisation eines Industriebetriebs abgeleiteten produktionswirtschaftlich-institutionell orientierten Bezugsgrößenhierarchie kann auch eine absatzwirtschaftlich-leistungsbezogene Hierarchie verwendet werden. Bezugsgrößen sind dann der Gesamtumsatz des Unternehmens, Umsatz der Kundengruppen, der einzelnen Kunden und als unterste Ebene der einzelne Auftrag.
- **Zeitabschnitte**: Bezugsgrößen sind dann Jahre, Monate und Tage.

5.2.3 Gemeinkosten

398 Gemeinkosten betreffen mehrere Bezugsgrößen gemeinsam. *Riebel* unterscheidet echte Gemeinkosten und unechte Gemeinkosten:

Echte Gemeinkosten entstehen für mehrere Bezugsgrößen. Sie werden bei der jeweils übergeordneten Bezugsgröße als Einzelkosten erfasst.

Unechte Gemeinkosten könnten zwar eindeutig einer bestimmten Bezugsgröße zugeordnet werden. Weil die Behandlung unter wirtschaftlichen Gesichtspunkten jedoch i. d. R. nicht sinnvoll ist, werden sie geschlüsselt für die nächsthöhere Bezugsgröße erfasst.

5.3 Beschäftigungsfixe und beschäftigungsvariable Kosten

Beschäftigungsfixe Kosten bleiben unabhängig von der Menge der in einer Periode hergestellten Einheiten konstant. Eine Veränderung tritt erst mit einer Veränderung der bereitgehaltenen Kapazität ein. 399

BEISPIELE ▸ a) **Regelmäßiger Anfall**: Einer Abrechnungsperiode eindeutig zurechenbare fixe Kosten wie Gehälter, Beiträge, Mieten, Anschlussgebühren.

b) **Unregelmäßiger Anfall**: Zeitabhängige fixe Kosten, die nur mehreren Abrechnungsperioden direkt zurechenbar sind wie Urlaubslöhne, Weihnachtsgeld, Instandhaltungsarbeiten.

c) **Einmaliger oder unregelmäßiger Anfall über lange Zeiträume**, wie Großreparaturen, Entwicklung neuer Produkte.

Beschäftigungsvariable Kosten verändern sich proportional zur Beschäftigung.

5.4 Ausgabenwirksame und nicht ausgabenwirksame Kosten

Ausgabenwirksam sind die Grundkosten. Nicht ausgabenwirksam sind die Zusatzkosten (s. Rn. 78). 400

ABB. 19: Gliederung der Bezugsgrößenhierarchie

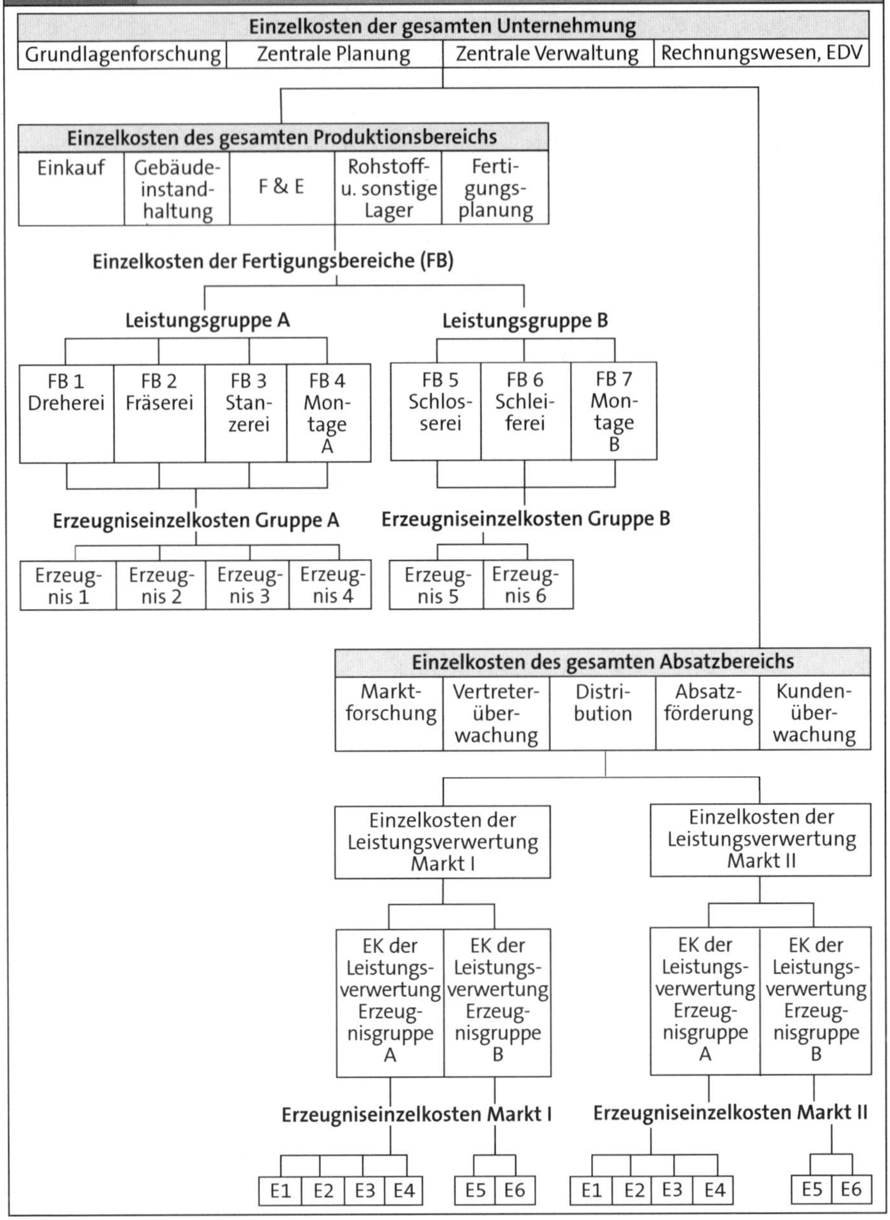

5.5 Grundrechnung

401 Die Grundrechnung ist ein erweiterter Betriebsabrechnungsbogen, in dem der Kostenanfall einer Abrechnungsperiode gesammelt und statistisch aufbereitet wird. Dazu

kombiniert die Grundrechnung Kostenarten-, Kostenstellen- und Kostenträgerrechnung in einer einzigen Rechnung mit der Besonderheit, dass auch der Gesamtbetrieb als Kostensammelstelle für alle Kostenbestandteile ausgewiesen wird, die einer anderen Bezugsgröße nicht zugeordnet werden können.

TAB. 116: Schema der Grundrechnung

Grundrechnung												
	Kostenartenrechnung T€		**Kostenstellenrechnung T€**						**Kostenträgerrechnung T€**			
		Σ	Hi	Mat	F1	F2	Vw	Vt	GU	E1	E2	E3
A	**Leistungskosten**											
I.	Absatzabhängige Kosten											
	wertabhängige Kosten											
	Vertreterprovisionen	56								30	12	14
	Zölle	14								7	3	4
	usw.											
	mengenabhängige Kosten											
	Verpackung	8						8				
	Verladekosten	3						3				
	usw.											
II.	Erzeugnisabhängige Kosten											
	mengenunabhängige Kosten											
	Betriebsstoffe	88	2	3	34	38				4	2	5
	usw.											
	mengenabhängige Kosten											
	Fertigungsmaterial	226	1							90	70	65
	Hilfsstoffe	21	1				2			9	6	5
	Überstunden-vergütung	13			3	4				4		
	usw.											

Grundrechnung												
B	**Bereitschaftskosten** *(unter Berücksichtigung der Kündigungsfristen)*											
I.	**Monats-Einzelkosten**											
	Fertigungslöhne	332	1		8	9				121	94	99
	Büromaterial	44	1	5	2	2	13	21				
	usw.											
II.	**Quartals-Einzelkosten**											
	Miete	70								70		
	Beiträge	10								10		
	Versicherungen	30								30		
	usw.											
III.	**Jahres-Einzelkosten**											
	Grundsteuer	12								12		
	Abgaben	18								18		
	usw.											
	Gesamtkosten Σ	945	6	8	47	53	15	32	0	405	187	192

Die Grundrechnung zeigt die Zusammenfassung von Kostenarten-, Kostenstellen- und Kostenträgerrechnung.

Kostenartenrechnung: Die Kostenarten wurden gegliedert nach Leistungskosten, unterteilt in absatzabhängige und erzeugnisabhängige, und nach Bereitschaftskosten entsprechend der Liquidität.

Kostenstellenrechnung: Unter den Kostenstellen wurden eine Hilfsstelle (Hi), eine Materialstelle (Mat), zwei Fertigungsstellen(F1 und F2), eine Verwaltungsstelle (Vw), eine Vertriebsstelle (Vt) und eine Kostenstelle Gesamt-Unternehmen (GU) eingerichtet.

Kostenträgerrechnung: In der Kostenträgerrechnung wurde je Erzeugnisgruppe eine Spalte eingerichtet für die Erzeugnisgruppen E1, E2 und E3.

5.6 Kostenträgerzeitrechnung

402 Auch im Rahmen der Deckungsbeitragsrechnung mit relativen Einzelkosten lässt sich eine Kostenträgerzeitrechnung (Fabrikateerfolgs- oder Betriebsergebnisrechnung) erstellen.

Während bei der einstufigen Deckungsbeitragsrechnung die Differenz zwischen Erlösen und variablen Kosten den Deckungsbetrag ergibt und bei der mehrstufigen Deckungsbeitragsrechnung die im Deckungsbeitrag enthaltenen Fixkosten auf mehrere Deckungsbeitragsstufen aufgeteilt werden, ist der Deckungsbeitrag in der DB-Rechnung mit relativen Einzelkosten die Differenz zwischen Erlösen und verschiedenen unterschiedlich definierten Kosten.

TAB. 117: Kostenträgerzeitrechnung in der Deckungsbeitragsrechnung mit relativen Einzelkosten 403

Produktbereiche	A			B	
Produktgruppen	I		II	III	
Produkte	**1**	**2**	**3**	**4**	**5**
Verkaufserlöse der Produkte	20.000	10.000	15.000	9.000	18.000
- Kurzfristig-variable Produkteinzelkosten	10.000	4.000	8.000	5.000	10.000
= Deckungsbeitrag der Produkte	10.000	6.000	7.000	4.000	8.000
- kurzfristig-variable Gruppeneinzelkosten	3.000		4.000	2.000	
= Deckungsbeitrag der Produktgruppen	13.000		3.000	10.000	
- kurzfristig-variable Bereichseinzelkosten	2.000			2.000	
= Deckungsbeitrag der Bereiche	14.000			8.000	
- Bereitschaftskosten der Unternehmung	20.000				
= **Periodenergebnis**	2.000				

Die hier dargestellte Kostenträgerzeitrechnung stellt nur eine Möglichkeit der Abrechnung dar. In der Praxis variiert der Aufbau je nach Zielsetzung und Zurechenbarkeit der verschiedenen Einzelkosten.

5.7 Kostenträgerstückrechnung

Wie schon die Kostenträgerzeitrechnung lässt sich auch die Kostenträgerstückrech- 404
nung im System der DB-Rechnung mit relativen Einzelkosten je nach Zielsetzung und Wirtschaftlichkeit der Erstellung unterschiedlich gestalten. Verbreitet ist die Gliederung nach absatzabhängigen und erzeugnisabhängigen Einzelkosten.

TAB. 118:	Kostenträgerstückrechnung in der Deckungsbeitragsrechnung mit relativen Einzelkosten	
	Kostenträgerstückrechnung	
	Erlös und Einzelkosten	**€**
	Verkaufserlös	300
-	**Absatzabhängige Kosten**	
	abhängig vom Umsatzwert	
	- Provision	9
	sonstige absatzabhängige Kosten	
	- Verpackung	10
	- Ausgangsfrachten	30
	- Transportversicherung	10
=	**Verkaufsüberschuss**	241
-	**Erzeugnisabhängige Kosten**	
	- Fertigungsmaterial	80
	- Hilfsstoffe	3
	- Betriebsstoffe	3
	- Überstundenvergütung	5
	- Sonstige	65
=	**Deckungsbeitrag**	85

6. Vergleich der Teilkostenrechnung mit der Vollkostenrechnung

405 Die **Vollkostenrechnung** verrechnet sämtliche Kosten unabhängig vom Beschäftigungsgrad auf die Produkte. Fragwürdige Schlüssel führen nicht immer zu einer verursachungsgerechten Zurechnung der Gemeinkosten. Die **Bezugsgrößen** sind mehr oder weniger **willkürlich.** Das in der Kostenträgerrechnung errechnete Ergebnis fällt abhängig von der Beschäftigung unterschiedlich aus. Die Vollkostenrechnung **erschwert die Planung des Ergebnisses** und verführt zum **„Verkauf von Kosten".** Langfristig müssen alle Kosten, auch die gesamten Fixkosten, von den Verkaufserlösen gedeckt werden. Kein Unternehmen kann auf die Vollkostenrechnung verzichten, da nur sie die notwendigen Grundlagen für die Kostenkontrolle liefert.

Die **Teilkostenrechnung** geht von einer anderen Beurteilung des **Kostenträgererfolgs** aus. Sie beurteilt den Beitrag der Kostenträger zum Erfolg der Abrechnungsperiode nicht auf der Grundlage der Selbstkosten, sondern bezieht nur die unmittelbar durch die Kostenträger verursachten **variablen Kosten** in die Beurteilung ein. Die Teilkostenrechnung ist unverzichtbar, wenn Preise oder Absatzmengen kurzfristig an die Verhältnisse am Absatzmarkt angepasst werden müssen oder wenn durch die Zusammensetzung des Sortiments das Ergebnis optimiert werden soll.

FRAGEN

(Die Antworten zu den Kontrollfragen 132 – 162 befinden sich auf Seite 282 ff.)

132. Fertigungslöhne sind von ihrer Verrechnung her variable Kosten. Würden Sie die Fertigungslöhne auch bezogen auf den Gesamtkostenanfall in einem Industriebetrieb als variabel bezeichnen?
133. Nehmen Sie Stellung zu der Aussage: „Einzelkosten sind grundsätzlich variable Kosten, Gemeinkosten sind meist fixe Kosten."
134. Welche der folgenden Kostenarten sind variable (proportionale) Kosten und welche sind fixe Kosten? Begründen Sie Ihre Antworten.
    a) Lohn des Pförtners
    b) Gehalt des Buchhalters
    c) Kalkulatorische Abschreibungen
    d) Gewerbeertragsteuer
    e) Sozialkosten
    f) Kosten für Energie
    g) Betriebsstoffkosten
    h) Fertigungsmaterial
    i) Instandhaltungskosten
    j) Sondereinzelkosten der Fertigung
    k) Entwicklungskosten
    l) Transportkosten
    m) Werbekosten
135. Warum können Wartungskosten und Telefonkosten den Mischkosten zugeordnet werden?
136. Erklären Sie, warum sich ein Betrieb mit nur einem geringen Anteil fixer Kosten an den Gesamtkosten leichter einer veränderten Beschäftigung anpassen kann als ein Betrieb mit hohem Fixkostenanteil.
137. Welcher Betrieb ist eher auf eine hohe Auslastung seiner Kapazität angewiesen: Ein Betrieb mit hohem Anteil der Fixkosten an den Gesamtkosten oder ein Betrieb mit niedrigem Fixkostenanteil? Begründen Sie Ihre Antwort.
138. Wie lässt sich erklären, dass in allen Industriebetrieben der Anteil der Fixkosten an den Gesamtkosten in den letzten Jahren immer mehr gestiegen ist?

139. Erklären Sie die folgenden Begriffe in je einem Satz:
   a) proportionale Kosten
   b) degressive Kosten
   c) progressive Kosten
   d) variable Kosten
   e) sprungfixe Kosten
   f) absolut fixe Kosten
   g) Mischkosten
140. Wie verhalten sich die fixen Kosten
   a) bezogen auf den Betrieb insgesamt (Gesamtkosten)?
   b) bezogen auf das Stück (Stückkosten)?
141. Sie sollen den Fixkostenanteil innerhalb einer Mischkostenart mit Hilfe des mathematischen Verfahrens (rechnerisches oder Differenzen-Quotienten-Verfahren bestimmen. Wie gehen Sie vor?
142. Beschreiben Sie in zwei Sätzen den Unterschied zwischen Vollkostenrechnung und Teilkostenrechnung.
143. Wie definieren Sie den Deckungsbeitrag?
144. Bei Verkauf eines Erzeugnisses liegen Verkaufserlös und variable Kosten vor. Wie ermitteln Sie den Deckungsbeitrag und das Auftragsergebnis?
145. Für den Monat Juli liegen Ihnen vor: die Summe der Verkaufserlöse, die Summe der variablen Kosten und die Summe der fixen Kosten. Wie ermitteln Sie das Ergebnis der Periode?
146. Erklären Sie die Begriffe „Vollkosten“ und „Teilkosten“.
147. Welche Kostenbestandteile eines Auftrags müssen voll und welche Kostenbestandteile müssen zumindest teilweise gedeckt werden, wenn ein Auftrag überhaupt angenommen werden soll?
148. Was deckt der Deckungsbeitrag?
149. Definieren Sie den Begriff „Fixkostenblock“.
150. Was verstehen Sie unter „Kapazität“ eines Betriebes und unter „Beschäftigungsgrad“?
151. Definieren Sie den Begriff „Gewinnschwelle“.
152. Sie sollen den Kostenartenplan eines Betriebes, der bisher nur nach dem System der Vollkostenrechnung abrechnet, so überarbeiten, dass die Verrechnung in einer zusätzlich einzuführenden Teilkostenrechnung möglichst vereinfacht wird. Welches zusätzliche Kriterium berücksichtigen Sie bei der Einteilung der Kostenarten?
153. Wie lautet die Formel zur Ermittlung der Gewinnschwellenmenge?
154. Wie lange kann ein Unternehmen zusätzliche Aufträge annehmen, ohne dass sich der Fixkostenblock verändert?

155. Welche Kosten werden bei der absoluten oder kurzfristigen Preisuntergrenze am Markt gedeckt und welche Kosten werden bei der langfristigen Preisuntergrenze am Markt gedeckt?
156. Was ist ein relativer Deckungsbeitrag?
157. Worin unterscheidet sich die mehrstufige Deckungsbeitragsrechnung von der einstufigen Deckungsbeitragsrechnung und warum erhöht sie die Genauigkeit der Kostenverrechnung?
158. Die Deckungsbeitragsrechnung soll Entscheidungen über Preissenkungen zur Überbrückung von Liquiditätsschwierigkeiten erleichtern. Nach welchem Gesichtspunkt sollten deshalb die fixen Kosten aufgeteilt werden?
159. Was ermöglicht die Bezugsgrößenhierarchie der Deckungsbeitragsrechnung mit relativen Einzelkosten?
160. Welche drei Stufen der Kostenrechnung kombiniert die Grundrechnung?
161. In welcher Spalte der Grundrechnung werden jene Kosten ausgewiesen, die weder einer Kostenstelle noch einer Erzeugnisgruppe zugerechnet werden können?
162. In welchen Situationen kann ein Unternehmen nicht auf eine Teilkostenrechnung verzichten?

VIII. Plankostenrechnung

1. Wesen der Plankostenrechnung

Eine wesentliche Aufgabe der Kosten- und Leistungsrechnung ist die Kontrolle von Unternehmensentscheidungen und der daraus resultierenden Kosten durch Kostenvergleiche. Die Istkostenrechnung vergleicht 406

- die Istkosten zweier Perioden und damit u.U. Schlendrian mit Schlendrian oder
- die Istkosten mit den Normalkosten, was auch keine Kontrolle von Entscheidungen und Zielvorgaben ermöglicht.

Die Plankostenrechnung vergleicht dagegen die Istkosten mit den Plankosten.

Plankosten werden auf analytischem Wege mit dem Ziel eines sparsamen Mitteleinsatzes und unter Berücksichtigung aller denkbaren Kosteneinflussgrößen ermittelt. Plankosten werden im Vorhinein festgelegt (geplant), **sind zielorientiert** (sparsamer Mitteleinsatz) und **haben Vorgabecharakter**. An der Ermittlung der Plankosten sind i. d. R. REFA-Ingenieure und Mitarbeiter der Konstruktion, der Arbeitsvorbereitung, des Einkaufs und der Kostenrechnung beteiligt. 407

Sind die Plankosten auf Leistungseinheiten bezogen spricht man von Standardkosten und entsprechend von einer **Standardkostenrechnung** anstelle von Plankostenrechnung. 408

Sollkosten werden die Kosten genannt, die nachkalkulatorisch auf Basis der Planpreise und Istmengen ermittelt werden. Die Sollkosten in der Plankostenrechnung dürfen nicht mit den auf Grund von Soll-Zuschlagssätzen in der Istkostenrechnung ermittelten Soll-Gemeinkosten verwechselt werden (s. Rn. 171). 409

Die Istkostenrechnung und die Normalkostenrechnung sind vergangenheitsorientiert. Die **Plankostenrechnung ist zukunftsorientiert**. Sie berücksichtigt in ihren Kostenvorgaben bereits Veränderungen der Beschäftigung, der Beschaffungspreise von Werkstoffen und der Tariflöhne und –gehälter sowie Veränderungen beim Verbrauch aufgrund von Konstruktionsänderungen und Änderungen der Fertigungsverfahren. Von den Kostenstellenverantwortlichen sind nur noch solche Kostenabweichungen zu verantworten, die aus dem Verbrauch von Werkstoffen, Arbeitsstunden und Maschinenzeiten resultieren. 410

Elemente der Plankostenrechnung sind: 411

- Bestimmung der Abrechnungsperiode (Monat, Quartal, Halbjahr, Geschäftsjahr)
- Festlegung von Planbeschäftigung und Planbezugsgrößen
- Bestimmung der Kostenarten je Kostenstelle
- Festlegung der Planpreise
- Ableitung der verrechneten Plankosten
- Ableitung der Sollkosten
- Ermittlung und Analyse der Abweichungen

2. Planbeschäftigung und Plankosten

412 Im Rahmen der Unternehmensplanung wird der voraussichtliche Kostenanfall künftiger Abrechnungsperioden geplant. Die Planung erfolgt in zwei Schritten:

- Planung der Beschäftigung
- Planung der Kosten

2.1 Planung des Beschäftigungsgrads und der Bezugsgrößen

413 Der Kostenanfall ist abhängig von der Auslastung oder dem Beschäftigungsgrad des Betriebs und der einzelnen Kostenstellen. Für die Messung des Beschäftigungsgrads werden Bezugsgrößen als Maßeinheit festgelegt. Das können Input-Größen wie Fertigungsstunden, Maschinenstunden oder der Rohstoffverbrauch sein oder die Produktionsmenge als Output-Größe, z. B. Fertigung von 10.000 Stück.

Einzelheiten zur Planbeschäftigung und zu den Planbezugsgrößen folgen unter Rn. 432 ff.

2.2 Planung der Kosten

414 Die Kostenplanung umfasst die Einzelkosten und die Gemeinkosten, die bei der geplanten Beschäftigung anfallen werden. Die Planung der Gemeinkosten kann nach Kostenstellen und Kostenarten in einem Plan-BAB erfolgen. Unter Berücksichtigung

- geplanter Veränderungen in der Fertigung und
- der künftigen Preisentwicklung bei den Kostenarten

werden die im Folgejahr erwartenden Kosten ermittelt. Dabei werden auch Zielvorgaben, z. B. zu Einsparungen, berücksichtigt. Die Kostenvorgaben müssen jedoch immer realistisch und erreichbar sein. Die Kostenstellenverantwortlichen müssen an den Planungsarbeiten beteiligt werden, wenn sie bei späteren Abweichungen zur Verantwortung gezogen werden sollen. Bei der Prüfung der Erreichbarkeit des geplanten Kostenanfalls wird auf die Erfahrungen aus der Beschäftigung und dem Kostenanfall des auslaufenden Geschäftsjahres zurückgegriffen. Das Ergebnis sind die Plankosten. Plankosten sind zukunftsorientiert und haben Vorgabecharakter.

Die Fertigungsstunden, Maschinenstunden und die verbrauchten Mengen an Roh-, Hilfs- und Betriebsstoffen müssen in der Planung und bei ihrer Entstehung (im Ist) mit Verrechnungspreisen bewertet werden, um zu Kostengrößen zu werden. Kostenabweichungen können nur dann ermittelt werden, wenn sowohl im Plan als auch im Ist dieselben Verrechnungspreise angewandt werden.

Die Verrechnungspreise werden auf der Grundlage der Preisentwicklung in der Vergangenheit und unter Berücksichtigung aller voraussehbaren Preisentwicklungen festgelegt. Sie gelten für die gesamte Planperiode.

„Plankosten sind nicht mehr Mittelwerte früherer Istwerte sondern nach wissenschaftlichen Normen im voraus gebildete Maßkosten mit dem Charakter absoluter Verbrauchs-

normen ..." (Mellerowicz, Planung und Plankostenrechnung, 3. Aufl., Freiburg 1979, Standardwerke der Kosten- und Leistungsrechnung)

2.2.1 Planung der Materialkosten

Basis für die Ermittlung der **Materialeinzelkosten** sind Stücklisten und Rezepte (Mischungsverhältnisse) oder sonstige Materialbedarfsaufstellungen sowie die Preisangaben der Einkaufsabteilung. I. d. R. wird die Konstruktionsabteilung in die Planung eingebunden. Die zu erwartenden Abfälle werden ebenso berücksichtigt. 415

Materialeinzelkosten als Plan oder Verrechnungspreise

= Menge x Verrechnungspreis

An der mengenmäßigen Planung des **Gemeinkostenmaterials** (Hilfs- und Betriebsstoffe) sind die Kostenstellenleiter beteiligt. In die Berechnung fließen Änderungen der Fertigungsverfahren und Einsparungsziele ein.

Die Planung der **Materialgemeinkosten** ist Aufgabe des Leiters der Beschaffung bzw. der Kostenstellenverantwortlichen für Einkauf und Lager.

2.2.2 Planung der Fertigungslöhne

Auch für die Planung der Personalkosten gilt grundsätzlich die Formal „Menge x Preis". 416

1. Arbeitszeit

Zunächst wird die betriebliche Arbeitszeit im Planungszeitraum ermittelt. Um spätere Abweichungen von den Planwerten kontrollieren zu können, sollte zunächst ein Planungskalender für die abzurechnende Planperiode erstellt werden, aus dem die Arbeitstage und die geplanten Stunden je Arbeitstag hervorgehen. Verkürzte Arbeitstage, z. B. vor Feiertagen, und Tage an denen zusätzliche Schichten oder weniger Schichten gefahren werden sollen, müssen aus dem Planungskalender hervorgehen.

2. Arbeitszeitstudien

Für jede Leistungseinheit in den einzelnen Kostenstellen der Fertigung werden nach vorausgegangenen Arbeitsablaufstudien die Arbeitszeiten im Wege von Arbeitszeitstudien ermittelt. Dazu messen REFA-Ingenieure entweder an verschiedenen identischen Arbeitsplätzen oder an einem Arbeitsplatz zu verschiedenen Zeiten die für einen bestimmten Arbeitsgang benötigte Zeit unter Berücksichtigung der Leistungsgrade. Aus der Vielzahl der Messungen wird eine Durchschnitts- oder Normalzeit errechnet. 417

BEISPIEL

Mitarbeiter	gemessene Istleistung	geschätzter Leistungsgrad
Lange	30 Stück/Std.	100 %
Recke	26 Stück/Std.	85 %
Wieland	35 Stück/Std.	120 %
Meyer	25 Stück/Std.	80 %
Mertens	31 Stück/Std.	105 %

Normalleistung	100 %	
beste Leistung	120 %	
schlechteste Leistung	80 %	

$$\text{Normalleistung Mitarbeiter} = \frac{\text{Istleistung x 100}}{\text{Leistungsgrad}}$$

$$\text{Normalleistung Wieland} = \frac{\text{35 Stück x 100}}{120} = \text{29,17 Stück/Std.}$$

$$\text{Normalleistung insgesamt} = \frac{\text{Summe der einzelnen Normalleistungen}}{\text{Anzahl Mitarbeiter}}$$

$$\text{Normalleistung gesamt} = \frac{30/100 + 26/85 + 35/120 + 25/80 + 31/105}{5} \text{ x } 100 = \text{30,106 Stück/Std.}$$

Normal- oder Vorgabezeit: 60 Minuten / Normalleistung

60 Minuten / 30,106 Stück = 1,99 Minuten /Stück

3. Lohn

418 In einem weiteren Schritt werden die unterschiedlichen Arbeiten entsprechenden Lohngruppen zugeordnet. Bei der Ermittlung der Lohnsätze für die einzelnen Lohngruppen werden im Planungszeitraum zu erwartende Änderungen der Lohntarife berücksichtigt.

MERKE

Lohnkosten als Plan- oder Verrechnungspreise	=	Lohnsatz je Zeiteinheit x Zeiteinheit
Lohnkosten als Plan- oder Verrechnungspreise	=	Lohnsatz je Stück x gefertigte Stückzahl

2.2.3 Planung der Maschinenkosten und der Werkzeugkosten

419 Zur Planung der **Maschinenkosten** s. unter IX. Rechnen mit Maschinenstundensätzen, Rn. 471 ff. **Werkzeugkosten** entstehen für neue Werkzeuge und für Werkzeugänderungen.

2.2.4 Planung der Gemeinkostenarten je Kostenstelle

420 An der Planung der Gemeinkosten der Fertigungskostenstellen sowie der Verwaltungs- und Vertriebskostenstellen sind die Kostenstellenleiter, der Einkauf und die Kostenrechnung beteiligt.

2.2.5 Planung der Sondereinzelkosten

Ausgangsbasis für die Planung der Sondereinzelkosten der Fertigung (SEKF) und der Sondereinzelkosten des Vertriebs (SEKV) ist der Anfall in der Vergangenheit. Die Vergangenheitswerte bei den SEKF werden an das geplante Fertigungsvolumen unter Berücksichtigung geplanter Änderungen der Fertigungsstruktur, die SEKV werden an das geplante Absatzvolumen unter Berücksichtigung zu erwartender Änderungen der Absatzstruktur angepasst. Bei der Planung der SEKF und der SEKV werden voraussehbare Veränderungen der Marktpreise berücksichtigt. 421

3. Arten der Plankostenrechnung

Die **Plankostenrechnung auf Vollkostenbasis** bezieht alle fixen und variablen Kosten in die Planung ein. Die **Plankostenrechnung auf Teilkosten- oder Grenzkostenbasis** berücksichtigt allein die variablen Kosten. Abhängig davon, ob der Beschäftigungsgrad für eine Abrechnungsperiode als fest oder als veränderlich eingestuft wird, liegt eine **starre** oder eine **flexible Plankostenrechnung** vor. 422

TAB. 119: Systeme der Plankostenrechnung

Plankostenrechnung		
Starre Plankostenrechnung	**Flexible Plankostenrechnung**	
ohne Trennung fixer und variabler Kosten	auf Vollkostenbasis	auf Grenzkostenbasis
	Kalkulation zu Vollkosten	Kalkulation zu Teilkosten

4. Starre Plankostenrechnung

4.1 Ablauf der starren Plankostenrechnung

Im äußerlichen Aufbau entspricht die starre Plankostenrechnung der Istkostenrechnung. Sie eignet sich besonders für die Serienfertigung. Die Kostenarten werden über Kostenstellen verrechnet. Für jede Kostenstelle werden pro Kostenart nur die Kosten für einen einzigen Beschäftigungsgrad, die Planausbringung oder Planleistung, ermittelt. Es wird eine gleichbleibende Beschäftigung über die gesamte Planperiode, nämlich das folgende Geschäftsjahr, unterstellt. 423

Die starre Plankostenrechnung kennt **keine Aufteilung in fixe und variable Kosten.** Deshalb können keine Sollkosten, d. h. auf die jeweilige Istbeschäftigung umgerechnete Plankosten ermittelt werden. Auch andere Faktoren, die sich neben dem Beschäftigungsgrad ebenfalls auf das Kostenverhalten auswirken, bleiben unberücksichtigt, z. B. Veränderungen bei den Produktionsverfahren und Seriengrößen.

Die Planung des Kostenanfalls erfolgt in sechs Schritten: 424

- Je Kostenstelle wird eine **Maß- oder Bezugsgröße (Planbezugsgröße)** für die Kostenverursachung festgelegt, z. B. Fertigungsstunden, Maschinenstunden.
- Je Kostenstelle wird die **Planbeschäftigung** errechnet und aufgrund der Planbeschäftigung die Planbezugsgrößenmenge festgelegt.
- Aufgrund der **Planbezugsgrößenmenge** werden die **Verbrauchsmengen** (Material, Fertigungszeiten) ermittelt.
- Die Plankosten je Kostenstelle ergeben sich aus der **Bewertung** der geplanten Verbrauchsmengen zu Planpreisen.
- Durch Division der Plankosten durch die Planausbringungsmenge erhält man den **Planverrechnungssatz je Kostenstelle**.
- Für die Produkte werden **Plankalkulationen** erstellt. Der Planverrechnungssatz multipliziert mit der Ausbringungsmenge ergibt die auf die Kostenträger verrechneten Plankosten. Im Rahmen einer Zuschlagskalkulation können – insbesondere für die Materialgemeinkosten sowie für die Verwaltungs- und Vertriebsgemeinkosten – auch Plangemeinkostenzuschläge auf die geplanten Einzelkosten verrechnet werden (s. Rn. 448).

4.1.1 Ermittlung des Planverrechnungssatzes je Kostenstelle

425 **BEISPIEL 1** Für eine Kostenstelle wird eine Planbeschäftigung von 10.000 Stück erwartet. Für die Kostenstelle wurden Kosten in Höhe von 100.000 € geplant. Der Plankostenverrechnungssatz beträgt dann:

$$\text{Plankostenverrechnungssatz} = \frac{\text{Plankosten}}{\text{Planbeschäftigung}} = \frac{100.000\,€}{10.000\text{ Stück}} = 10\,€/\text{Stück}$$

4.1.2 Ermittlung der Abweichung

426 Tatsächlich wurden in der Abrechnungsperiode 8.000 Stück bei einem Kostenanfall von 90.000 € gefertigt. In der Kostenträgerrechnung werden 8.000 Stück x 10 € = 80.000 € verrechnet. Das ergibt rechnerisch eine Unterdeckung von 90.000 - 80.000 = 10.000 €.

4.2 Kritik

427 Zunächst sollen die Vor- und Nachteile aufgezählt werden:

a) Vorteile

- Sind die unter Rn. 424 angeführten Schritte 1 bis 4 erst einmal erledigt, ist die laufende Abrechnung relativ einfach.
- Eine Kostenauflösung ist nicht erforderlich.
- Beschäftigungsschwankungen bleiben unberücksichtigt, was auf eine weitere Vereinfachung hinausläuft.

b) Nachteile

- Je Kostenstelle wird nur ein Beschäftigungsgrad festgelegt.

- Bei Abweichungen vom festgelegten Beschäftigungsgrad ist eine Kostenkontrolle nicht mehr möglich, weil die daraus zulässigen Abweichungen bei den Kostenarten nicht bekannt sind.

Die Darstellung der Vor- und Nachteile zeigt, dass die starre Plankostenrechnung nur bei geringen Beschäftigungsschwankungen sinnvoll einsetzbar ist.

5. Flexible Plankostenrechnung

Die flexible Plankostenrechnung gibt die Sollkosten, das sind die erwarteten Kosten für einen bestimmten Beschäftigungsgrad, vor. Auf diese Weise ist eine Anpassung der Kostenvorgabe an die jeweilige Beschäftigung möglich. Sowohl bei der flexiblen Plankostenrechnung auf Vollkostenbasis als auch bei jener auf Grenzkostenbasis ist eine Aufteilung des Anfalls nach Kostenarten in fixe und variable Kostenbestandteile je Kostenstelle erforderlich. 428

Plankosten = erwartetes Kostenvolumen im Rahmen der Planungsrechnung.

Sollkosten = auf die jeweilige Istbeschäftigung umgerechnete Plankosten unter Berücksichtigung der vollen fixen Plankosten und der anteiligen variablen Plankosten.

Istkosten = angefallene Kosten der zu festen Verrechnungspreisen bewerteten tatsächlichen Verbrauchsmengen und -zeiten.

Durch die Bewertung zu festen Verrechnungspreisen bei den Istkosten werden Preisschwankungen ausgeschaltet. Dadurch wird die Kontrolle des Kostenanfalls verbessert.

Die Sollkosten berücksichtigen allein die Beschäftigungsabweichung, nicht dagegen **Kostenbestimmungsfaktoren**, wie Preisabweichungen bei Material und Löhnen, Materialqualität, Materialausbeute, Seriengröße usw. 429

$$\text{Sollkosten} = \frac{\text{variable Plankosten x Istbeschäftigung}}{\text{Planbeschäftigung}} + \text{Fixkostenblock}$$

Wesentliche in der flexiblen Plankostenrechnung zu erledigende Arbeiten sind: 430

- Festlegung der **Bezugsgrößen**, wie Mengen, Fertigungsstunden, Maschinenstunden usw.
- Ermittlung des **Grads der Planbeschäftigung**.
- Festlegung der **Verbrauchsmengen und -zeiten** je Kostenart und Planbeschäftigung.
- Bewertung der geplanten Mengen und Zeiten mit **festen Verrechnungspreisen** unter Berücksichtigung der erwarteten Preissteigerungen (Indices für Preissteigerungen bei Rohstoffen und bei Löhnen aufgrund erwarteter Tarifverhandlungen).
- **Aufteilung der Gemeinkosten** in ihre fixen und variablen Bestandteile.

Das Ergebnis sind die **Kostenpläne** für die Kostenstellen- und für die Kostenträgerrechnung im Rahmen der Planungsrechnung.

5.1 Flexible Plankostenrechnung auf Vollkostenbasis

5.1.1 Vorgehensweise

431 Die flexible Plankostenrechnung auf Vollkostenbasis rechnet in der Kostenstellenrechnung mit anderen Kosten als in der Kostenträgerrechnung. In der **Kostenstellenrechnung** werden die Plankosten für Zwecke der Kostenkontrolle in ihre fixen und variablen Bestandteile aufgeteilt. Auf diese Weise können die Sollkosten für jeden beliebigen Beschäftigungsgrad ermittelt werden. In der **Kostenträgerrechnung** arbeitet man dagegen weiter mit verrechneten Plankosten, die sich durch Multiplikation des Plankalkulationssatzes auf Vollkostenbasis mit der jeweiligen Istbeschäftigung ergeben.

BEISPIEL 2 ► Fortführung zu Beispiel 1 (Rn. 425): Die fixen Kosten betragen 40.000 €, die variablen Kosten 60.000 €.

Bei einer Fertigung von 10.000 Stück betragen die variablen Kosten somit 60.000 €, bei einer Fertigung von 8.000 Stück betragen sie 48.000 €. Die Sollkosten belaufen sich dann auf 88.000 €.

variable Kosten	= 60.000 x 8.000 : 10.000	= 48.000 €
fixe Kosten	=	= 40.000 €
gesamte Kosten	=	= 88.000 €

5.1.2 Planung bei unterschiedlichen Beschäftigungsgraden

432 Bei einer Veränderung des Beschäftigungsgrads verändert sich die Kostenstruktur. Die variablen Kosten verändern sich i. d. R. proportional zum Beschäftigungsgrad, während die fixen Kosten unverändert bleiben.

Die Beschäftigung kann für jede **einzelne Kostenstelle** oder für den gesamten Betrieb geplant werden. Im letzteren Fall spricht man von der **Engpassplanung**, weil die Planung von der Kostenstelle ausgehen muss, die den betrieblichen Engpass bildet.

Bestehen zwischen den Kostenstellen eines Betriebs erhebliche Kapazitätsunterschiede, so führt die **Planung der Beschäftigung je Kostenstelle** zur Aufdeckung von Überkapazitäten. Die Istbeschäftigung wird durch die Kostenstelle mit dem geringsten Leistungsvermögen bestimmt. Die **Leerkosten,** das ist der Anteil der fixen Kosten für die nicht genutzte Kapazität, schlagen sich dann in den Beschäftigungsabweichungen (Plankosten zu Istkosten) nieder. Bei Anwendung der **Engpassplanung** werden weniger Kostenstellen durch hohe Beschäftigungsabweichungen auffallen. Überkapazitäten werden im Rahmen der Kostenrechnung nicht aufgedeckt.

433 Die **Planbezugsgröße** ist die Messeinheit für die Beschäftigung. Als Planbezugsgrößen bieten sich an

- Input-Größen, z. B. Fertigungsstunden, Maschinenstunden, Fertigungsmaterialeinsatz nach Stück, Gewicht, Quadratmetern, Litern;
- Output-Größen, z. B. Produktionsgröße in Stück, Gewicht, Litern, Metern.

Die **Veränderung des Beschäftigungsgrads** kann nach der Stufenmethode oder nach der Variatormethode berechnet werden.

a) Stufenmethode

Für unterschiedliche Beschäftigungsgrade werden entsprechende Budgets der zu verrechnenden Sollkosten erstellt. Dabei müssen die fixen und proportionalen Kostenbestandteile nicht zwingend getrennt ausgewiesen werden. Bei den Differenzen zwischen Istwerten und Sollwerten handelt es sich um Verbrauchsabweichungen. 434

BEISPIEL EINES KOSTENPLANS

TAB. 120: Planung der Sollwerte je Kostenstelle nach der Stufenmethode

Kostenplan Sollwerte für Kostenstelle Nr. 4711				
Stunden im Monat		2.200 Std.	2.400 Std.	2.600 Std.
Beschäftigungsgrad		70 %	80 %	90 %
KA Nr.	Bezeichnung der Kostenart	€	€	€
6020	Hilfsstoffkosten	2.200	2.400	2.600
6030	Betriebsstoffkosten	3.000	3.270	3.545
6221	Hilfslöhne	5.000	5.450	5.900
	usw.	...	...	...
	Summe	25.000	27.270	29.540

Bei der Aufstellung des Kostenplans wird von dem innerhalb der Planungsperiode möglichen Bereich der Beschäftigungsgrade ausgegangen. Gerechnet wird mit runden Prozentsätzen. Liegt die Istbeschäftigung bei 85 %, betragen die Sollkosten 27.270 € + 29.540 € / 2 = 28.405 €.

b) Variatormethode

Der Variator sagt aus, um wie viel Prozent sich die Sollkosten bei einer 10%igen Änderung des Beschäftigungsgrads verändern. Fixe Kosten haben einen Variator von 0. Bei proportionalen Kosten ist der Variator >0. Bei einem Variator von 10 liegen vollständig proportionale Kosten vor. Bei einem Variator von 9 sind 90 % der Kosten proportional und 10 % fix. 435

Die Variatormethode ist arbeitsaufwändiger als die Stufenmethode, da der Variator je Kostenart ermittelt werden muss, um dann die Sollkosten je Kostenart durch Mulitplikation mit dem individuellen Variator ermitteln zu können.

Deshalb wird für die Berechnung der Sollkosten eines bestimmten Beschäftigungsgrads ein EDV-Programm eingesetzt. Die Plankosten bei einem Normalbeschäftigungsgrad und der Variator je Kostenart innerhalb einer Kostenstelle werden vorgegeben. Daraus werden dann für den gegebenen Ist-Beschäftigungsgrad die Sollkosten errechnet.

BEISPIEL Plankosten einer Kostenart = 10.000 €, Variator = 3.

Die proportionalen Kosten betragen dann

$$K_p = \frac{3}{10} \times 10.000 = 3.000\,€$$

TAB. 121:	Planung der Sollwerte je Kostenstelle nach der Variatormethode				
Kostenplan für Kostenstelle Nr. 4711 Planbezugsgröße 2.600 Stunden					
KA Nr.	Bezeichnung der Kostenart	Plankosten €/Mon.	Variator	Variable Plankosten €/Mon.	Fixe Plan-kosten €/Mon.
6020	Hilfsstoffkosten	2.600	5	1.300	1.300
6030	Betriebsstoffkosten	3.545	10	3.545	0
6221	Hilfslöhne	5.900	3	1.770	4.130
	usw.	...	...	...	...

5.1.3 Abweichungsanalyse

436 Ziel der Plankostenrechnung ist die Kontrolle der Wirtschaftlichkeit. Deshalb werden insbesondere die Sollkosten mit den Istkosten verglichen. Die Abweichungen werden auf ihre Ursachen hin untersucht. Die Verantwortlichen lernen aus der Abweichungsanalyse und stellen die Weichen so, dass negative Abweichungen in Zukunft möglichst nicht wieder auftreten.

Dabei sind drei Arten der Abweichung zu unterscheiden:

TAB. 122:	Abweichungsarten bei der flexiblen Plankostenrechnung auf Vollkostenbasis	
	Abweichungen	
Beschäftigungsabweichung	**Verbrauchsabweichung**	**Gesamtabweichung**
BA = verr. K_P - K_S	VA = $K_S - K_i$	GA = BA + VA GA = verr. $K_P - K_i$

Die Differenz zwischen verrechneten Plankosten (K_P) und Sollkosten (K_S) ist eine **Beschäftigungsabweichung (BA).** Es handelt sich um eine kalkulatorische Abweichung, für die der **Kostenstellenleiter nicht verantwortlich** ist, da er keinen Einfluss auf die Beschäftigung hat. Eine positive BA führt zu einer Überdeckung der Fixkosten (K_f), eine negative BA führt zu einer Unterdeckung der Fixkosten.

BEISPIEL ▸ Bei einer Vollkostenkalkulation werden bei einem um 20 % verminderten Beschäftigungsgrad 8.000 Stück x 10 € = 80.000 € auf die Kostenträger verrechnet. Die nicht genutzte Kapazität führt zu **Leerkosten.** Bei der Differenz zwischen 88.000 € - 80.000 € = 8.000 € handelt es sich um **die Beschäftigungsabweichung**. Sie hat ihre Ursache darin, dass wegen der Unterbeschäftigung nicht alle Fixkosten auf die Kostenträger verteilt werden konnten. (siehe auch Beispiel 2 unter Rn. 431)

437 Die Differenz zwischen Sollkosten (K_S) und Istkosten (K_i) ergibt die **Verbrauchsabweichung** (VA). Die Verbrauchsabweichung wird auf ihre Ursachen hin analysiert. Übersteigen die Istkosten die Sollkosten, kann eine unwirtschaftliche Arbeitsweise die Ursache sein. Die Entwicklung bei den einzelnen Kostenarten ist zu prüfen. I. d. R. wird der **Kostenstellenleiter verantwortlich** sein, denn er kann den Verbrauch beeinflussen.

Die Summe aus Beschäftigungsabweichung und Verbrauchsabweichung ergibt die **Gesamtabweichung (GA)**. Sie entspricht der Differenz zwischen verrechneten Plankosten und Istkosten. Bei einer positiven GA sind die in der Kalkulation verrechneten Kosten (verr. K_P) höher als die tatsächlich angefallenen Kosten (K_i). Es liegt eine „Überdeckung" vor. Bei einer negativen GA sind die angefallenen Kosten (K_i) höher als die verrechneten Kosten (verr. K_P). Dies führt zu einer „Unterdeckung". 438

5.1.4 Zusammenhängendes Beispiel

Zunächst sollen auf der Basis vorgegebener Werte (1) die Plankostenverrechnungssätze für das Fertigungsmaterial und die Plankosten für die Fertigungskostenstelle *Schlosserei* ermittelt werden (2). Unter Verwendung der Plankostenverrechnungssätze wird die Plankalkulation für eine Einheit erstellt (3). Nach der Ermittlung der Sollkosten (4) werden die Beschäftigungsabweichung (5), die Verbrauchsabweichung (6) und die Gesamtabweichung (7) ermittelt. 439

1. Basis für die Ermittlung der Plankosten

Kosten der Schlosserei bei einer Ist-Beschäftigung von 1.440 Std./Monat bzw. 7.200 Einheiten/Monat:

TAB. 123: Kostenauflösung für eine Fertigungskostenstelle

Kostenstelle 4810 – Kostenauflösung bei einer Ist-Beschäftigung von 1.440 Std./Mon.			
Kostenart	Gesamtkosten	fixe Kosten	variable Kosten
Hilfsstoffkosten	3.000	0	3.000
Betriebsstoffkosten	2.000	500	1.500
Fertigungslöhne	26.000	0	26.000
Hilfslöhne	4.800	2.800	2 000
Gehälter	4.900	4.900	0
Soziale Abgaben	7.500	1.600	5.900
Sonstige Gemeinkosten	29.200	10.000	19.200
Summe	77.400	19.800	57.600

Die Arbeitszeit je Einheit in der Schlosserei beläuft sich auf 12 Min. Bei einer Fertigung von 7.200 Einheiten wurde für 18.000 € Fertigungsmaterial verbraucht.

2. Ermittlung der Plankostenverrechnungssätze

Planbeschäftigung: 1.600 Std./Monat bzw. 8.000 Einheiten/Monat 440

$$\text{Plankosten für Fertigungsmaterial} = \frac{18.000 \times 8.000}{7.200} = 20.000 \text{ oder } \frac{18.000 \times 1.600}{1.440} = 20.000\,€$$

$$\text{Plankosten für das Fertigungsmaterial je Einheit} = \frac{20.000\,€}{8.000 \text{ Einheiten}} = 2{,}50\,€ \text{ je Einheit}$$

Plankosten der Schlosserei

Fixe Plankosten 19.800 €

$$\text{variable Plankosten} \quad \frac{57.600 \text{ x } 1.600}{1.440 \text{ Std.}} = 64.000\,€ \text{ oder } \frac{57.600 \text{ x } 8.000}{7.200} = 64.000\,€$$

	fixe Plankosten der Schlosserei	=	19.800 €
+	variable Plankosten der Schlosserei	=	64.000 €
=	Summe Plankosten der Schlosserei	=	83.800 €

Plankostenverrechnungssatz der Schlosserei

$$\frac{83.800\,€}{1.600 \text{ Std.}} = 52{,}375\,€/\text{Stunde oder} = \frac{83.800\,€}{8.000 \text{ Einheiten}} = 10{,}475\,€/\text{Einheit}^{*)}$$

*) Wegen der großen Stückzahlen wird mit drei Stellen hinter dem Komma gerechnet.

In gleicher Weise wurden für die Dreherei ein Plankostenverrechnungssatz von 12,200 € und für die Montage ein Plankostenverrechnungssatz von 4,595 € errechnet.

3. Plankalkulation (Kosten je Einheit)

441 In der Plankalkulation sollen 10 % MGK auf das Fertigungsmaterial und 10 % VwGK sowie 20 % VwGK verrechnet werden.

TAB. 124:	Plankalkulation für eine gefertigte Einheit		
	Fertigungsmaterial	2,500 €	
+	10 % Gemeinkosten	0,250 €	
=	Planmaterialkosten		2,750 €
	Planfertigungskosten Schlosserei	10,475 €	
+	Planfertigungskosten Dreherei	12,200 €	
+	Planfertigungskosten Montage	4,575 €	
=	Planfertigungskosten		27,250 €
	Planherstellkosten		30,000 €
+	10 % Verwaltungsgemeinkosten		3,000 €
+	20 % Vertriebsgemeinkosten		6,000 €
=	Planselbstkosten		39,000 €

4. Ermittlung der Sollkosten

442 Im Abrechnungsmonat sind in der Schlosserei 7.600 Einheiten gefertigt worden.

$$\text{Sollkosten} = \frac{\text{variable Plankosten x Istbeschäftigung}}{\text{Planbeschäftigung}} + \text{Fixkostenblock}$$

$$\text{variable Kosten} = \frac{64.000\,€ \text{ x } 7.600 \text{ Einh.}}{8.000 \text{ Einheiten}} = 60.800\,€$$

Sollkosten = 60.800 € + 19.800 € = 80.600 €

5. Ermittlung der Beschäftigungsabweichung

$$\text{Istbeschäftigungsgrad} = \frac{\text{Istbeschäftigung x 100}}{\text{Planbeschäftigung}} = \frac{7.600 \text{ x } 100}{8.000} = 95\,\%$$ 443

	Verrechnete Plankosten bei Istbeschäftigung	= 7.600 Einh. x 10,475 € =	79.610 €
-	Sollkosten		80.600 €
=	negative (oder ungünstige) Beschäftigungsabweichung		- 990 €

In der Plankostenrechnung spricht man bei negativen Beschäftigungsabweichungen auch von **ungünstigen Beschäftigungsabweichungen**.

Probe:	95 % von 19.800 € Fixkosten	=	18.810 €
		-	19.800 €
		-	990 €

6. Ermittlung der Verbrauchsabweichung

Die Istkosten im Abrechnungsmonat wurden mit 82.000 € ermittelt. 444

	Sollkosten	80.600 €
-	Istkosten	82.000 €
	negative Verbrauchsabweichung	- 1.400 €

7. Ermittlung der Gesamtabweichung

Die Gesamtabweichung kann auf zwei Wegen ermittelt werden: 445

a) Addition der Abweichungen:

	Beschäftigungsabweichung	- 990 €
+	Verbrauchsabweichung	- 1.400 €
	negative Gesamtabweichung	- 2.390 €

b) Gegenüberstellung der Kosten:

	Verrechnete Plankosten	79.610 €
-	Istkosten	82.000 €
	negative Gesamtabweichung	- 2.390 €

Der Zusammenhang zwischen Sollkosten und Plankosten lässt sich aus der folgenden Grafik ablesen:

ABB. 20:	Kostenverhalten bei Unterschreitung und bei Überschreitung der Planbeschäftigung

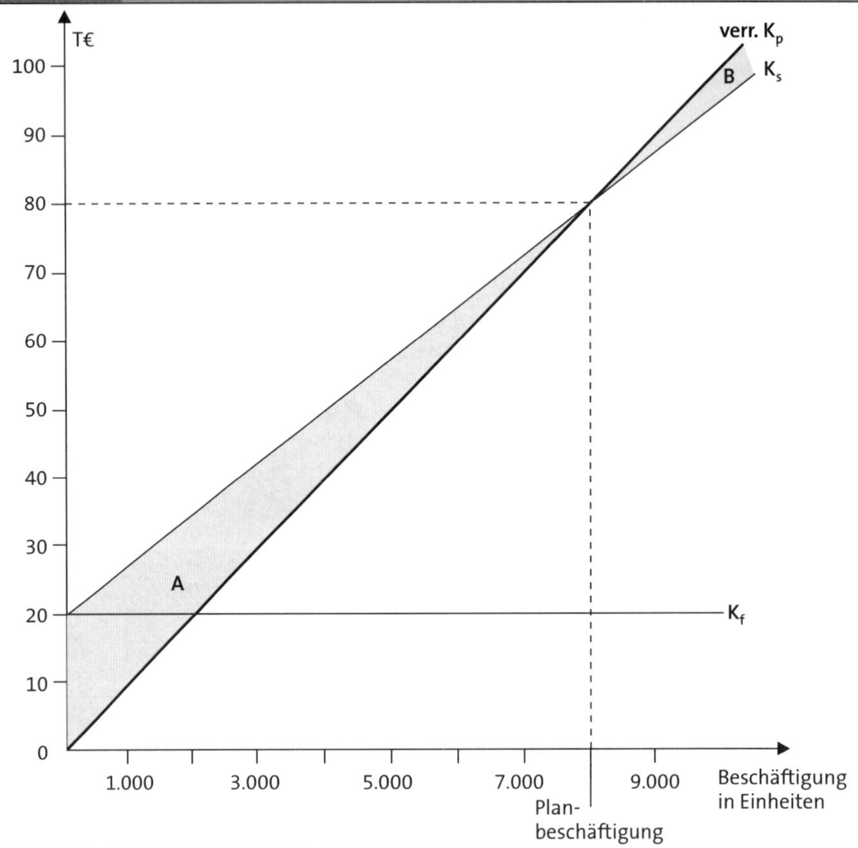

446 Bei einer **Unterschreitung der Planbeschäftigung** (Feld A im unteren Teil) liegen die verrechneten Plankosten unter den Sollkosten, weil nur ein Teil der fixen Kosten auf die Produkte verrechnet werden konnte. Der Abstand zwischen K_S und den verrechneten K_P zeigt den Teil der nicht gedeckten Fixkosten.

Bei einer **Überschreitung der Planbeschäftigung** (Feld B im oberen Teil der Grafik) werden die fixen Kosten entsprechend der Planbeschäftigung auf die Produkte verrechnet. Da aber mehr Produkte hergestellt wurden als geplant, werden Fixkosten über den tatsächlichen Anfall hinaus verrechnet. Der Abstand zwischen K_P und K_S weist die Überdeckung der fixen Kosten aus.

5.1.5 Kostenträgerzeitrechnung

447 Die Kostenträgerzeitrechnung entspricht bei der flexiblen Plankostenrechnung im Aufbau zunächst der Kostenträgerzeitrechnung im System der Vollkostenrechnung. Sie

wird ergänzt durch die Abweichungsrechnung. Der Aufbau ist in der Praxis je nach Erzeugnisart bzw. Produktionsprogramm unterschiedlich.

BEISPIEL ▸ Vereinfachte Kostenträgerzeitrechnung

TAB. 125: Kostenträgerzeitrechnung bei der flexiblen Plankostenrechnung auf Vollkostenbasis

(Vereinfachte) Kostenträgerzeitrechnung				Januar 2009
		gesamt	Erzeugnis A	Erzeugnis B
	Plankosten Fertigungsmaterial			
+	Plankosten MGK			
+	Plankosten Fertigungslöhne			
+	Plankosten FGK			
+	Sonstige Herstellkosten lt. Plan			
=	Summe Herstellkosten			
+	Planverwaltungskosten			
+	Planvertriebskosten			
=	Planselbstkosten			
+ / –	Preisabweichungen			
+ / –	Verbrauchsabweichungen			
+ / –	Beschäftigungsabweichungen			
=	Istkosten			

5.1.6 Kostenträgerstückrechnung

Das Kalkulationsschema der Kostenträgerstückrechnung entspricht grundsätzlich dem 448 der Kostenträgerzeitrechnung. Einige Betriebe rechnen allerdings die Abweichungen nicht den Kostenträgern zu. Die Summe der Abweichungen wird lediglich in das Betriebsergebnis gebucht.

TAB. 126:		Kostenträgerstückrechnung bei der flexiblen Plankostenrechnung auf Vollkostenbasis
(mögliches) Kalkulationsschema der Kostenträgerstückrechnung		
		Plankosten Fertigungsmaterial brutto
	+	Ausschuss
	+	Abfall (./. verwertbarer Abfall)
1	=	Plankosten Fertigungsmaterial netto
	+	Planmaterialgemeinkosten
2	=	Planmaterialkosten
	+	Planfertigungslöhne KSt. A
	+	Planfertigungsgemeinkosten KSt. A
	+	Planfertigungslöhne KSt. B
	+	Planfertigungsgemeinkosten KSt. B
3	=	Planfertigungskosten I
	+	Plansondereinzelkosten der Fertigung
4	=	Planfertigungskosten II
5	2+4 =	Planherstellkosten
6		Planverwaltungskosten
	+	Plankosten für Angebotsabgabe
	+	Plankosten für Auftragsbearbeitung
	+	Plankosten für Versand
	+	Plankosten für Fakturierung und Verfolgung Eingang des Rechnungsbetrages
	+	Zuschlag für restliche Planvertriebskosten
	+	Plansondereinzelkosten des Vertriebs
7	=	Summe Planverwaltungs- und Planvertriebskosten
8	5+7 =	Planselbstkosten

5.1.7 Kritik

449 **a) Vorteil**

Der große Vorteil der flexiblen Plankostenrechnung auf Vollkostenbasis besteht in der aussagefähigeren Kostenkontrolle gegenüber der starren Plankostenrechnung weil die Istbeschäftigung berücksichtigt wird.

b) Nachteile

Die Nachteile der flexiblen Plankostenrechnung auf Vollkostenbasis zeigen sich in der Kostenträgerrechnung, in der das Fixkostenproblem nicht gelöst ist. Dies kann zu Fehlentscheidungen führen, wenn

- die **Preisuntergrenze für Zusatzaufträge** ermittelt werden soll;
- das **gewinnmaximale Produktionsprogramm** festgelegt werden soll;
- eine Entscheidung über **make or buy** getroffen werden soll;
- **Engpässe** in der Maschinenbelegung optimal genutzt werden sollen.

5.2 Flexible Plankostenrechnung auf Teilkostenbasis – Grenzplankostenrechnung

5.2.1 Wesen der Grenzplankostenrechnung

Die flexible Plankostenrechnung auf Vollkostenbasis unterscheidet bei der Ermittlung 450
der Plankosten für unterschiedliche Beschäftigungsgrade bereits fixe und variable Gemeinkosten, weist dann aber doch wieder die Vollkosten aus. Die flexible Plankostenrechnung auf Grenzkosten- oder Teilkostenbasis (Grenzplankostenrechnung) arbeitet dagegen nur noch mit den variablen Kosten, weil nur diese verursachungsgerecht den Kostenträgern zugerechnet werden können. Die Fixkosten werden nicht direkt den Kostenträgern zugerechnet, sondern als Bereitschaftskosten gesehen und deshalb als Kostenblock dem Betriebsergebnis der Abrechnungsperiode belastet.

Während sich in der **Kostenstellenrechnung** der Grenzplankostenrechnung der gleiche Verlauf der Sollkosten (= verrechnete Grenzplankosten) ergibt wie in der flexiblen Plankostenrechnung auf Vollkostenbasis, wird in der **Kostenträgerrechnung** mit Planverrechnungssätzen gearbeitet, die nur die variablen Plankosten je gefertigte Einheit enthalten. Die Sollkosten sind die Summe aus verrechneten Grenzplankosten plus Fixkostenblock.

Der Verrechnungssatz für die proportionalen Plankosten ergibt sich aus der Beziehung der proportionalen Plankosten zur Planbeschäftigung:

$$\text{proportionaler Plankostenverrechnungssatz} = \frac{\text{Proportionale Plankosten}}{\text{Planbeschäftigung}}$$

5.2.2 Ermittlung der Verbrauchsabweichung

Die Grenzplankostenrechnung rechnet nur mit den proportionalen Kosten. Deshalb 451
entfällt die Ermittlung einer Beschäftigungsabweichung. Wie bei der flexiblen Plankostenrechnung auf Vollkostenbasis wird jedoch die Verbrauchsabweichung ermittelt. Sie gibt Auskunft über die wirtschaftliche Nutzung der Produktionsfaktoren.

BEISPIEL Die variablen Plankosten sollen bei einer Planbeschäftigung von 10.000 Stück 452
60.000 € betragen. Dann betragen die Grenzplankosten je Stück 6 €. Bei einer Fertigung von 8.000 Stück werden 8.000 x 6 € = 48.000 € verrechnete Grenzplankosten kalkuliert. Wenn tat-

sächlich 50.000 € variable Kosten angefallen sind, liegt eine **Verbrauchsabweichung** von 2.000 € vor.

5.2.3 Kritik

453 **a) Vorteile**

Der große Vorteil der flexiblen Plankostenrechnung auf Grenzkostenbasis liegt in der verursachungsgerechten Verrechnung auf die Kostenträger.

Die flexible Plankostenrechnung auf Grenzkostenbasis

- belastet die Kostenträger nur mit den variablen Kosten,
- belastet den Fixkostenblock „en bloc“ dem Betriebsergebnis.

Sie unterstützt in besonderer Weise

- die Ermittlung kurzfristiger Preisuntergrenzen,
- die Steuerung des Verkaufsprogramms bei betrieblichen Engpässen.

b) Nachteile

Die Grenzplankostenrechnung ist nicht geeignet für die steuerliche Bewertung von unfertigen und fertigen Erzeugnissen sowie der selbsterstellten Anlagen und anderer aktivierter Eigenleistungen. Für die Ermittlung der zu aktivierenden Herstellungskosten müssen zusätzliche Berechnungen durchgeführt werden.

454 Die Tatsache, dass die Produkte nur mit variablen Kosten belastet werden und somit die Verrechnung der fixen Kosten unterbleibt, könnte als Nachteil ausgelegt werden, denn schließlich müssen sämtliche Kosten auf die Kostenträger verrechnet werden, damit sie über die Preise vom Absatzmarkt in den Betrieb zurückfließen. Der vermeintliche Nachteil wird dadurch ausgeglichen, dass die Summe der Deckungsbeiträge aller Produkte maximiert wird. Es kommt zuerst auf das Gesamtergebnis an und nicht so sehr auf das Ergebnis einzelner Produkte.

FRAGEN

(Die Antworten zu den Kontrollfragen 163 – 185 befinden sich auf Seite 287 ff.)

163. Worin unterscheiden sich Plankosten von den Istkosten?
164. In welcher Beziehung stehen Standardkosten zu den Plankosten und die Standardkostenrechnung zur Plankostenrechnung?
165. Was versteht man in der Plankostenrechnung unter „Sollkosten“?
166. Warum ist die Plankostenrechnung zukunftsorientiert?
167. Welche Bedeutung hat die Bezugsgröße in der Plankostenrechnung?
168. Warum müssen die Kostenstellenverantwortlichen an der Kostenplanung beteiligt werden?

169. Warum müssen im Plan und im Ist dieselben Verrechnungspreise verwendet werden?
170. Worin unterscheidet sich die starre Plankostenrechnung von der flexiblen Plankostenrechnung auf Vollkostenbasis und der flexiblen Plankostenrechnung auf Teilkostenbasis?
171. Was sagt die Planbezugsgrößenmenge aus und wozu wird sie benötigt?
172. Welche Aufgabe hat der Planverrechnungssatz in der starren Plankostenrechnung?
173. Worin liegt der entscheidende Unterschied zwischen der starren Plankostenrechnung und der flexiblen Plankostenrechnung?
174. Warum werden die Istkosten zu festen Verrechnungspreisen bewertet?
175. Welche Abweichung berücksichtigen die Sollkosten der Grenzplankostenrechnung und welche berücksichtigen sie nicht?
176. Erklären Sie den Begriff „Engpassplanung".
177. Wie können im Rahmen der flexiblen Plankostenrechnung auf Vollkostenbasis Überkapazitäten offengelegt werden? Was versteht man unter Überkapazitäten, wie kommen sie zustande? Warum müssen Überkapazitäten vermieden werden?
178. Worin unterscheiden sich bei der Planung der Sollkosten die Stufenmethode und die Variatormethode?
179. Welche Abweichungen werden im Rahmen der flexiblen Plankostenrechnung auf Vollkostenbasis ermittelt? Aus welchen Posten werden sie jeweils als Differenz ermittelt?
180. Nennen Sie die Vorteile und die Nachteile der starren Plankostenrechnung.
181. Nennen Sie die Vorteile und die Nachteile der flexiblen Plankostenrechnung auf Vollkostenbasis.
182. Welches ist der wesentliche Unterschied zwischen der flexiblen Plankostenrechnung auf Vollkostenbasis und der Grenzplankostenrechnung?
183. Wie errechnen Sie bei der Grenzplankostenrechnung den proportionalen Plankostenverrechnungssatz?
184. Welche Entscheidungshilfen liefert die Grenzplankostenrechnung für den Vertrieb?
185. Wozu ist die flexible Plankostenrechnung auf Grenzkostenbasis nicht geeignet?

IX. Rechnen mit Maschinenstundensätzen

1. Notwendigkeit der Maschinenstundensatzrechung

Mechanisierung und Automatisierung der Fertigung haben dazu geführt, dass immer mehr Maschinen die Arbeit von Menschen übernommen haben. Dadurch sind die Fertigungsgemeinkosten, insbesondere im Bereich der Energiekosten, der Abschreibungen, Reparatur- und Wartungsarbeiten und der kalkulatorischen Zinsen, ständig gestiegen, während die klassische Bezugsbasis der Zuschlagskalkulation, die Fertigungslöhne, abgenommen hat. Die Verschiebung zwischen Fertigungsgemeinkosten und Fertigungslöhnen führt bei automatisierter Fertigung zu Zuschlagssätzen von weit über 1.000 % (= Promille). Die Fertigungslöhne als Zuschlagsgrundlage sind – wie die Zuschlagssätze – nicht mehr geeignet für die Verrechnung der Gemeinkosten, denn die Fertigungsgemeinkosten sind nicht mehr abhängig von den Fertigungslöhnen, sondern von den Maschinenlaufzeiten. 471

Der Verein Deutscher Maschinen- und Anlagenbau e.V. (VDMA) hat eine **Maschinenstundensatzrechnung** (MSR) entwickelt, die dieser Entwicklung Rechnung trägt. 472

Die MSR berücksichtigt, dass

- die unterschiedlichen Produkte eines Betriebs zum Teil auf Maschinen mit hohen Kosten und zum Teil auf Maschinen mit geringen Kosten hergestellt werden;
- auf einer Maschine verschiedene Produkte gefertigt werden, die unterschiedliche Maschinenlaufzeiten in Anspruch nehmen.

Prinzip: Die Gemeinkosten einer Fertigungskostenstelle werden aufgeteilt in **unmittelbar maschinenabhängige Kosten** und in **maschinenunabhängige Fertigungsgemeinkosten**, die **Restfertigungsgemeinkosten**. Die maschinenabhängigen Gemeinkosten werden über den Maschinenstundensatz auf die Kostenträger verrechnet. Die Restgemeinkosten werden den Kostenträgern als Zuschlag auf die Fertigungslöhne belastet. Die **Fertigungskosten** setzen sich nunmehr aus den Fertigungslöhnen, den unmittelbar maschinenabhängigen Kosten und den Restfertigungsgemeinkosten zusammen. 473

Bei der Maschinenstundensatzrechnung werden die unmittelbar maschinenabhängigen Kosten entsprechend der Inanspruchnahme der Maschinen auf die Produkte verrechnet. Die Inanspruchnahme wird nach der Laufzeit der Maschine für das jeweilige Produkt bemessen.

Die Rechnung mit Maschinenstundensätzen kann Teil der Istkosten- oder Normalkostenrechnung, der Teilkostenrechnung oder der Plankostenrechnung sein.

2. Planung der Maschinenlaufzeit

Zur Ermittlung des Maschinenstundensatzes müssen die maschinenabhängigen Kosten und die Laufzeit der Maschine bekannt sein. Basis für die Ermittlung der Laufzeit ist die **erreichbare Nutzungszeit** der Maschine. Diese wird bestimmt durch die verfügbare Kalenderzeit, die betriebsübliche Arbeitszeit und die voraussichtlichen Ausfallzeiten. Bei 474

Mehrschichtbetrieb verdoppeln oder verdreifachen sich die Arbeitszeiten entsprechend.

Der VDMA empfiehlt das folgende Schema zur Planung der Maschinenlaufzeit:

BEISPIEL **Ermittlung der Maschinenlaufzeit bei einschichtiger Auslastung**

52 Wochen zu 38 Arbeitsstunden			1.976 Std.
abzüglich:			
	durchschnittlicher Ausfall wegen Krankheit von Mitarbeitern	58 Std.	
	10 Feiertage zu 7,6 Arbeitsstunden	76 Std.	
	durchschnittliche Ausfallzeit wegen Urlaub	152 Std.	
	1 Std./Woche Pflege der Maschine	52 Std.	
	Ausfall durch Störungen, wie Stromausfall, Reparaturen, Anlernzeiten	78 Std.	416 Std.
	Maschinenlaufzeit jährlich		1.560 Std.
	durchschnittliche Maschinenlaufzeit monatlich (1560 : 12 =)		130 Std.

3. Aufteilung der Fertigungsgemeinkosten

475 Die Fertigungshauptstelle wird aufgeteilt in einen oder mehrere Maschinenplätze und die Restfertigungsstelle. Die maschinenabhängigen Gemeinkosten werden den Maschinenplätzen belastet. Innerhalb des Maschinenplatzes erfolgt eine Aufteilung in fixe und variable Gemeinkosten.

BEISPIEL **Aufteilung der monatlichen Gemeinkosten Fertigungskostenstelle Dreherei bei 130 Std./Monat**

TAB. 127: Aufteilung der Gemeinkosten in maschinenabhängige Kosten und Restgemeinkosten

Kostenart	gesamt €	maschinenabhängige Kosten €	davon fix €	davon variabel €	Restgemeinkosten €
Hilfsstoffkosten	400				400
Betriebsstoffkosten	436	336		336	100
Werkzeugkosten	500	500	31	469	
Energiekosten	800	750	50	700	50
Instandhaltungskosten	1.200	1.150	50	1.100	50
Gehälter	4.000				4.000
Hilfslöhne	3.000				3.000
Sozialkosten	2.900				2.900
Kalk. Abschreibungen	10.800	9.000	9.000		1.800
Kalk. Zinsen	4.000	2.950	2.950		1.050

Kalk. Miete Sonstige Gemeinkosten	1.200 100	400	400		800 100
Primärumlage	29.336	15.086	12.481	2.605	14.250
Betriebsrat Betriebsleitung Arbeitsvorbereitung	540 3.900 4.894	214	214		540 3.900 4.680
Gesamtumlage	38.670	15.300	12.695	2.605	23.370
Fertigungslöhne					11.150
Zuschlagssatz FGK					209,6 %

Die **kalkulatorischen Abschreibungen** werden **vom Wiederbeschaffungswert** errechnet (s. Rn. 93 ff). Bei der Ermittlung der **kalkulatorischen Zinsen** geht man **vom Anschaffungswert** aus, denn zu verzinsen ist das eingesetzte Kapital. Um eine gleichmäßige Verteilung der Zinsen auf die Gesamtlaufzeit der Maschine zu erreichen, werden die jährlichen kalkulatorischen Zinsen vom halben Anschaffungswert gerechnet. 476

4. Ermittlung des Maschinenstundensatzes

Bei Vollkostenrechnung wird der Maschinenstundensatz errechnet nach der Formel: 477

$$\text{Maschinenstundensatz} = \frac{\text{maschinenabhängige Kosten}}{\text{Laufzeit in Stunden}} = \frac{15.300}{130} = 117{,}69$$

Genauer wird der Maschinenstundensatz, wenn das Kostenverhalten berücksichtigt wird:

$$\text{variable Maschinenstunden/Std.} = \frac{2.605}{130} = 20{,}04\,€/\text{Std.}$$

Der Ist-Maschinenstundensatz beträgt bei 150 gefahrenen Maschinenstunden im Monat:

$$\text{fixe Kosten} = \frac{12.695\,€}{130\,\text{Std.}} = 97{,}65\,€$$ (fixe Kosten sind auf eine Einheit bezogen veränderlich)

$$\text{variable Kosten} = \frac{2.605\,€}{130\,\text{Std.}} = 20{,}04\,€$$ (variable Kosten sind auf eine Einheit bezogen unveränderlich)

Maschinenstundensatz = 117,69 €

5. Einfluss auf die Kostenstellenrechnung

Die Gemeinkosten einer Fertigungsstelle werden aufgeteilt in die maschinenabhängigen Gemeinkosten je Maschinenplatz und die Restgemeinkosten. Die Restgemeinkos- 478 ten sind lohnabhängige Fertigungsgemeinkosten. Sie werden unter Verwendung eines Zuschlagssatzes auf die Fertigungslöhne der Kostenstelle verrechnet.

Der „Mehrstufige Betriebsabrechnungsbogen mit Maschinenplatz“ (Drehautomatenplatz) auf der nächsten Seite zeigt die Eingliederung der Maschinenstundensatzrechnung in den BAB.

479

ABB. 21: Mehrstufiger Betriebsabrechnungsbogen mit Maschinenplatz

Kostenarten	Gesamt	Allgemeine Kostenstellen		Material-bereich	Fertigungshilfsstellen-bereich	
		Betriebs-rat	Fuhrpark		Betriebs-leitung	Arbeits-vor-bereitung
	€	€	€	€	€	€
Hilfsstoffkosten	2.400		200			
Betriebsstoffkosten	1.446		600	30		
Werkzeugkosten	700					
Energiekosten	1.850	30	30	120	30	40
Instandhaltungskost.	1.700		120	60		60
Gehälter	76.800	1.000	3.400	8.800	11.000	8.700
Hilfslöhne	23.400	2.000	3.000	6.300		
Sozialkosten	25.910	620	1.340	3.200	2.300	1.800
Kalk. Abschreibung	48.250	300	3.400	3.500	700	550
Kalkulat. Zinsen	9.170	150	600	620	200	200
Kalkulat. Miete	7.550	200	300	900	300	350
Sonstige Gemeink.	23.040	300	400	680	740	400
Summe Erstumlage	222.216	4.600	13.390	24.210	15.270	12.100
Umlage Betriebsrat	0	– 4.600	280	560	280	420
Umlage Fuhrpark	0		– 13.670			
Umlage Betriebsleit.	0				– 15.550	2.910
Umlage Arbeitsvorb.	0					– 15.430
Stellengemeinkosten	222.216	0	0	24.770	0	0
Zuschlagsbasis				240.800		
Ist-Zuschlagssätze				10,29		
Verr. Maschinenstd.						
Verr. Zuschlagssätze				10,0		
Verr. Gemeinkosten	214.576			24.080		
Über-/Unterdeckung	– 7.640			– 690		

Kostenarten	Fertigungshauptstellen					Verwal-tungs-bereich	Vertriebs-bereich
	Dreherei			Fräserei	Montage		
	Drehautomatenplatz		Rest-gemein-kosten				
	fixe Kosten	variable Kosten					
	€	€	€	€	€	€	€
Hilfsstoffkosten			400	900	800		100
Betriebsstoffkosten		336	100	200	180		
Werkzeugkosten	31	469		200			
Energiekosten		700	100	500	200	40	60
Instandhaltungskost.	50	1.100	50	200	30	30	
Gehälter			4.000	3.900		15.000	21.000
Hilfslöhne			3.000	3.000	3.100		3.000
Sozialkosten			2.900	3.100	2.500	3.130	5.020
Kalk. Abschreibung	9.000		1.800	7.000	3.000	9.000	10.000
Kalkulat. Zinsen	3.000		1.000	2.300	1 000	500	600
Kalkulat. Miete	400		800	900	700	1.000	1.700
Sonstige Gemeink.			100	100	300	10.500	9.520
Summe Erstumlage	12.481	2.605	14.250	22.300	10.810	39.200	51.000
Umlage Betriebsrat			540	700	560	560	700
Umlage Fuhrpark					3.010	3.280	7.380
Umlage Betriebsleit.			3.900	4.870	3.870		
Umlage Arbeitsvorb.	214		4.680	5.856	4.680		
Stellengemeinkosten	12.695	2.605	23.370	33.726	22.930	43.040	59.080
Zuschlagsbasis	1)	15.300	11.150	8.400	8.000	380.500	380.500
Ist-Zuschlagssätze	Std.-Satz	117,69 €	209,6	401,5	286,6	11,3	15,5
Verr. Maschinenstd.		130 Std.					
Verr. Zuschlagssätze	Std.-Satz	120,00 €	200,0	400,0	300,0	10,0	15,0
Verr. Gemeinkosten	2)	15.600	22.300	33.600	24.000	37.998	56.998
Über-/Unterdeckung	3)	300	– 1.070	– 126	1.070	– 5.042	–2.082

1) Fixe Kosten	12.695 €
Variable Kosten	2.605 €
Maschinenkosten	15.300 €

2) 130 Std. zu 120 € = 15.600 €
3) 15.600 – 15.300 = 300 €

Vergleichen Sie die verrechneten Gemeinkosten mit denen in Beispiel 1: Ermittlung der Herstellungskosten des Umsatzes

480

TAB. 128: Ermittlung der Herstellkosten des Umsatzes unter Berücksichtigung von Maschinenkosten

Ermittlung der Herstellkosten des Umsatzes
(s. Mehrstufiger BAB mit Maschinenplatz)

Kostengruppen	Istkosten		Sollkosten	
	%	€	%	€
Fertigungsmaterial		240.800		240.800
+ MGK	10,29	24.770	10,0	24.080
1. Materialkosten		265.570		264.880
Fertigungslöhne Dreherei		11.150		11.150
+ FGK Dreherei	209,6	23.370	200,0	22.300
+ Maschinenkosten Dreherei fix		12.695		
+ Maschinenkosten Dreherei variabel		2.605		
+ 130 Std. x 120,00 € verrechnete Maschinenkosten				15.600
+ Fertigungslöhne Fräserei		8.400		8.400
+ FGK Fräserei	401,5	33.726	400,0	33.600
+ Fertigungslöhne Montage		8.000		8.000
+ FGK Montage	286,6	22.930	300,0	24.000
2. Fertigungskosten		122.876		123.050
3. Herstellkosten der Fertigung (= 1. + 2.)		388.446		387.930
4. - Bestandsmehrung		- 7.946		- 7.946
5. Herstellkosten des Umsatzes (= 3. - 4.)		380.500		379.984

481 **BEISPIEL ▸ Auftragsabrechnung**

Für einen Kundenauftrag fallen in der Dreherei folgende Kosten an:

Verbrauch von Fertigungsmaterial	1.000 €
Fertigungslöhne Dreherei	300 €
Maschinenstunden Drehautomat	
7 Stunden zum Maschinenstundensatz	120 €
Fertigungslöhne Fräserei	500 €
Fertigungslöhne Montage	200 €

Verrechnete Gemeinkosten entsprechend den Verrechnungssätzen im „Mehrstufigen BAB mit Maschinenplatz" Dreherei und den Sollkosten-Sätzen in Tabelle 128.

Verkaufserlös	8.000 €

	Fertigungsmaterial	1.000 €
+	10 % MGK	100 €
	Fertigungslöhne Dreherei	300 €
+	200 % FGK Dreherei	600 €

+	7 Std. Drehautomat x 120,00 €	840 €
	Fertigungslöhne Fräserei	500 €
+	400 % FGK Fräserei	2.000 €
	Fertigungslöhne Montage	200 €
+	300 % FGK Montage	600 €
	Herstellkosten	6.140 €
+	10 % VwGK	614 €
+	15 % VtGK	921 €
	Selbstkosten	7.675 €
	Verkaufserlös	8.000 €
	Auftragsergebnis	325 €

FRAGEN

(Die Antworten zu den Kontrollfragen 186 – 189 befinden sich auf Seite 291)

186. Aus welchen drei Posten setzen sich die auf die Kostenträger zu verrechnenden Fertigungskosten in einem Betrieb mit MSR zusammen?
187. Welche Informationen müssen für die Ermittlung des Maschinenstundensatzes vorliegen?
188. Was versteht man unter einem Maschinenplatz? – Können Sie sich neben Maschinenplätzen sonstige Kostenplätze vorstellen?
189. Definieren Sie die Begriffe „maschinenabhängige Fertigungsgemeinkosten“ und „Restfertigungsgemeinkosten“.

X. Prozesskostenrechnung

1. Wesen der Prozesskostenrechnung

In fast allen Industriebetrieben wurde in den letzten 20 Jahren die magische Marke des 2/3-Anteils der Gemeinkosten an den Gesamtkosten wesentlich überschritten, weil durch Automatisierung der Fertigung und steigende Komplexität der Produkte der Einzelkostenanteil für Fertigungslöhne und Fertigungsmaterial an den Gesamtkosten stark rückläufig ist. Dadurch sind aus den Prozentsätzen für die Gemeinkostenverrechnung oft Promillesätze geworden. Auch ist der in der traditionellen Kostenrechnung vertretene ursächliche Zusammenhang zwischen Einzelkosten und darauf verrechneten Gemeinkosten oft nicht mehr gegeben. Die Prozesskostenrechnung (PrKR) versucht, dem Problem der Verrechnung stetig steigender Gemeinkostenanteile zu begegnen. Sie unterstellt dabei, dass ein großer Teil der Gemeinkosten nicht von der Menge der hergestellten bzw. verkauften Einheiten abhängt, sondern vom Umfang der Aktivitäten, insbesondere bei Absatz und Beschaffung, Produktionsplanung, Maschineneinrichtung und -umrüstung. 501

Die Prozesskostenrechnung ist ein Kalkulationsverfahren auf Vollkostenbasis. Sie verrechnet die wertmäßig bedeutenden Gemeinkosten nicht wie in den traditionellen Kalkulationssystemen allein mithilfe pauschaler Zuschlagssätze, sondern ordnet einen Teil der Leistungsprozesse, entsprechend der jeweiligen zeitlichen Inanspruchnahme, den Kostenträgern zu. Die zu diesen Leistungsprozessen gehörigen Gemeinkosten werden über Verrechnungssätze, die Prozesskostensätze, auf die Kostenträger verrechnet. Die PrKR ersetzt nicht die herkömmlichen Kalkulationsverfahren, sie ergänzt sie lediglich. 502

Ablaufmäßig liegt die Prozesskostenrechnung zwischen der Kostenstellenrechnung und der Kostenträgerrechnung. Organisatorisch kann sie gegliedert werden in die Arbeitsgebiete (1) Erfassung der Prozesskosten, (2) Ermittlung der Prozesskostensätze und (3) Verrechnung der Gemeinkosten auf die Kostenträger. 503

Die Prozesskostenrechnung wird auch als **Vorgangs- bzw. Funktionskostenrechnung, Activity Based Costing (ABC Method)** bzw. **Activity Based Accounting** oder **aktivitätsorientierte Kostenrechnung** bezeichnet. Sie darf nicht verwechselt werden mit dem Process Costing, bei dem es sich um die englische Bezeichnung für die Divisionskalkulation handelt. 504

2. Verursachungsgerechte Verrechnung der Gemeinkosten

2.1 Problem der Gemeinkostenverrechnung

Das folgende Beispiel zeigt das Problem der Gemeinkostenverrechnung anhand der Vertriebsgemeinkosten. 505

BEISPIEL Die Herstellkosten der Abrechnungsperiode belaufen sich auf 2.000.000 €, die Vertriebsgemeinkosten für den gleichen Zeitraum auf 400.000 €, d. h. 20 % auf die Herstellkosten. Die Herstellkosten je 1 Einheit des Produktes betragen 100 €.

TAB. 129: Verrechnete Gemeinkosten bei Anwendung des Kalkulationszuschlags

Verrechnete VtGK je Auftrag bei Anwendung des Kalkulationszuschlags		
	bei Verkauf von 1 Einheit	bei Verkauf von 100 Einheiten
Herstellkosten	100 €	10.000 €
20 % Vertriebsgemeinkosten	20 €	2.000 €

Es ist davon auszugehen, dass bei Verkauf von 100 Einheiten je Verkaufsvorgang (Verkaufsprozess) nicht die hundertfache Leistung der Vertriebsabteilung erbracht werden muss wie beim Verkauf von nur einer Einheit je Verkaufsvorgang. Der Fehler bei dieser Verrechnung ist bekannt, deshalb gewähren viele Unternehmen Mengenrabatte. Doch Mengenrabatte erleichtern nicht die Kontrolle des Kostenanfalls.

Unter Verweis auf die Mängel der Zuschlagskalkulation wird in der einstufigen Deckungsbeitragsrechnung auf die Verrechnung der fixen Gemeinkosten verzichtet. Damit wird aber auch gleichzeitig auf die Kontrolle der Verursachung von Vertriebsgemeinkosten verzichtet. Auch die mehrstufige Deckungsbeitragsrechnung verrechnet die Gemeinkosten kaum verursachungsgerechter auf die Aufträge als die Zuschlagskalkulation auf Vollkostenbasis.

2.2 Leistungsabhängige Verrechnung der Prozesskosten

506 Die Prozesskostenrechnung zählt die Aktivitäten (Teilprozesse und Prozesse) der Auftragsbearbeitung, bewertet diese und verrechnet sie mittels eines Prozesskostensatzes auf die Aufträge.

BEISPIEL Die Herstellkosten der Abrechnungsperiode belaufen sich auf 2.000.000 €, die Vertriebsgemeinkosten für den gleichen Zeitraum auf 400.000 €. Die Abteilung Vertrieb bearbeitet in derselben Periode 10.000 Abschlüsse.

$$\text{Prozesskostensatz für 1 Auftrag} = \frac{\text{Prozesskosten}}{\text{Prozessmenge}} = \frac{400.000\,€}{10.000} = 40\,€ \text{ je Auftrag}$$

TAB. 130: Verrechnete Gemeinkosten bei Anwendung des Prozesskostensatzes

Verrechnete VtGK je Auftrag bei Anwendung des Prozesskostensatzes		
	bei Verkauf von 1 Einheit	bei Verkauf von 100 Einheiten
Herstellkosten	100 €	10.000 €
Vertriebsgemeinkosten	40 €	40 €

2.3 Einsatzbereiche

Die Prozesskostenrechnung bezieht sich nicht auf unternehmerische Leistungsprozesse, sondern ausschließlich auf **Prozesse im indirekten Bereich**, auf reine Gemeinkostenprozesse (Supporting Activities). Sie wird nur auf repetitive Arbeitsvorgänge angewendet, die sich tatsächlich in immer wieder nahezu identischer Weise wiederholen. Das trifft insbesondere auf einfache Tätigkeiten wie Lagerarbeiten, Reinigungstätigkeiten und einfache Verwaltungstätigkeiten zu. Die PrKR eignet sich grundsätzlich für alle Gemeinkostenbereiche, in denen überwiegend fixe Gemeinkosten anfallen. Dazu gehören Einkauf, Lager, Qualitätsmanagement, Buchhaltung, Verkauf, Versandt u Ä. (sog. Support Overheads). Im Fertigungsbereich wird sie weitgehend durch die Maschinenstundensatzrechnung ersetzt. 507

2.4 Erfassung der Prozesskosten

Im vorhergehenden Kapitel zur Maschinenstundensatzrechnung wurden Fertigungskostenstellen um weitere Spalten, die Maschinenplätze, ergänzt (s. Rn. 478 f.). Für Zwecke der Prozesskostenrechnung werden insbesondere Kostenstellen, die nicht Fertigungskostenstellen sind, um Spalten für bestimmte Aktivitäten (Teilprozesse) ergänzt. Bei der Primärumlage (s. Rn. 158 ff.) werden dann die Kostenbestandteile einer Kostenart, die direkt bestimmten Aktivitäten zugeordnet werden können, den entsprechenden Spalten belastet. 508

Auf diese Weise wird ein großer Teil der Gemeinkosten über die Aktivitäten (Teilprozesse, TP) direkt den Kostenträgern zugerechnet. Es verbleiben nur noch Restgemeinkosten, die über Zuschlagssätze verrechnet werden müssen. Die Zuschlagssätze sinken.

TAB. 131: Aufteilung der Kostenstellenkosten auf Teilprozesse und Restgemeinkosten

<table>
<tr><th colspan="5">Kostenstelle 200 – Einkauf</th></tr>
<tr><td rowspan="2">Kostenartenbezeichnung</td><td colspan="3">Aktivitäten (Teilprozesse)</td><td rowspan="2">Restgemeinkosten</td></tr>
<tr><td>Angebote einholen</td><td>Vertragsverhandlungen</td><td>Bestellungen</td></tr>
<tr><td>Summe Gemeinkosten</td><td colspan="3">Zusammenfassung zu einem Hauptprozesskostensatz
(Es werden auch Teilprozesse aus verschiedenen Kostenstellen zu einem Hauptkostenprozess zusammengefasst.)</td><td>Ermittlung eines Zuschlagssatzes</td></tr>
<tr><td></td><td colspan="3">Verrechnung auf die Kostenträger</td><td>Verrechnung auf die Kostenträger</td></tr>
<tr><td colspan="5">Kostenträger/Aufträge</td></tr>
</table>

2.5 Begriffe der Prozesskostenrechnung

509 Vor Einführung der Prozesskostenrechnung sollten sich die beteiligten Mitarbeiter mit den dabei benutzten Begriffen vertraut machen. Wie für andere Arbeitsgebiete haben sich auch für die Prozesskostenrechnung Fachbegriffe herausgebildet, die die Kommunikation und das Erkennen von Strukturen erleichtern. Die Begriffe werden in der folgenden Tabelle erklärt.

TAB. 132:	Erklärungen zu den Begriffen der Prozesskostenrechnung
Begriff	**Definition**
1. Aktivitäten	
Aktivität, Tätigkeit, Arbeitsvorgang	... ist eine Tätigkeit in einer Kostenstelle, die zu einem Verzehr von Ressourcen (Produktionsfaktoren) führt. Es handelt sich um die kleinste in sich geschlossene und nicht mehr untergliederbare Handlungseinheit innerhalb des Arbeitsablaufs.
Homogene Aktivitäten	... sind Aktivitäten, die nach Struktur, Ablauf, Zeitbeanspruchung, Aufwand usw. ähnlich sind. Sie können zusammengefasst werden.
Leistungsmengenindizierte Aktivitäten	... verhalten sich in Abhängigkeit von dem von der Kostenstelle zu erbringenden Leistungsvolumen. Sie sind mengenvariabel. Für diese Tätigkeiten muss der Kosteneinflussfaktor (Cost Driver) feststehen.
Leistungsmengenneutrale Aktivitäten	... leistungsmengenneutrale Aktivitäten sind unabhängig vom Leistungsvermögen erforderlich. Es handelt sich i. d. R. um dispositive Tätigkeiten, z. B. Abteilungsleitung. Andere Bezeichnungen sind: lmn-Tätigkeiten und lmu-Tätigkeiten.
Non-value-added Activities	... führen nicht zu einem zusätzlichen Kundennutzen und können deshalb eingespart werden.
Value-added Activities	... sind Wert schöpfende oder Kundennutzen schaffende Aktivitäten, die nicht eingespart werden können.
Leistungsmengeninduzierte Prozesskosten (lmi)	... verhalten sich proportional zur Menge der in Anspruch genommenen Kostentreiber. Man spricht auch von bezugsgrößenabhängigen oder variablen Prozesskosten.
Leistungsmengenneutrale Prozesskosten (lmn)	... entstehen unabhängig von der Menge der in Anspruch genommenen Kostentreiber. Sie werden durch leistungsmengenneutrale (lmn) Aktivitäten verursacht und auch als bezugsgrößenunabhängige (lmu) oder fixe Prozesskosten bezeichnet.
Leistungsarten	... bezeichnen die unterschiedlichen Leistungen einer Kostenstelle. Sie sind an eine bestimmte Kostenstelle gebunden. Zur Erbringung dieser Leistungen werden die Prozesse ausgelöst.

Begriff	Definition
2. Prozesshierarchie	
Prozess	... ist eine auf die Erbringung einer bestimmten Leistung ausgerichtete Kette homogener Aktivitäten.
Teilprozess	... ist eine Aktivität bzw. ein Arbeitsgang in einer Kostenstelle, der mit einem quantifizierbaren Ergebnis abschließt und Ressourcen verbraucht. Teilprozesse stehen zueinander in Vorgänger-Nachfolger-Beziehungen und lassen sich einem oder mehreren Hauptprozessen zuordnen. Beispiele für Teilprozesse: (1) Stückliste erstellen in der Fertigungsplanung, (2) Material disponieren, (3) prüfen, ob das benötigte Material am Lager verfügbar ist, (4) Bestellung aufgeben im Einkauf.
Hauptprozess oder Geschäftsprozess	... entsteht durch Zusammenfassung von Teilprozessen, die denselben Kosteneinflussfaktor (Cost Driver) haben. Es handelt sich um abteilungs- oder kostenstellenübergreifende Größen bzw. funktionsübergreifende Abläufe innerhalb des Unternehmens. Sie sind verantwortlich für das Volumen an Gemeinkosten.
Prozessgruppe	... fasst verschiedene, voneinander unabhängige Prozesse zu einer Menge zusammen, z. B. verschiedene Bestellprozesse wie Bestellung Inland, Bestellung Ausland.
3. Kosteneinflussgrößen und Ressourcen	
Cost Driver, Kostentreiber, Kostenverursacher, Prozessgröße, Prozessmenge, Leistungsmenge	... sind die **Kosteneinflussfaktoren**, z. B. Materialanforderungen, Anzahl der Lieferpositionen, Anzahl Buchungen. Sie sind **Maßgrößen** für die Kostenverursachung. Mit der Anzahl der Buchungen im Kontokorrent steigen z. B. – leistungsabhängig – die Kosten. Sie sind die bestimmenden Faktoren für die einen Kostenträger zurechenbare Prozessmenge und dienen als (quantitative) **Bezugsgröße** gleichzeitig der Verrechnung der Gemeinkosten auf die Kostenträger.
Ressourcen	... sind die betriebswirtschaftlichen Produktionsfaktoren Arbeitsleistung (Human Resources), Betriebsmittel, Werkstoffe und Waren.
4. Verrechnungssätze	
Teilprozesskostensatz	... Für die leistungsmengeninduzierten Teilprozesse lassen sich Prozesskostensätze bilden: $$\text{Teilprozesskostensatz} = \frac{\text{Gesamtkosten des Teilprozesses}}{\text{Menge der Prozess-Bezugsgröße}}$$
Hauptprozesskostensatz	... ist die Zusammenfassung der zu einem kostenstellenübergreifenden Arbeitsablauf gehörenden Teilprozesskostensätze.
Umlagesatz (lmn)	... verrechnet die leistungsmengeneutralen Kosten als Zuschlag auf die leistungsmengeninduzierten (lmi) Kosten.

Begriff	Definition
Gesamtprozesskostensatz	… ergibt sich aus: Prozesskostensatz für lmi-Kosten + Umlagesatz für lmn-Kosten = Gesamtprozesskostensatz

3. Überlegungen vor Einführung der Prozesskostenrechnung

3.1 Definition der Ziele

510 Bevor wir losgehen, müssen wir das Ziel wissen. Die Ziele werden zu Beginn der Arbeiten niedergeschrieben und bei allen Einführungsarbeiten im Auge behalten. Alle Arbeiten im Rahmen der Einführung werden dokumentiert.

TAB. 133: Ziele bei Einführung der Prozesskostenrechnung
1. Transparenz des Gemeinkostenanfalls
Offenlegung der Ressourceninanspruchnahme durch die Prozesse
Offenlegung des Mengen- und Wertflusses
2. Steigerung der Effizienz
Transparenz der Abläufe in den Kostenstellen
Kontrolle der Kapazitätsauslastung
Kontinuierliche Kontrolle innerbetrieblicher Prozesse
Aufdecken von Schwachstellen in der Ablauforganisation
Schnittstellenmanagement durch prozessorientiertes Denken
Feststellen von Arbeitsschritten, die nicht dem Kundennutzen dienen
Erleichterung der Umorganisation mit dem Ziel der Kostensenkung
3. Verursachungsgerechte Verrechnung der Kosten
Verursachungsgerechte Belastung der Kostenträger
Offenlegung von Komplexitätskosten
Ermittlung der Kosten im Rahmen von Produkt- und Verfahrensänderungen
4. Lieferung entscheidungsrelevanter und strategischer Informationen
Gemeinkostenreduzierung durch Prozessoptimierung
Entscheidungshilfen bei Kapazitätsanpassungen
Unterstützung bei Make-or-Buy-Entscheidungen
Funktions- und bereichsübergreifende Betrachtungen betrieblicher Vorgänge
Identifikation nicht profitabler Produkte und / oder Kunden
Zusätzliche Informationen zur Verbesserung der Gemeinkostenplanung und -kontrolle

3.2 Festlegung des Umfangs der Prozesskostenrechnung

Bei der Festlegung des Umfangs steht die wirtschaftliche Vertretbarkeit im Mittelpunkt. Zahlt sich der zusätzliche Aufwand am Ende auch aus? Deshalb muss zunächst eine Antwort gefunden werden auf die Frage: 511

- Soll die PrKR als regelmäßiges Rechnungsinstrument etabliert werden oder reichen fallweise Berechnungen aus?

Daran schließen sich weitere Fragen an:

- Für welche Bereiche soll die Prozesskostenrechnung erfolgen? Nur für den Beschaffungsbereich oder den Vertriebsbereich? Welche anderen Bereiche kommen infrage?
- Sollen nur bestimmte Prozesse der ausgesuchten Bereiche einbezogen werden?
- Sollen nur für bestimmte Produkte Prozesskostensätze errechnet werden?

Nicht zuletzt hängt der Umfang auch von den Zielen ab, die erreicht werden sollen.

3.2.1 Fallweise Prozesskostenrechnung

Wegen der umfassenden Arbeiten bei Einführung und Pflege, sowie der Notwendigkeit komplexer Anwendungsprogramme und deren Pflege, wird die PrKR meist nur fallweise als **Einmal-Rechnung für bestimmte Prozesse** durchgeführt, aus der dann strategische Erkenntnisse gezogen werden. Bei wesentlichen Veränderungen wird die Rechnung erneut durchgeführt. Die fallweise PrKR wird parallel zum bisherigen Kostenrechnungssystem durchgeführt. 512

Die PrKR muss nicht in jedem Fall zu einer verbesserten Kalkulation führen. Oft genügt die Lieferung zusätzlicher Informationen im Rahmen der Gemeinkostenplanung und -kontrolle. Als Instrument für **Organisationsveränderungen** ermittelt die PrKR die Verursacher von Komplexitätskosten und Möglichkeiten des Abbaus nicht wertschöpfender Teilprozesse sowie organisatorischer Vereinfachungen. Um solche Ergebnisse zu erzielen müssen nicht in jedem Fall teure und komplexe Programme angeschafft und dann mit viel Aufwand angepasst und gepflegt werden. Oft reicht ein PC mit Tabellenkalkulationsprogramm, z. B.

- für die Ermittlung interner Kosten des Arbeitsablaufes bei der Einstellung eines neuen Mitarbeiters;
- für die Feststellung der Kosten einer Lagerentnahme, der Erstellung einer Ausgangsrechnung und die Überwachung und buchhalterische Erfassung des Zahlungseingangs im Fall von Ersatzteillieferungen. Dabei kann sich im Maschinen- und Anlagenbau ergeben, dass Ersatzteile bis zu einem Wert von 30 € kostenlos geliefert werden, weil die Kosten der Abrechnung höher sind als die Kosten für das Ersatzteil selber. Die Kosten des Handlings werden eingespart. Der Kunde freut sich und erinnert sich daran, wenn er beabsichtigt, eine neue Maschine zu erwerben.

3.2.2 Kontinuierlich eingesetzte Prozesskostenrechnung

513 Für die kontinuierliche PrKR ist die Anschaffung eines in die EDV-Abwicklung des Rechnungswesens integrierbaren Programms erforderlich. Die Rechnung kann parallel oder in Form der operativen Rechnung durchgeführt werden.

514 Bei der **parallelen Prozesskostenrechnung** bleibt das bestehende operative Kostenrechnungssystem parallel erhalten. Ausgangsbasis für die Verrechnung auf die Aktivitäten (Geschäftsprozesse) sind die in der Kostenstellenrechnung auf herkömmliche Art verrechneten Kostenstellenkosten. Die parallele Rechnung liefert bereits eine Menge entscheidungsrelevanter Informationen. Sie lässt sich einfach und schnell für Teilbereiche einführen und ist die ideale Basis für eine spätere operative Rechnung.

515 Die **operative Prozesskostenrechnung** bindet die Prozesskalkulation in den operativen Wertefluss ein, z. B. das CO-Modul im Programm SAP R/3. Die Prozesse werden mit Kostenstellenkosten belastet. Der entscheidende Unterschied zur herkömmlichen Kostenverrechnung über Zuschlagssätze besteht darin, dass **Prozessmengen** ermittelt und verrechnet werden. Es findet also nicht allein eine Kostenverrechnung statt. Bei diesem Verfahren löst die PrKR teilweise die nicht immer leistungsabhängigen Zuschlagssätze ab.

TAB. 134: Auswertungsmöglichkeiten der parallelen und der operativen Prozesskostenrechnung im Vergleich

Parallele Prozesskostenrechnung	Operative Prozesskostenrechnung
Ermöglicht - Alternativrechnungen - Bewertung der Prozesse - Strategische Entscheidungen - Entscheidungen zur Umorganisation	Ermöglicht - Regelmäßige Prozesskostenkalkulationen - Bewertung der Kostenträger / Produkte - Operative Entscheidungen - Genauere Kostenplanung

4. Einführung der Prozesskostenrechnung

4.1 Identifikation der Aktivitäten in den Kostenstellen

4.1.1 Aktivitätsorientierte und personalorientierte Vorgehensweise

516 Der erste Schritt bei der Einführung der PrKR ist die Analyse der Kostenstellen hinsichtlich ihrer Aktivitäten, d. h. der verschiedenen Tätigkeiten in den Kostenstellen. Dabei kann aktivitätsorientiert oder personalorientiert vorgegangen werden.

Bei der **aktivitätsorientierten Bottom-up Vorgehensweise**

- werden die einzelnen Aktivitäten und ihre Zugehörigkeit zu bestimmten Prozessen in Zusammenarbeit mit den Kostenstellenleitern bestimmt;
- wird vor Ort eine Zeitmessung durchgeführt, aufgrund derer Standardzeiten je Aktivität festgelegt werden;

- werden die von den Aktivitäten verursachten Personal- und Sachkosten festgelegt, die in den Prozesskostensatz eingehen sollen.

Bei der **personalorientierten Top-down Vorgehensweise**

- wird zunächst auf der Basis der insgesamt beschäftigten Mitarbeiter die verfügbare Zeit in Minuten oder Stunden errechnet.
- Durch Division der verfügbaren Zeit durch die Standardzeit der Aktivität wird die Häufigkeit der Durchführung einer Aktivität ermittelt.

4.1.2 Festlegung der Analysebereiche

Für die Analyse und Abrechnung kommen nur Gemeinkostenbereiche mit **repetitiven Aktivitäten** infrage, die ansonsten in der Kalkulation nicht in gleicher Weise berücksichtigt werden können. Schon daraus ergibt sich, dass i. d. R. nicht alle Gemeinkostenbereiche in die Prozesskostenrechnung einbezogen werden. Bevorzugt werden Gemeinkosten für Leistungen der **Beschaffung** und des **Vertriebs** über Prozesskostensätze verrechnet, weil sie sich besser bestimmten Kostenträgern bzw. Produkten zuordnen lassen als solche aus dem Verwaltungsbereich oder auch solche aus dem Fertigungsbereich. 517

Bereits bei der Festlegung der Analysebereiche werden Hauptprozesse und die dahinter liegenden Teilprozesse sowie die Bezugsgrößen für die Kostenzurechnung definiert.

4.1.3 Festlegung der Leistungsarten

Ausgangspunkt ist die Frage: Welche Leistungen (Aktivitäten / Teilprozesse) werden in der Kostenstelle erbracht? Die Kostenstellenrechnung wird erweitert, indem je Kostenstelle die dort angesiedelten Teilprozesse abgerechnet werden. Die Leistungsmenge einer Leistungsart muss an eine Kostenstelle gebunden sein. 518

BEISPIEL Leistungsarten in der Kostenstelle Einkauf

(1) Angebotserstellung
(2) Vertragsverhandlungen
(3) Stammdatenpflege
(4) Lieferantenpflege
(5) Abteilungsleitung

Dabei werden leistungsmengeninduzierte (lmi) und leistungsmengenneutrale (lmn) Teilprozesse unterschieden.

4.1.4 Leistungsmengeninduzierte Teilprozesse (lmi-Teilprozesse)

Zunächst werden die repetitiven oder **Routinetätigkeiten** bestimmt, für die sich Leistungsmengen bestimmen lassen. Dazu gehören die Leistungsarten (1) bis (4) im vorstehenden Beispiel, weil diese Tätigkeiten sich in immer gleicher Art wiederholen. 519

4.1.5 Cost Driver

520 Für die leistungsmengeninduzierten Teilprozesse werden die **Leistungsmengen** oder **Cost Driver (als Bezugsgrößen)** definiert, deren Kostenverlauf möglichst proportional zur Leistungsmenge verläuft, z. B. 2.400 Angebote jährlich für die Leistungsart Angebotserstellung. Die Leistungsmengen werden durch Befragung der Mitarbeiter oder unter Einsatz von Fragebögen in Anlehnung an die ISO 9001 erfasst:

- Was wird gemacht?
- Wie wird die Leistung erbracht?
- Wie oft wird die Leistung erbracht?
- Welche Zeit wird für die Leistung beansprucht?

Cost Driver sind die Haupteinflussgrößen der Kostenentstehung. Sie können **kostenstellengebunden für Teilprozesse** und **kostenstellenübergreifend** für Hauptprozesse bestimmt werden. Als Maßgrößen der PrKR dienen sie sowohl der **Messung der Kostenverursachung** als auch der **Messung des Outputs**. So ist beispielsweise bei einer Verdoppelung der Hauptprozessdurchführung von einer Verdoppelung der Ressourceninanspruchnahme und damit auch des Kostenanfalls auszugehen.

Fortführung des Beispiels unter Rn. 518

TAB. 135: Aufstellung von Leistungsarten und zugehörigen Bezugsgrößen

Leistungsart	Cost Driver (Bezugsgröße)	Menge	Stunden
Angebote erstellen	Anzahl der Angebote	2.000	9.600
Stammdatenpflege	Anzahl geänderte Sachnummern	1.000	3.080
Lieferantenpflege	Anzahl Lieferanten	2.000	9.600
Vertragsverhandlungen	Anzahl Sachnummern	4.000	11.520
Abteilung leiten		keine	2.000

Die Kostenstelle im Betriebsabrechnungsbogen wird aufgeteilt:

TAB. 136: Teilprozesse und Restgemeinkosten der Kostenstelle Einkauf

Kostenstelle 200 – Einkauf					
Kostenart	Aktivitäten (Teilprozesse)				Restgemeinkosten
	Angebote erstellen	Stammdatenpflege	Lieferantenpflege	Vertragsverhandl.	
Gehälter	18.000	7.500	12.000	29.000	7.000
Miete	150	60	150	200	65
Kommunikationskosten	60	10	40	200	40
Bürokosten	90	35	75	50	40
...	...	...	...	...	...
...	...	...	...	...	...
Summe	36.000	14.000	25.000	70.000	14.500

Die leistungsmengeninduzierten Gemeinkosten werden direkt über den Verteilungsschlüssel den Teilprozessen, die leistungsmengenneutralen der Spalte Restgemeinkosten zugeordnet.

Für die leistungsmengeninduzierten Teilprozesse lassen sich Prozesskostensätze ermitteln, sollten sie nicht zu Hauptprozessen zusammengefasst werden. 521

$$\text{TP-Kostensatz Angebote erstellen} = \frac{\text{Kosten des Teilprozesses}}{\text{Teilprozessgröße}} = \frac{36.000}{2.000} = 18\,€$$

4.1.6 Leistungsmengenneutrale Teilprozesse (lmn-Teilprozesse)

Die **nicht-repetitiven Tätigkeiten**, wie die Abteilungsleitung, werden ebenfalls erfasst, aber ohne Definition von Leistungsmengen. Für diese Tätigkeiten bieten sich drei Verrechnungsmöglichkeiten auf die Kostenträger an: 522

- Verteilung als Zuschlag auf die leistungsmengeninduzierten Teilprozesse;
- Verteilung über den Schlüssel „Stunden" auf die lmi-Teilprozesse;
- Verteilung mit den Restgemeinkosten als Zuschlagssatz.

BEISPIEL **Verteilung als Zuschlag auf die lmi-Teilprozesse** unter Verwendung des Beispiels unter Rn. 520, Tabelle 135:

TAB. 137: Ermittlung der lmi-Kostensätze und der lmn-Kosten für die Kostenstelle Einkauf

TP 22	Leistungsart	Cost Driver (Bezugsgröße)	Menge	Kosten	Kostensatz
TP 1	Angebote erstellen	Anzahl der Angebote	2.000	36.000	18,00 €
TP 2	Stammdatenpflege	Anzahl geänderte Sachnummern	1.000	14.000	14,00 €
TP 3	Lieferantenpflege	Anzahl Lieferanten	2.000	25.000	12,50 €
TP 4	Vertragsverhandlungen	Anzahl Sachnummern	4.000	70.000	17,50 €
	Summe TP1 – TP4			145.000	
TP 5	Abteilung leiten		–	14.500	–

Der Umlagesatz der leistungsmengenneutrale Kosten (Abteilung leiten) beträgt 10 % (14.500 € = 10 % von 145.000 €). Der Kostensatz für Teilprozess 1 beträgt dann 18,00 € + 10 % = 19,80 €.

4.1.7 Kundennutzen und Wertschöpfungsgrad

Für jeden Teilprozess werden Kundennutzen und Wertschöpfungsgrad ermittelt.

a) Kundennutzen 523

Die beiden wichtigsten Wettbewerbsfaktoren am Markt sind **Kosten** bzw. Preis und **Qualität**. Die Kunden fordern Qualität zu niedrigen Preisen und reagieren andernfalls mit Abwanderung zu anderen Anbietern. Dabei müssen hohe Qualität und niedrige

Kosten sich nicht immer gegenseitig ausschließen. Deshalb muss der Nutzen eines jeden Teilprozesses für den Kunden hinterfragt werden:

- Welchen Nutzen hat der Kunde von den Leistungen der Kostenstelle?
- Ist der Kunde bereit, den ausgerechneten Kostensatz für die Leistung (den Teilprozess) zu zahlen?

524 **b) Wertschöpfungsgrad**

Die Teilprozesse beeinflussen nicht nur die Wertschöpfung für den Kunden, sondern auch die beim Hersteller.

Der **externe Wertschöpfungsgrad** gibt an, wie stark ein Prozess den Wert eines Produkts für den Kunden – und damit die **Kundenzufriedenheit** – erhöht. Die Bewertung kann als Prozentsatz oder durch eine Note für eine niedrige, eine mittlere oder eine hohe Wertschöpfung erfolgen. Die pünktliche Anlieferung bei einem Just-in-time operierenden Betrieb kann beispielsweise mit dem Wertschöpfungsgrad „hoch" bewertet werden. Fragen:

- In welchem Maße oder zu welchem Grad beeinflusst der Teilprozess die Kundenzufriedenheit?
- Wie kann die Kundenzufriedenheit ohne besonderen Aufwand erhöht werden?

525 Die **interne Wertschöpfung** zielt weniger auf die Kundenzufriedenheit, sondern vielmehr auf einen **reibungslosen innerbetrieblichen Ablauf**. Das kann z. B. die innerbetriebliche Logistik zur Bereitstellung von Fertigungsmaterial in den Werkstätten sein. Frage:

- Wie und in welchem Maße beeinflusst der Teilvorgang den innerbetrieblichen Ablauf?
- Wie kann die Auswirkung auf den innerbetrieblichen Ablauf ohne besonderen Aufwand erhöht werden?

526 Allein die kritische Beantwortung dieser Fragen führt zu Aha-Effekten. Durch Vermeiden von Verfügbarkeits-, Auslastungs- und Qualitätsverlusten in Verbindung mit der Reduzierung von Rüst-, Neben- und Stillstandszeiten und dem Abbau nicht benötigter Ressourcen wird der Fixkostenblock oft schon vor der eigentlichen Einführung der PrKR gesenkt.

Wegen der Berücksichtigung des Kundennutzens und des störungsfreien internen Ablaufs ist die Prozesskostenrechnung gleichzeitig ein **Instrument des Qualitätsmanagements**. Das Qualitätsmanagement liefert neben qualitativen auch quantitative Messgrößen und deckt dabei Schwachstellen und Möglichkeiten der Leistungsverbesserung auf. Teilprozesse, die weder zur Erhöhung der Kundenzufriedenheit noch zur Verbesserung der Abläufe beitragen, haben keinen Einfluss auf die Qualität. In diesem Fall muss hinterfragt werden:

- Kann der Teilprozess ersatzlos eingespart werden?
- Kann der Teilprozess schlanker gestaltet werden?

4.2 Verdichtung der Teilprozesse zu Hauptprozessen

Nach Abschluss der Festlegung und Prüfung werden logisch zusammenhängende Teilprozesse einer oder mehrerer Kostenstellen zu kostenstellenübergreifenden Hauptprozessen zusammengefasst. Damit löst sich die PrKR von der Kostenstelle. Das Rechnen mit Hauptprozessen macht die Abrechnung übersichtlicher. Ohne die Verdichtung zu Hauptprozessen müsste die Verrechnung auf die Produkte mit der großen Zahl der Teilprozesskostensätzen erfolgen. 527

ABB. 22: Verdichtung von Teilprozessen zu Hauptprozessen

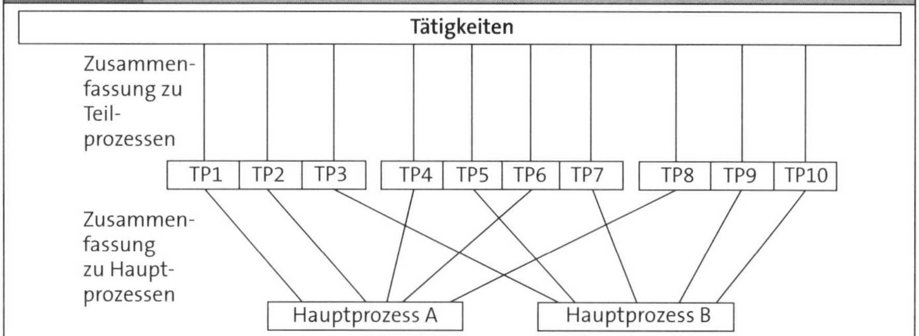

1. Schritt: Die parallele Kostenstellen- und Produktbezogenheit der Hauptprozesse wird berücksichtigt, indem die Hauptprozesse nicht allein **funktionsbezogen** definiert werden, z. B.:

- Auftragsabwicklung Inland,
- Auftragsabwicklung Ausland,

sondern gleichzeitig **produktbezogen**:

- Auftragsabwicklung Inland Produktgruppe Maschinen,
- Auftragsabwicklung Ausland Produktgruppe Maschinen,
- Auftragsabwicklung Inland Produktgruppe Anlagen,
- Auftragsabwicklung Ausland Produktgruppe Anlagen.

2. Schritt: In der Prozesskette vom Beschaffungs- zum Absatzmarkt wechseln die Bezugsgrößen. So können in einem Industriebetrieb, bei einem Durchlauf von der Beschaffung über die Fertigung zum Vertrieb, die Bezugsgrößen dreimal wechseln.

- Bezugsgröße Beschaffung: Bestellungen, Lieferanten
- Bezugsgröße Fertigung: Betriebsaufträge, Arbeitsgänge
- Bezugsgröße Vertrieb: Aufträge, Kunden

Aus diesem Grunde müssen die verschiedenen Bezugsgrößen zueinander ins Verhältnis gesetzt werden.

Anschließend wird der **Hauptprozesskostensatz** für die Verrechnung auf die Kostenträger ermittelt. 528

TAB. 138: Ermittlung des Hauptprozesskostensatzes			
Hauptprozess **Auftragsabwicklung Inland Produktgruppe Maschinen**		**Cost Driver:** Anzahl Aufträge	
Teilprozess (TP)	Kostenstelle	TP-Nr. der Kostenstelle	Teilprozesskostensatz in €
Angebote einholen	Einkauf	1	18,00
Vertragsverhandlungen	Einkauf	4	18,00
Bestellungen schreiben	Disposition	2	17,70
Verkaufsgespräche führen	Verkauf	2	23,56
Fertigungsauftrag erstellen	Arbeitsvorbereitung	3	19,52
Rechnung und Lieferschein schreiben	Verkauf	7	11,88
Lieferung zusammenstellen und prüfen	Versand	4	16,89
Auftrag ausliefern	Versand	2	16,50
Ausgangsrechnung buchen	Buchhaltung	3	1,20
Zahlungseingang verfolgen und buchen	Buchhaltung	6	5,80
Hauptprozesskostensatz			**149,05**

Je Produkt werden die Hauptprozesse in einer Art Arbeits- oder Vorgangsstückliste gespeichert.

Der Hauptprozesskostensatz kann Zuschlagssätze für Materialgemeinkosten, Verwaltungs- und Vertriebskosten vollkommen ersetzen. Er kann die Zuschlagssätze auch teilweise ersetzen, wenn neben dem Prozesskostensatz ein Zuschlagssatz für Restgemeinkosten verrechnet wird, die nicht in den Prozesskostensätzen erfasst werden konnten. Daneben können beispielsweise standardisierte Gemeinkosten der Konstruktion als Prozesskostensatz „Konstruktionsanpassung" auf die Kostenträger verrechnet werden.

5. Verrechnung auf die Kostenträger

529 Die in die Prozesskostenrechnung einbezogenen Gemeinkosten werden mittels der Prozesskostensätze auf die Kostenträger verrechnet.

In der **Kostenträgerstückrechnung** werden die Hauptprozesskostensätze durch Multiplikation der Stückzahl (Bezugsgröße oder Cost Driver) mit dem Hauptprozesskostensatz verrechnet.

Die Kostenträgerrechnung wird erweitert, indem zusätzlich zu den Zeilen für die Einzelkosten und die nicht mittels Prozesskostensatz verrechneten Gemeinkosten Zeilen für die Hauptprozesse in das Kalkulationsschema der Zuschlagskalkulation eingefügt werden. Erlöse und Einzelkosten werden direkt in das Kalkulationsschema übernommen, d. h. den Kostenträgern belastet.

Der horizontale Aufbau der **Kostenträgerzeitrechnung** entspricht dem Aufbau bei der Vollkostenrechnung. Vertikal werden – wie bei der Stückrechnung – Zeilen für die über Prozesskostensätze verrechneten Gemeinkosten ergänzt. 530

TAB. 139: Schema der Kostenträgerzeitrechnung in der Prozesskostenrechnung

Kostenträgerzeitrechnung nach Produktgruppen					
Produktgruppe	**Maschinenbau**		**Anlagenbau**		**Summe**
Produkte	M1	M2	A1	A2	
Absatzmenge	100	50	10	20	
Fertigungsmaterial	20.000	24.000	50.000	26.000	120.000
Fertigungslöhne	10.000	10.000	20.000	12.000	52.000
Fertigungsgemeinkosten	55.000	60.000	80.000	48.000	243.000
HP Konstruktionsanpassung	0	0	25.000	20.000	45.000
HP Auftragsabwicklung	39.000	17.500	9.000	17.400	82.900
Selbstkosten	124.000	111.500	184.000	123.400	542.900
Erlöse	120.000	125.000	200.000	120.000	565.000
Kostenträgerergebnis	- 4.000	13.500	16.000	- 3.400	22.100
Hauptprozesskostensätze					
Konstruktionsanpassung	0	0	2.500	1.000	
Auftragsabwicklung	390	350	900	870	

BEISPIEL In der vorstehenden Kostenträgerzeitrechnung entfällt der Hauptprozess „Konstruktionsanpassung" für die Produktgruppe Maschinenbau.

Die Prozesskosten für die Auftragsabwicklung des Produktes M1 wurden wie folgt ermittelt: 100 verkaufte Maschinen M1 x 390 € HP-Kostensatz für Auftragsabwicklung = 39.000 € Prozesskosten für die Auftragsabwicklung.

Im Beispiel wird aus Gründen der Übersichtlichkeit unterstellt, dass die Absatzmenge mit der hergestellten Menge übereinstimmt. Als Bezugsgröße für die Konstruktionsanpassung wird in der Praxis i. d. R. die hergestellte Menge zugrunde gelegt.

Insgesamt wird in der PrKR die gleiche Summe an Gemeinkosten auf die Kostenträger verrechnet wie in der Vollkostenrechnung nach dem Schema der reinen Zuschlagskalkulation. Die Belastung der Produkte mit Gemeinkosten kann sich jedoch gravierend von der Zuschlagskalkulation unterscheiden. Weil die kostenstellenbezogene Betrachtungsweise der herkömmlichen Vollkostenrechnung durch eine kostenstellenübergreifende ersetzt wurde, werden die Gemeinkosten „verursachungsgerechter" verrechnet.

6. Kosten-Controlling, Prozessoptimierung und Qualitätsverbesserung

531 Die Prozesskostenrechnung unterstützt die drei Prozessgrößen Kosten, Zeit und Qualität beim Kosten-Controlling, bei der Prozessoptimierung und bei der Qualitätsverbesserung.

TAB. 140: Bedeutung der Prozessgrößen Kosten, Zeit und Qualität

	Kosten	Zeit	Qualität
Bereich	Prozesskosten-Management	Time-based Management	Total Quality Management
Ziele	Kostenreduktion	Durchlaufzeitverkürzung	Qualitätsverbesserung
Auswirkungen	- Reduktion der Teilprozesse - Reduktion der lmn-Kostenanteile	- Reduktion der Bearbeitungszeiten - Ablaufbeschleunigung Beseitigung von - Prozessschleifen schneller Zugriff - Pünktliche - Auslieferung	- Fehlervermeidung - Ständige Verbesserung - Vermeidung von Überdimensionierung - Erhöhung der Kundenzufriedenheit - Reduktion von Prüfvorgängen

532 Das **Time-based Management** ist eine Führungsphilosophie, die die Zeit als kritischen Erfolgsfaktor bewertet und sie an Stelle der Kosten als Erfolgsmaßstab verwendet. Durch einen effizienten Umgang mit der Ressource Zeit sollen gleichzeitig die Produktkosten gesenkt und die Servicequalität erhöht werden.

533 Das **Total Quality Management (TQM)** ist eine Führungsphilosophie, die die Qualität im umfassenden Sinn als kritischen Erfolgsfaktor bewertet. Qualität heißt in diesem Zusammenhang: Den unternehmensinternen Anforderungen und den Anforderungen des Kunden entsprechen.

7. Kritik

534 **a) Vorteile**

Die differenzierte Ermittlung spezifischer Prozesskostensätze ermöglicht

- eine weit genauere Verrechnung der Gemeinkosten auf die Kostenträger als die traditionelle Vollkostenrechnung und die Teilkostenrechnung und
- eine prozessbezogene Kostenkontrolle.

Durch den verbesserten Einblick in die Zusammenhänge von produktbezogenen Aktivitäten und Kostenverursachung werden

- Rationalisierungsmöglichkeiten erkennbar und
- das Risiko produktpolitischer Fehlentscheidungen reduziert.

b) Nachteil

Die Prozesskostenrechnung erfordert einen hohen Arbeitsaufwand bei der Einführung und bei der konsequenten Anwendung. Deshalb muss kritisch geprüft werden, ob der Aufwand wirtschaftlich vertretbar ist.

FRAGEN

(Die Antworten zu den Kontrollfragen 190 – 203 befinden sich auf Seite 291 ff.)

190. Warum ist die Maschinenstundensatzrechnung in einem modernen Industriebetrieb ein Muss und welches ist die Hauptursache für das Problem steigender Gemeinkosten?
191. Wie müsste der Begriff „Activity Based Costing" wörtlich in die deutsche Sprache übersetzt werden?
192. Begründen Sie, warum die Vertriebsgemeinkosten allein bei Anwendung der Prozesskostenrechnung einigermaßen verursachungsgerecht verrechnet werden.
193. Warum handelt es sich bei der PrKR nicht um einen Ersatz, sondern lediglich um eine Ergänzung herkömmlicher Kalkulationsverfahren?
194. Auf welche Prozesse im Unternehmen wird die Prozesskostenrechnung angewandt?
195. Zu welchen Veränderungen führt die PrKR in der traditionellen Kostenrechnung auf Vollkostenbasis in der Kostenstellenrechnung und in der Kostenträgerrechnung?
196. Definieren Sie:
    (a) leistungsmengeninduzierte Aktivitäten
    (b) leistungsmengenneutrale Aktivitäten
    (c) non-value-added activities
    (d) lmi-Prozesskosten
    (e) lmn-Prozesskosten
    (f) Teilprozess
    (g) Hauptprozess
    (h) Cost Driver
    (i) Teilprozesskostensatz
    (j) Hauptprozesskostensatz
    (k) Umlagesatz
    (l) Gesamtprozesskostensatz
197. Was versteht man unter Komplexitätskosten?

198. Stellen Sie die wesentlichen Unterschiede zwischen paralleler und operativer Prozesskostenrechnung dar.

199. Nennen Sie mögliche Bezugsgrößen für:
   (a) Aktivitäten am Lager
   (b) Aktivitäten in der Poststelle
   (c) Aktivitäten in der Kontokorrentbuchhaltung

200. Wie lautet die Rechenformel für die Ermittlung des TP-Kostensatzes?

201. Welche Möglichkeiten gibt es, die lmn-Teilprozesse auf die Kostenträger zu verrechnen?

202. Erklären Sie die Begriffe:
   (a) Kundennutzen
   (b) Externe Wertschöpfung
   (c) Interne Wertschöpfung

203. Welche drei Prozessgrößen unterstützt die Prozesskostenrechnung und wie kann sich die Unterstützung jeweils auswirken?

XI. Zielkostenrechnung

1. Wesen der Zielkostenrechnung

1.1 Notwendigkeit

Die produktbezogene Selbstkostenkalkulation zur Preisbestimmung verliert zunehmend an Bedeutung. Die Zielkostenrechnung – auch in der deutschen Fachliteratur oft als **Target Costing** bezeichnet – geht davon aus, dass der Preis für ein Produkt nicht vom Hersteller bestimmt werden kann, sondern vom Markt diktiert wird. **Zielkosten sind die vom Markt erlaubten Kosten** (Allowable Costs oder Darfkosten). Der Preis wird deshalb nicht mehr aus den Selbstkosten plus Gewinnaufschlag errechnet. Stattdessen wird erforscht, was der Kunde zu zahlen bereit ist. Die Frage lautet nicht mehr: „Was wird das Produkt kosten?", sondern „Was darf das Produkt kosten?". 551

Target Costing wird während des gesamten Produktlebenszyklus (Product Life Cycle) betrieben. Der Schwerpunkt liegt jedoch in der Anfangsphase, denn 70 bis 80 % des Kostenanfalls für ein neu einzuführendes Produkt werden bereits in den ersten Phasen durch die Konstruktion und die Wahl des Designs bestimmt.

Ausgehend von dem vom Markt erlaubten Preis werden über eine Erlös-Minus-Kalkulation, d. h. unter Abzug eines Gewinns, die Zielkosten ermittelt. Diese werden auf die Komponenten und die Funktionen des Produkts aufgespaltet (Zielkostenspaltung). Danach werden die Zielkosten für die beanspruchten Prozesse, Komponenten oder Baugruppen bestimmt. 552

Das Verfahren, der für Industriebetriebe entwickelten Zielkostenrechnung, entspricht dem der „Absatzkalkulation als kalkulatorische Rückwärtsrechnung" im Handel (Rn. 282).

1.2 Eingliederung in das Kostenrechnungssystem

Bei der Zielkostenrechnung handelt es sich – wie bei der Prozesskostenrechnung – nicht um ein eigenständiges, in sich geschlossenes Kostenrechnungssystem. Das Target Costing ist ein **Kostenmanagementkonzept**, das die zeitraumbezogenen (Rn. 301) oder umfangbezogenen Kostenrechnungssysteme (Rn. 312) ergänzt. Während die Prozesskostenrechnung im Rahmen der Vollkostenrechnung stattfindet, kann das Target Costing sowohl auf der Basis der Vollkosten- als auch auf Basis der Teilkostenrechnung durchgeführt werden. 553

ABB. 23: Ermittlung der Ziellücke

Zielpreis (target price)	275 €	
– Zielgewinn (target profit)	25 €	
= **Zielkosten** (allowable costs)	250 €	Vom Markt bestimmte oder erlaubte „Darfkosten"
Ziellücke (target gap)	40 €	Ausgleich durch Wertgestaltung, Funktionskostenanalyse Rationalisierung
Prognosekosten (drifting costs)	290 €	lt. bisheriger Kostenrechnung

554 Das Target Costing dient der Kostenplanung, der Kostenkontrolle und der Kostensteuerung und wird wegen seiner Zukunftsbezogenheit als **strategisches Zielkostenmanagement** bezeichnet. Trotz der gemeinsamen theoretischen Ausgangsbasis haben sich in der Praxis eine Vielzahl individueller Vorgehensweisen entwickelt. Grundlegend bleiben allerdings die drei Hauptphasen:

- **Zielkostenermittlung** nach der Formel: vom Markt erlaubter Preis abzüglich Zielgewinn.
- **Zielkostenspaltung**, d. h. Aufspalten der Gesamtzielkosten in Zielkosten für die einzelnen Komponenten oder Bauteile des Produkts.
- **Zielkostenrealisierung** durch Anpassung auf dem Gesamtprodukt- und Produktkomponentenniveau zunächst in der Projektphase und weiterhin während des gesamten Produktlebenszykluses. Dabei wird das Target Costing durch den Einsatz weiterer Managementinstrumente, wie Benchmarking (Rn. 635), Prozesskostenrechnung und Wertanalyse (Rn. 641), unterstützt.

1.3 Einbindung in die Unternehmensstrategie

555 Das Zielkostenmanagement wird nur dann erfolgreich eingesetzt, wenn es im Rahmen einer Unternehmensstrategie mit dem Qualitätsmanagement und dem Zeitmanagement vernetzt wird. Als **strategisches Kontrollinstrument** steuert das Target Costing – wie bei der Prozesskostenrechnung (s. Rn. 531 f.) – die Optimierung von Kosten, Zeit und Qualität.

Säulen der Unternehmensstrategie		
Zielkostenmanagement (Kosten)	**Time-based Management (Zeit)**	**Total Quality Management (Qualität)**

556 Aufgaben des **Zielkostenmanagements** sind die Ermittlung des am Markt durchsetzbaren Preises und die ständige Kostenreduzierung durch aktive Steuerung des Kostenanfalls.

1.4 Schritte der Zielkostenrechnung

TAB. 141: Schritte der Zielkostenrechnung 557

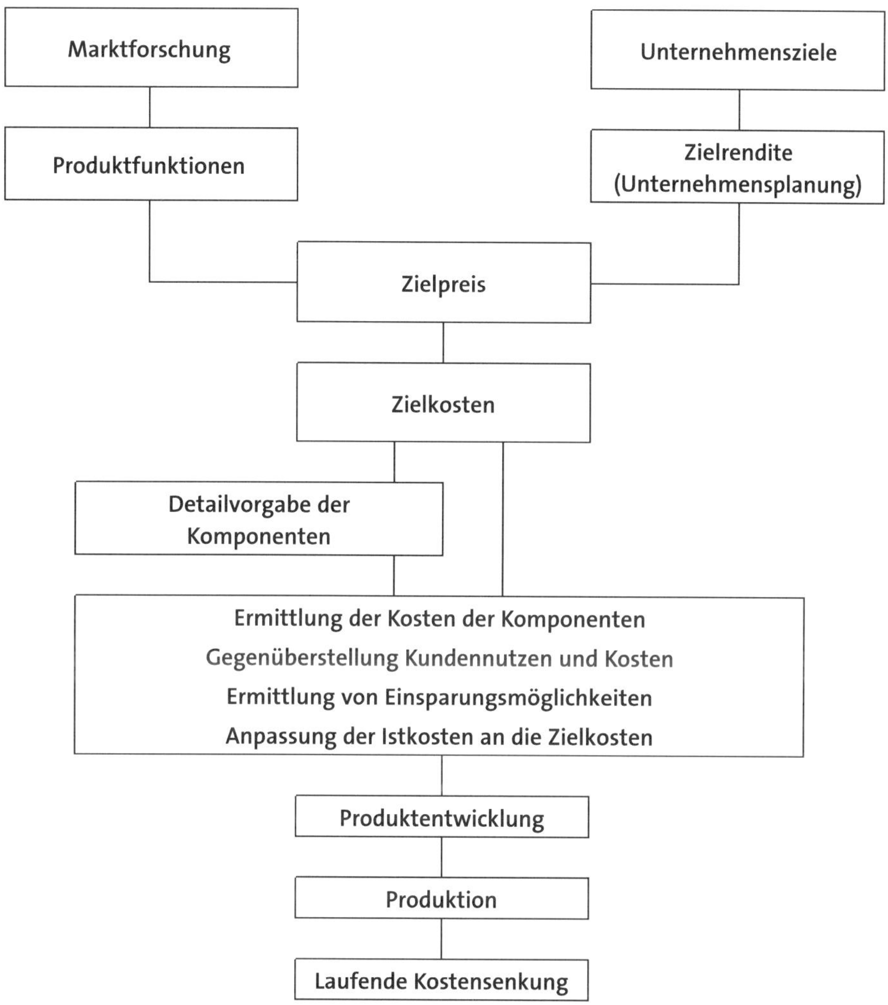

Am Anfang jeder Zielkostenrechnung steht die Marktforschung. Ergebnisse der Marktforschung sind eine Beschreibung des herzustellenden Produktes und der Zielpreis, zu dem dieses Produkt am Markt absetzbar ist. Dazu werden dann Fragen gestellt wie: Soll ein solches Produkt hergestellt werden? Verfügt der Herstellungsbetrieb über die entsprechende Kompetenz? Passt das Produkt in das Vertriebsprogramm?

Wenn alle diese Fragen mit „Ja" beantwortet sind, erfolgt die konstruktionsmäßige Gestaltung des herzustellenden Produktes. Gesucht wird der optimale Funktionsumfang bei möglichst niedrigen Herstellkosten. Die Suche ist ein komplexer Prozess, der bei der Produktentwicklung beginnt und sich über die Lebensdauer des Produkts fortsetzt. Das alles geht nicht ohne (1) genaue Marktkenntnisse, (2) transparente Kostenstrukturen, (3) Einbindung der Kunden und der Lieferanten.

2. Marktanalyse

558 Der erste Schritt der Zielkostenrechnung – noch vor der Entwicklung eines neuen Produkts – ist die Marktanalyse. Sie umfasst die Definition des Produkts und die Wettbewerbsanalyse.

2.1 Definition des Produkts

Die Verkäufer, Außendienstmitarbeiter oder eine Abteilung Marktforschung – oder alle gemeinsam – befragen die bisherigen Kunden und potenzielle neue Kunden. Ergebnis der Befragung ist ein strukturierter Bericht zu den Punkten:

- welche Produkte absetzbar sind,
- wer die Kunden (Zielgruppe) sind,
- welche Produktfunktionen die Kunden mit welchen Ausprägungen erwarten,
- was an den Produkten neu ist,
- welche Bedeutung bzw. Gewichtung der Kunde den einzelnen Funktionen zumisst,
- was der Kunde für diese Produkte zu zahlen bereit ist.

2.2 Wettbewerbsanalyse

559 Schwerpunkt der Wettbewerbsanalyse ist die Positionierung gegenüber existierenden und erwarteten Konkurrenzprodukten. Nur **die besten und die preiswertesten Wettbewerbsprodukte** werden in die weitere Untersuchung einbezogen. Im Vordergrund stehen die Produktmerkmale:

- Leistung,
- Wirtschaftlichkeit,
- Komfort,
- Sicherheit,
- ansprechende Gestaltung.

Der Bericht wird mit den Mitarbeitern in Entwicklung, Konstruktion und Qualitätsmanagement durchgesprochen und ggf. angepasst. Im Zentrum steht dabei nicht das technisch Machbare, sondern der vom Kunden erwartete Nutzen und der Marktpreis bzw. Zielpreis.

Die Geschäftsleitung entscheidet, welche Ideen weiterverfolgt werden sollen.

3. Produktmerkmale und Zielpreis

Beim Produktdesign ist die Beachtung der Produktmerkmale oder -eigenschaften wichtig. Neben den vom Hersteller festgelegten objektiven Kriterien dürfen die vom Kunden gewünschten subjektiven Kriterien nicht vernachlässigt werden. Dabei unterscheidet der Kunde nicht selten zwischen dem unmittelbaren Nutzen des Produkts und dem Imagegewinn beim Einsatz des Produkts. Ein Imagegewinn kann sich für den Kunden aus dem hohen Ansehen des Produkts, der Markenbezeichnung oder der Ausstattungsvariante ergeben. Ist der Kunde vielleicht bereit, für den Imagegewinn auch einen höheren Preis zu zahlen? 560

Die wichtigsten **Produktmerkmale** aufgrund der Wettbewerbsanalyse, der Herstellersicht und der Kundensicht werden aufgelistet und aus der Sicht des Kunden bewertet. Solche Merkmale können sein: 561

- Komfort
- Sicherheit
- Leistung
- Zuverlässigkeit
- Wirtschaftlichkeit
- Umweltfreundlichkeit
- Verarbeitung
- Design
- Sportlichkeit
- Sonstige Prestigefaktoren

4. Ermittlung der Zielkosten

4.1 Kalkulation als iterativer Planungsprozess

Die Zielkostenrechnung erfolgt **retrograd**. Nach der Ermittlung der Zielkosten (Target Costs oder Allowed Costs) aus dem Zielpreis (Target Price) abzüglich Zielgewinn (Target Profit oder Target Margin) müssen die Ingenieure in Entwicklung und Konstruktion sowie in der Fertigungsvorbereitung und im Qualitätsmanagement unbedingt in die Kalkulationsarbeiten einbezogen werden. Die Entwicklung des neuen Produktes ist ein iterativer Planungsprozess. Auf jeder Stufe wird hinterfragt, inwieweit die Kosten den Nutzen des Produkts erhöhen und welche Rationalisierungsmaßnahmen oder welche alternativen Produktkonzepte zu einer Kostenreduktion beitragen können. 562

Den Zielkosten werden die prognostizierten Kosten (Drifting Costs) gegenübergestellt. Das sind die Kosten, die für die Herstellung des Produkts anzusetzen wären, wenn eine Gegensteuerung mittels der Zielkostenrechnung nicht stattfände. 563

4.2 Orientierungsansätze

564 Die Zielkostenrechnung kann kostenorientiert, wettbewerbsorientiert oder kundenorientiert durchgeführt werden. Spätestens in der letzten „Knetphase“, wenn es um die endgültige Durchsetzung der Zielkosten geht, werden alle drei Ansätze berücksichtigt.

TAB. 142: Ansätze der Zielkostenermittlung

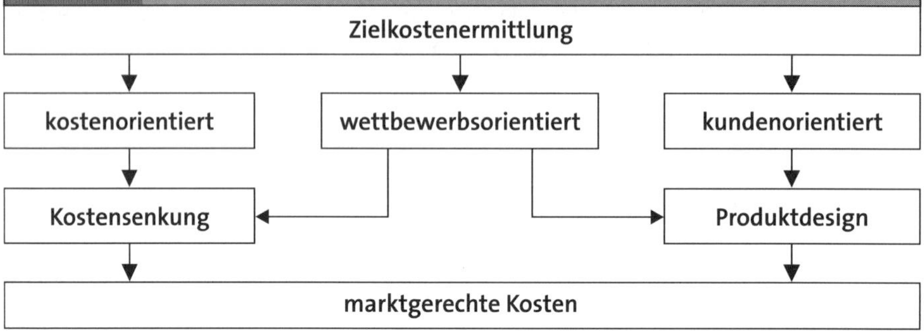

565 Im Mittelpunkt der **kostenorientierten** Zielkostenermittlung stehen Überlegungen, wie über **Kostensenkungen**, alternative Produkte oder andere Produktionsverfahren die „Darfkosten“ oder Allowable Costs (vom Markt erlaubte Kosten) erreicht werden können.

566 Die **wettbewerbsorientierte** Zielkostenermittlung orientiert sich an dem, was die Wettbewerber machen. Insbesondere im Falle gut vergleichbarer Konkurrenzprodukte wird hinterfragt, inwieweit die Wettbewerber mithalten können und an welcher Stelle sie schlagbar sind. Am Ende bleiben die Möglichkeiten der **Kostensenkung** und / oder Einschnitte beim **Produktdesign** bzw. das Produktredesign bereits entwickelter Produkte.

567 Bei der **kundenorientierten** Zielkostenermittlung stehen die Wünsche des Kunden im Mittelpunkt. Das **Produktdesign** wird sich weniger am Machbaren als vielmehr an den Erwartungen des Kunden orientieren. Allerdings kann die Marktforschung auch ausloten, welche verborgenen Wünsche der Kunden bei der Präsentation des neuen Produkts zusätzlich geweckt werden können.

568 Ein schwieriger Prozess im Rahmen der Marktanalyse ist die Bestimmung der **absetzbaren Stückzahlen**. Gerade die richtige Einschätzung der Stückzahlen ist aber wichtig, da die vollen Stückkosten von den Absatzmengen abhängen. (Die Verteilung des Fixkostenblocks auf eine größere Stückzahl senkt die Stückkosten s. Rn. 350.)

4.3 Alternative Vorgehensweisen

569 In der Literatur werden häufig die folgenden fünf Vorgehensweisen bei der Ermittlung der Zielkosten genannt, die sich mit den vorstehenden Orientierungsansätzen überschneiden:

- **Market into Company:** Basis für die Ermittlung sind die am Markt erzielbaren Preise und die Zielrendite aus der Unternehmensplanung. Diese Reinform der Zielkostenrechnung kann bei einer entsprechenden marktorientierten Ausgestaltung des Unternehmens, bei Organisation und Unternehmensphilosophie zu einem **Management durch Zielvorgabe (Management by Objectives)** führen.

- **Out of Company:** Die Ermittlung geht von den konstruktions- und fertigungstechnischen Möglichkeiten des Unternehmens, den bisherigen Erfahrungen und den vorhandenen Fertigungsmöglichkeiten aus.
- **Into and out of Company:** Dabei handelt es sich um eine Kombination der Verfahren Market into Company und Out of Company.
- **Out of Competitor:** Basis für die Ermittlung der Zielkosten sind allein das Verhalten und die Möglichkeiten der Konkurrenz.
- **Out of Standard Costs:** Bei der Ermittlung werden unter Berücksichtigung der vorhandenen Fähigkeiten, Erfahrungen und Produktionsmöglichkeiten Abschläge bei den Istkosten der Vorkalkulation (Prognosekosten) bzw. bei den Standardkosten vorgenommen.

Der folgenden Darstellung liegt das Market-into-Company-Verfahren zugrunde, das in der Praxis am häufigsten anzutreffen ist.

5. Detailvorgaben zu den Komponenten

Die Aufteilung der Zielkosten auf die Komponenten für ein Touren-Fahrrad kann in sechs Schritten dargestellt werden: 570

- Gewichtung von Komponenten und Produktmerkmalen
- Zuordnung des Beitrags der Komponenten zu den Produktmerkmalen
- Ermittlung des Beitrags der Komponenten zum Gesamtkundennutzen
- Gegenüberstellung von Kundennutzen und Kosten
- Ermittlung der Einsparungsmöglichkeiten (Zielkostenspaltung)
- Schließen der Ziellücke

5.1 Gewichtung von Komponenten und Produktmerkmalen

Die Ergebnisse der Marktanalyse geben vor, welche Produktmerkmale mit welchen Ausprägungen das Produkt aufweisen soll und welche Bedeutung der Kunde den Komponenten des Produkts beimisst. In einem ersten Schritt werden 571

- der prozentuale Anteil der wesentlichen Komponenten an den Gesamtkosten und
- die anteilige Bedeutung der Produktmerkmale für das Marketing

dargestellt. Die Plausibilität wird geprüft. In Zweifelsfällen folgen weitere Rückfragen bei den Kunden.

BEISPIEL Bei der Zielkostenermittlung für die Herstellung von Fahrrädern könnten die folgenden Produktkomponenten und Produktmerkmale in Betracht kommen: 572

TAB. 143:	Gewichtung der Produktkomponenten in der Kostenrechnung	
K1	Rahmen	20 %
K2	Räder	25 %
K3	Lenker	10 %
K4	Gangschaltung	20 %
K5	Sattel	10 %
K6	Stoßdämpfer	5 %
K7	Lackierung/Chrom	10 %
	Gesamt	100 %

573

TAB. 144:	Gewichtung der Produktmerkmale im Marketing	
P1	Verarbeitung	20 %
P2	Sportlichkeit	10 %
P3	Komfort	20 %
P4	Sicherheit	20 %
P5	Leistung	10 %
P6	Zuverlässigkeit	15 %
P7	Prestigefaktor	5 %
	Gesamt	100 %

5.2 Zuordnung des Beitrags der Komponenten zu den Produktmerkmalen

574 Im zweiten Schritt werden die Komponenten (Rn. 572) zu den Produktmerkmalen (Rn. 573) in Beziehung gesetzt. Es wird ermittelt, mit welchem Anteil die Komponenten jeweils zur Erfüllung der Produktmerkmale beitragen.

TAB. 145: Ermittlung des Anteils, mit dem die Komponenten zur Erfüllung der Produktmerkmale beitragen

Komponenten		Produktmerkmale						
		P1 %	P2 %	P3 %	P4 %	P5 %	P6 %	P7 %
K1	Rahmen	30	10	10	50	20	20	15
K2	Räder	20	30	10	15	25	20	10
K3	Lenker	20	20	20	15	5	20	10
K4	Gangschaltung	10	30	10		50	30	25
K5	Sattel	10	10	30	10			10
K6	Stoßdämpfer	5		20	10		10	
K7	Lackierung/Chrom	5						30
	Gesamt	100	100	100	100	100	100	100

5.3 Ermittlung des Beitrags der Komponenten zum Gesamtkundennutzen

Wenn feststeht, mit welcher Gewichtung die Komponenten zu den Produktmerkmalen 575
beitragen, wird die Summe der Produktmerkmale gleich 100 gesetzt, um dann den anteiligen Kundennutzen jeder Komponente ermitteln zu können. Dazu werden für jede Komponente die Prozentsätze der Produktmerkmale aus Schritt 2 (Rn. 574) mit dem prozentualen Anteil sämtlicher Produktmerkmale des Produkts (Rn. 573) multipliziert. (Die Beträge wurden in der folgenden Rechnung auf 0,5 % gerundet.)

TAB. 146: Ermittlung des anteiligen Kundennutzens je Komponente

Komponente K1 Rahmen			
Produktmerkmal	Tab. unter Rn. 574	Tabelle unter Rn. 573	Übernahme in Tabelle unter Rn. 576
P1	30	x 20/100	= 6,00 %
P2	10	x 10/100	= 1,00 %
P3	10	x 20/100	= 2,00 %
P4	50	x 20/100	= 10,00 %
P5	20	x 10/100	= 2,00 %
P6	20	x 15/100	= 3,00 %
P7	15	x 5/100	= 0,75 %
gesamt			= 24,75 %

Komponente K2 Räder			
Produktmerkmal	Tab. unter Rn. 574	Tabelle unter Rn. 573	Übernahme in Tabelle unter Rn. 576
P1	20	x 20/100	= 4,00 %
P2	30	x 10/100	= 3,00 %
P3	10	x 20/100	= 2,00 %
P4	15	x 20/100	= 3,00 %
P5	25	x 10/100	= 2,50 %
P6	20	x 15/100	= 3,00 %
P7	10	x 5/100	= 0,50 %
gesamt			= 18,00 %

Auf die Darstellung der Ausrechnung für die Komponenten K3 bis K7 wird hier verzichtet.

TAB. 147: Beitrag der Produktkomponenten zum Gesamtkundennutzen 576

Komponenten		P1 %	P2 %	P3 %	P4 %	P5 %	P6 %	P7 %	Summe %
K1	Rahmen	6,00	1,00	2,00	10,00	2,00	3,00	0,75	24,75
K2	Räder	4,00	3,00	2,00	3,00	2,50	3,00	0,50	18,00
K3	Lenker	4,00	2,00	4,00	3,00	0,50	3,00	0,50	17,00
K4	Gangschaltung	2,00	3,00	2,00		5,00	4,50	1,25	17,75
K5	Sattel	2,00	1,00	6,00	2,00			0,50	11,50
K6	Stoßdämpfer	1,00		4,00	2,00		1,50		8,50
K7	Lackierung/Chrom	1,00						1,50	2,50
Produktmerkmal im Marketing		20,00	10,00	20,00	20,00	10,00	15,00	5,00	100,00

Ein guter Rahmen ist für den Käufer eines Touren-Rades mit 24,75 % des Kundennutzens am wichtigsten. Lackierung und Chrom sind dem Kunden mit nur 2,5 % in der Nutzenwertung relativ egal.

Bei allen Komponenten sind dem Kunden Verarbeitung (P1), Komfort (P3) und Sicherheit (P4) mit jeweils 20 % wichtig. Der Prestigefaktor (P7) spielt mit nur 5 % eine untergeordnete Rolle.

5.4 Gegenüberstellung von Kundennutzen und Kosten

577 Der Kostenanteil einer Komponente an den Gesamtkosten sollte ihrem Nutzenanteil am Produkt entsprechen. Der **Zielkostenindex** zeigt an, wie weit diese Forderung erfüllt ist.

Im vierten Schritt werden deshalb Kosten und Nutzen gegenübergestellt. Je Komponente wird durch Division des Kundennutzens der Komponente (Summenspalte unter Rn. 576) durch den Kostenanteil der Komponente (oder Baugruppe) am Gesamtprodukt (Rn. 572) der Zielkostenindex je Komponente errechnet.

TAB. 148: Ermittlung des Zielkostenindexes

Komponenten		Kundennutzen (Summenspalte Rn. 576)	Kostenanteil der Komponenten (Rn. 572)	Zielkostenindex (Spalte1 / Spalte 2)
Spaltennummer		1	2	3
K1	Rahmen	24,75 %	20,00 %	**1,23**
K2	Räder	18,00 %	25,00 %	**0,72**
K3	Lenker	17,00 %	10,00 %	**1,70**
K4	Gangschaltung	17,75 %	20,00 %	**0,89**
K5	Sattel	11,50 %	10,00 %	**1,15**
K6	Stoßdämpfer	8,50 %	5,00 %	**1,70**
K7	Lackierung/ Chrom	2,50 %	10,00 %	**0,25**
		100,00 %	100,00 %	

Der **Zielkostenindex** zeigt, bei welchen Komponenten Kosten senkende Maßnahmen durchgeführt werden sollten.

Zielkostenindex > 1	Der Kundennutzen der Komponente ist größer als ihr Anteil an den Kosten des Produktes. Die Höhe der Kosten ist vertretbar.
Zielkostenindex < 1	Die Kosten der Komponente sind in Relation zum Kundennutzen zu hoch. Bei diesen Komponenten können Einsparungen vorgenommen werden, ohne die Marktchancen des Produktes zu beeinträchtigen.

5.5 Ermittlung der Einsparungsmöglichkeiten

Im fünften Schritt werden die vorläufigen Istkosten je Komponente den Zielkosten gegenübergestellt. Die Vorkalkulation liefert die Istkosten. Für die Aufteilung der Zielkosten auf die Komponenten wird der Kundennutzen (Summenspalte unter Rn. 576) herangezogen. 578

In die folgende Tabelle wurden zunächst die Istkosten lt. Vorkalkulation (Spalte 1) insgesamt und je Komponente eingetragen. Die Zielkosten für die Herstellung belaufen sich auf 210 €. Sie wurden nach dem Schlüssel „Kundennutzen" (Spalte 2) auf die Komponenten aufgeteilt. Die Differenz zwischen Istkosten (Spalte 1) und Zielkosten (Spalte 3) führt zu einer Über- bzw. Unterdeckung (Spalte 4).

Die Zielkostenspaltung dient der möglichst verursachungsgerechten, proportionalisierten Verteilung der Kosten auf die Komponenten und führt i. d. R. gleichzeitig zu einer Reduzierung der Komplexität der Kosten.

TAB. 149: Ermittlung der Ziellücke je Produktkomponente 579

Komponenten		Istkosten (lt. Vorkalkultion)	Kundennutzen (Rn. 576)	Zielkosten	Über- bzw. Unterdeckung
Spaltennummmer		1 (in €)	2 (in %)	3 (in %)	4 (in €)
K1	Rahmen	60,00	24,75	51,98	- 8,02
K2	Räder	65,00	18,00	37,80	- 27,20
K3	Lenker	10,00	17,00	35,70	+ 25,70
K4	Gangschaltung	40,00	17,75	37,27	- 2,73
K5	Sattel	25,00	11,50	24,15	- 0,85
K6	Stoßdämpfer	20,00	8,50	17,85	- 2,15
K7	Lackierung/Chrom	20,00	2,50	5,25	- 14,75
Summe Herstellkosten		240,00	100,00	210,00	- 30,00

5.6 Schließen der Ziellücke

580 Die vorläufig ermittelten Zielkosten überschreiten oft die als vorläufig ermittelten Istkosten, die sich ohne Veränderungen bei der Gestaltung des Produkts und der vorhandenen Technologien und Abläufe im Unternehmen ergeben würden. Deshalb werden Überlegungen angestellt, durch welche Maßnahmen der Kostensenkung bei möglichst gleichzeitiger Qualitätsverbesserung die Ziellücke geschlossen werden kann. Gefragt wird nach der Win-Win-Situation durch Kosteneinsparung beim Hersteller, bei gleichzeitig verbesserter Qualität für den Kunden.

Komponenten oder Funktionen, deren Kosten oberhalb ihrer anteiligen Zielkosten liegen, werden auf das Vorhandensein von **Kostensenkungspotenzialen** untersucht. Sind weder bei Funktionsumfang und Konstruktion, noch bei der Fertigung oder beim Material Einsparungen möglich, sollte gefragt werden, ob die Komponente oder die Funktion in der vorgesehenen Form unbedingt erforderlich ist und ob sie vielleicht ganz eingespart werden kann. Dabei dürfen die Markchancen des Produkts nicht beeinträchtigt werden.

Die Über- bzw. Unterdeckungen in der Tabelle unter Rn. 579 könnten zu folgenden Überlegungen führen:

- Wegen des hohen Anspruchs an die **Sicherheit** insgesamt, und insbesondere der Sicherheit des Rahmens, wird bei der **„K1 Rahmen“** lediglich eine Einsparung von 3 € angestrebt.
- Bei der **„K2 Räder“** wird eine Einsparung von insgesamt 20 € vorgegeben. Davon sollen 4 € auf die Felgen, 6 € auf Ventile und Bereifung und 10 € auf die Ausführung der Speichen entfallen.
- Bei **„K3 Lenker“** dürfen zusätzliche Kosten anfallen, wenn dadurch eine Verbesserung des Kundennutzens möglich ist. Die Überdeckung kann aber auch als Reserve bei der Kompensation nicht einsparbarer Kosten bei den übrigen Komponenten verwendet werden.
- Bei **„K4 Gangschaltung“** und **„K5 Sattel“** können nach Verhandlungen mit den Zulieferfirmen ohne Qualitätseinbußen jeweils 2 € eingespart werden.
- Für die **„K6 Stoßdämpfer“** ist zurzeit keine vertretbare Einsparungsmöglichkeit zu erkennen. Die Techniker werden jedoch weiter nach kostengünstigeren Alternativen suchen.
- Bei **„K7 Lackierung / Chrom“** lassen sich durch Ersatz von verchromten durch lackierte Teile 3 € einsparen. Die Einsparung ist wegen des Prestigefaktors von nur 5 % (s. Rn. 573) gerechtfertigt. Bei der Lackierung würden Einsparungen allerdings zu einem Qualitätsverlust führen, der mit dem Anspruch des Kunden an die Verarbeitung und der Vorstellung von einem „soliden“ Touren-Fahrrad nicht vereinbar ist (s. Rn. 573).
- Zusätzlich zur Kalkulation der Herstellkosten kann die Prüfung möglicher Einsparungen bei den Verwaltungs- und Vertriebsgemeinkosten geprüft werden.

581 Daraus ergibt sich die erste grobe Zielkostenkalkulation mit Vorgaben für die weitere Arbeit:

TAB. 150: Zielkostenkalkulation		
Erste Zielkostenkalkulation		
K1	Rahmen	57 €
K2	Räder	45 €
K3	Lenker	10 €
K4	Gangschaltung	38 €
K5	Sattel	23 €
K6	Stoßdämpfer	20 €
K7	Lackierung/Chrom	17 €
Herstellkosten		210 €
VwGK und VtGK		40 €
Zielkosten		250 €
Zielpreis		275 €
Zielgewinn		25 €

Die Kalkulation zeigt, dass das Touren-Fahrrad zu Kosten von 250 € hergestellt und verkauft werden kann.

6. Kostensenkungspotenziale

Die Zielkostenkalkulation enthält Vorgabewerte für die Beteiligten am Produktentwick- 582
lungsprozess. Das Projekt kann fortgesetzt und die Produktion kann vorbereitet werden. In der Konstruktion, im Fertigungsbereich und auch im Einkauf werden weitere Maßnahmen eingeleitet, die für die Realisierung der Zielkosten notwendig sind. Ansatzpunkte sind:

- **Produktbezogene Kostensenkungspotenziale** beim Funktionsumfang und der Komplexität des Produkts.
- **Kostenstellenbezogene Kostensenkungspotenziale**, wie Rationalisierung und Anpassung der Kapazitäten an die tatsächliche Beschäftigung.
- **Ablaufbezogene Kostensenkungspotenziale**, die die Reihenfolge der Arbeiten und die Flexibilität des Fertigungssystems betreffen.
- **Kostensenkungspotenziale bei der Beschaffung**, wie Preisverhandlungen und Wechsel der Lieferanten.

7. Zielkosten als Plankosten

Nach der Einführungsphase des Produkts werden die endgültigen Zielkosten als **Plan-** 583
kosten vorgegeben und die Einhaltung im Plan-Ist-Vergleich kontrolliert. Im Rahmen ständiger Kostensenkungsbemühungen (Continuous Cost Reduction), bei möglichst gleichzeitiger Qualitätsverbesserung und ständiger Anpassung entsprechend der Ent-

wicklung der Kundenwünsche, müssen Fertigung, Konstruktion und Einkauf permanent bemüht sein, die Plankosten noch einmal zu unterschreiten.

8. Kritik

a) Vorteile

584 ► Das Zielkostenmanagement trägt dazu bei, dass mit möglichst geringen Kosten tatsächlich die Produkte hergestellt werden, die der Kunde wünscht.

► Durch die Einbeziehung der Kundenvorstellungen vom Beginn der Produktentwicklung an wird die Marktakzeptanz gesteigert. Damit wird der Rückfluss der Entwicklungskosten gesichert und verhindert, dass am Ende schwer oder sogar unverkäufliche Produkte hergestellt werden.

► Die Zielkostenrechnung dient dazu,
- dass vom Beginn des Produktlebenszyklus an eine marktorientierte Steuerung mit Kosteninformationen erfolgt;
- dass Kosten- und Qualitätsziele abteilungsübergreifend verfolgt werden;
- dass alle Produkte ihre Vollkosten und den in der Planungsrechnung festgelegten Gewinnaufschlag erwirtschaften.

► Die vorausgehende Marktanalyse, die Einbindung des Qualitätsmanagements und die frühzeitige Kontrolle der Kosten führen dazu, dass notwendige Maßnahmen zur Kostensenkung bereits durchgeführt werden, bevor beispielsweise Kosten für Fehlentwicklungen „in den Sand gesetzt" wurden.

► Nicht zuletzt wirkt sich das Target Costing im Allgemeinen positiv aus auf die Produktentwicklung insgesamt, die Organisationsstruktur im Unternehmen und die Unternehmensphilosophie.

b) Nachteile

585 ► Die gewinnoptimale Preisermittlung und die Ermittlung der kaufrelevanten Produkteigenschaften sind schwierig und führen nicht selten zu Fehleinschätzungen bei der Ermittlung der Zielkosten.
- Die unzureichende Kenntnis der Kundenanforderungen verleitet bei komplexen Produkten zu einer Maximalauslegung.
- Die Höhe der vollen Stückkosten hängt – wie im Kapitel zur Teilkostenrechnung nachgewiesen – von der geplanten Absatzmenge ab. Bereits in der Zeit von der Aufnahme der Entwicklung eines neuen Produkts bis zur Fertigstellung der ersten Exemplare können Veränderungen am Markt eintreten.
- Die Zielkostenspaltung und die prozentuale Bewertung des anteiligen Kundennutzens, der Funktionen oder der Komponenten können immer nur auf einer Annahme beruhen. Oft kann der Kunde den Nutzen, der erst im Entwicklungsstadium befindlichen neuen Technologien, noch nicht zuverlässig beurteilen. Die Ergebnisse der Befragung führen dann zu Fehlentscheidungen.

► Die Einführung der Zielkostenrechnung verlangt ein Umdenken bei den Mitarbeitern im technischen Bereich und führt zu zusätzlicher Arbeit im Verkauf und in der

Kostenrechnung. Hinzu kommt die Notwendigkeit der abteilungsübergreifenden Zusammenarbeit. Dieses sind Faktoren, die erfahrungsgemäß zumindest zu Beginn zu Unzufriedenheit bei vielen Mitarbeitern und Reibungen im Betriebsablauf führen. Dem können jedoch gute Führungskräfte durch entsprechende Aufklärung und Begleitung der Mitarbeiter entgegenwirken.

FRAGEN

(Die Antworten zu den Kontrollfragen 204 – 214 befinden sich auf Seite 294 ff.)

204. Welche Aufgaben hat die Zielkostenrechnung und was versteht man unter „Zielkosten"?
205. Nach welcher Rechenformel werden die Zielkosten ermittelt?
206. Warum wird das Target Costing als „strategisches Zielkostenmanagement" bezeichnet?
207. Welche Aufgaben hat das Zielkostenmanagement?
208. Welche Aufgaben hat die Marktanalyse im Rahmen der Zielkostenrechnung?
209. Nennen Sie Produktmerkmale aus der Sicht des Kunden.
210. Welche Arbeitsschritte sind i. d. R. erforderlich, um die Zielkosten auf die Komponenten oder Baugruppen eines Produkts zu verteilen? – Geben Sie zu jedem Arbeitsschritt in möglichst nur einem Satz an, was gemacht wird.
211. Was zeigt der Zielkostenindex an?
212. Welche Kostensenkungspotenziale sollten bei den Überlegungen zur Schließung der Ziellücke von der Prognosekalkulation zur Zielkostenkalkulation berücksichtigt werden?
213. Nennen Sie vier Vorteile des Zielkostenmanagements für die Unternehmensführung.
214. Welches sind die Voraussetzungen für ein erfolgreiches Zielkostenmanagement?

XII. Ordnungsmäßigkeit der Kostenrechnung und Qualitätskriterien

1. Notwendigkeit einer ordnungsmäßigen Kostenrechnung

Unternehmen sind i. d. R. auf Dauer angelegt. Im Wettbewerb der Markwirtschaft und 591
wegen der sich permanent verändernden wirtschaftlichen Rahmenbedingungen müssen sie sich immer wieder neu behaupten. Die technologischen Veränderungen und der Wandel der Verbraucherwünsche zwingen zur Anpassung in immer kürzeren Zeitabständen. Die Globalisierung verschärft den Wettbewerb insbesondere durch das starke Lohngefälle zwischen den Staaten Westeuropas und Nordamerikas gegenüber fast allen übrigen Ländern unserer Erde. Die Anpassung der Leistungsfähigkeit ist mit erheblichen Kosten und Risiken verbunden, die kalkulierbar sein müssen.

Entsprechend den Grundsätzen ordnungsmäßiger Buchführung, die u. a.

- die zweckmäßige Gestaltung der Buchführung sicherstellen,
- einen Überblick über die Geschäftsvorfälle und über die Lage des Unternehmens vermitteln,
- eine Nachvollziehung der Geschäftsvorfälle in ihrer Entstehung und Abwicklung ermöglichen,
- die Vollständigkeit und Richtigkeit der Abrechnung garantieren,
- für die Wirtschaftlichkeit des Abrechnungsverfahrens sorgen und
- die Klarheit und Nachprüfbarkeit unterstützen,

haben sich in der Praxis entsprechende Grundsätze oder Leitsätze bzw. Generalklauseln für die Kostenrechnung durchgesetzt, die wiederum beeinflusst wurden von den Empfehlungen des Staates und der Verbände.

2. Empfehlungen des Staates und der Verbände

Meilensteine der Kodifizierung einer ordnungsmäßigen Kostenrechnung sind 592

- der **Grundplan der Kostenrechnung vom RKW** (1821),
- der **Kontenrahmen von Schmalenbach** (1927),
- die **Leitsätze für die Preisermittlung aufgrund der Selbstkosten bei Leistungen für öffentliche Auftraggeber**, LSÖ (1938),
- der **Erlass über die allgemeinen Grundsätze der Kostenrechnung**, KRG (1939),
- die **Leitsätze für die Preisermittlung aufgrund der Selbstkosten bei Bauleistungen für öffentliche Auftraggeber**, LSBÖ (1940),
- die **Leitsätze für die Preisermittlung aufgrund der Selbstkosten**, LSP (1951),
- die vom Bundesverband der Deutschen Industrie (BDI) herausgegebenen **Grundsätze für das Rechnungswesen mit den Teilen Allgemeine Grundsätze, Grundsätze für die Buchführung** und **Grundsätze für die Kosten- und Leistungsrechnung** (1952),

- die seit etwa 1960 immer wieder überarbeiteten **Empfehlungen zur Kosten- und Leistungsrechnung** des BDI und
- die **Verordnung über die Preisbildung bei öffentlichen Aufträgen**, VPÖA (1953).

Die kurze Aufzählung zeigt, dass nicht nur die Unternehmen selbst, sondern auch Staat und Gesellschaft an einer ordnungsmäßigen Kostenrechnung interessiert sind.

3. Grundsätze ordnungsmäßiger Kostenrechnung

593 Die Aussagefähigkeit der Kostenrechnung hängt von der Wahl des Kostenrechnungssystems ab. Hat man sich für ein bestimmtes System oder für parallele Kostenrechnungsverfahren entschieden, müssen weitere materielle und formale Mindestanforderungen erfüllt werden, die in Anlehnung an die Grundsätze ordnungsmäßiger Buchführung als Grundsätze ordnungsmäßiger Kostenrechnung bezeichnet werden. Die wichtigsten sind:

- Grundsatz der Wirtschaftlichkeit,
- Grundsatz der Transparenz,
- Grundsatz der Richtigkeit und Nachprüfbarkeit,
- Grundsatz der verursachungsgerechten Verrechnung,
- Grundsatz der Proportionalität,
- Grundsatz der direkten Zurechnung,
- Grundsatz der Vollständigkeit und der Geschlossenheit,
- Grundsatz der Kompatibilität mit Buchhaltung und Planungsrechnung,
- Grundsatz der Einmaligkeit der Verrechnung,
- Grundsatz der Stetigkeit,
- Grundsatz der Belegpflicht,
- Grundsatz der Flexibilität,
- Grundsatz der Praktikabilität,
- Grundsatz des entscheidungsorientierten Aufbaus.

594 Generell gilt: Eine Kostenrechnung ist dann ordnungsmäßig, wenn sie den Empfehlungen des BDI und den Anforderungen der Leitsätze zur Preisermittlung aufgrund der Selbstkosten (LSP) entspricht.

3.1 Grundsatz der Wirtschaftlichkeit

595 Eine Kostenrechnung ist nur dann wirtschaftlich, **wenn ihre Kosten niedriger sind als der Wert der gelieferten Informationen.** Vor Einrichtung einer Kostenrechnung sind die Ziele und Aufgaben der Kostenrechnung für den gegebenen Betrieb klar zu definieren. I. d. R. werden die von der Kostenrechnung erwarteten Leistungen vorgegeben. Es gilt dann, mit möglichst wenig Aufwand die gesetzten Ziele zu erreichen. Dabei dürfen allerdings Möglichkeiten der späteren Ausweitung und Verfeinerung der Kostenrechnung nicht bereits bei der Ersteinrichtung verbaut werden.

Der Grundsatz der Wirtschaftlichkeit gilt nicht allein für die Kostenrechnung selber. Die Kostenrechnung muss darauf hinwirken, dass alle Prozesse und Produkte des Unternehmens nach dem Grundsatz der Wirtschaftlichkeit beurteilt werden. Die Wirtschaftlichkeit wird gemessen an der Rentabilität des eingesetzten Kapitals, nicht dagegen am Gewinn. (Bei einer starken Marktstellung kann auch ein unwirtschaftlich arbeitendes Unternehmen hohe Gewinne erzielen.) Bezogen auf die Sortimentsgestaltung sind der Deckungsbeitrag und insbesondere der relative Deckungsbeitrag weitere Größen zur Messung der Wirtschaftlichkeit. Das Gewinnmaximum liegt dann bei der Ausbringungsmenge, bei der die Grenzkosten gleich dem Stückpreis sind. In diesem Fall wird der höchste Gesamtgewinn, aber nicht mehr der höchste Stückgewinn erzielt.

3.2 Grundsatz der Transparenz

Das Verfahren der Kostenrechnung muss für alle Mitarbeiter des Unternehmens transparent sein. Kostenstellenberichte und Kalkulationen müssen auch für Nicht-Betriebswirte **aussagefähig** und hinsichtlich des Zustandekommens der Daten **nachvollziehbar** sein, wenn diese Informationen unternehmerische Entscheidungen auf allen Ebenen des Unternehmens unterstützen sollen. Dazu gehören die Offenlegung der Verteilungs- und Umlageschlüssel sowie die Darstellung des Wegs der Kostenverrechnung ausgehend von der Finanz- oder Geschäftsbuchhaltung über die Kostenstellen bis auf die Aufträge. 596

Ein wesentliches Instrument zur Erhöhung der Transparenz nicht nur der Kostenrechnung, sondern auch der Planung, ist der **Kontierungsschlüssel** (das Kontierungsverzeichnis, Rn. 118) der Finanzbuchhaltung. Aus dem Kontierungsschlüssel geht hervor, welche Kosten unter einer bestimmten Kostenart zusammengefasst werden. 597

3.3 Grundsatz der Richtigkeit und der Nachprüfbarkeit

Wie der Grundsatz der Transparenz unmittelbar an den Grundsatz der Wirtschaftlichkeit anknüpft, folgt der Grundsatz der Richtigkeit und der Nachprüfbarkeit direkt dem Grundsatz der Transparenz des Verfahrens. Als offizielle Mitteilungen der Kostenrechnung dürfen die Kostenrechnung nur **vollständig abgesicherte Informationen** verlassen. Qualität geht vor Quantität. Fehlerhafte Informationen schaden dem Vertrauen in die Kostenrechnung und unterstützen nicht mehr die Einhaltung des Grundsatzes der Wirtschaftlichkeit im Unternehmen. Die Kostenrechnung greift nicht mehr, sie wird zu einem überflüssigen Aufwand. Die Richtigkeit ist zu beweisen, indem die Einzelkosten bei Bedarf belegmäßig nachgewiesen und die verursachungsgerechte Verteilung der Primärkosten und die Belastungen aus der Umlage der allgemeinen Kostenstellen und der Hilfskostenstellen dem Verfahren nach dargestellt und hinsichtlich der Schlüsselgrößen begründet werden. 598

3.4 Grundsatz der verursachungsgerechten Verrechnung

599 Kostenstellen und Kostenträger dürfen nur mit den Kosten belastet werden, die sie verursacht haben **(Verursachungsprinzip).** Vollkommen verursachungsgerecht verhalten sich nur die variablen (i. d. R. proportionalen) Kosten. Von daher erfüllen die Grenzplankosten- und die Deckungsbeitragsrechnung am ehesten die Anforderungen dieses Grundsatzes.

600 **Einzelkosten** wie Fertigungslöhne, Fertigungsmaterial und Sondereinzelkosten der Fertigung und des Vertriebs werden verursachungsgerecht direkt (einzeln) auf die Kostenträger verrechnet. Die Verrechnung der Kostenstellengemeinkosten auf die Kostenstellen und der Gemeinkosten insgesamt auf Kostenträger kann im Rahmen einer Vollkostenrechnung nur annähernd verursachungsgerecht nach dem **Durchschnittskostenprinzip** oder dem Grundsatz der Proportionalität erfolgen.

601 Zur Vermeidung einer nicht verursachungsgerechten Verrechnung belastet die Grenzkostenrechnung die Kostenträger nur mit den zurechenbaren variablen Kosten und übernimmt den beschäftigungsabhängigen Fixkostenblock auf das Betriebsergebniskonto.

602 Die **Gemeinkosten** setzen sich aus unveränderlichen Kosten der Betriebsbereitschaft zusammen und solchen, die in Abhängigkeit von der Beschäftigung anfallen (variable oder proportionale Kosten). Die variablen Kosten können als **Kostenstelleneinzelkosten** verursachungsgerecht bestimmten Kostenstellen zugerechnet werden. Kostenstelleneinzelkosten sind z. B. Abschreibungen lt. Anlagenbuchhaltung, Reisekosten für Mitarbeiter der Kostenstelle, Entnahmen von Hilfs- und Betriebsstoffen, Hilfslöhne und Mieten für Geräte, die allein einer bestimmten Kostenstelle zugeordnet sind. **Kostenstellengemeinkosten,** wie Mieten für Gebäude, Heizkosten, Stromverbrauch, Versicherungen u. Ä. müssen mit Hilfe von Schlüsseln auf die Kostenstellen verteilt werden. Eine wirklich verursachungsgerechte Verrechnung der Kostenstellengemeinkosten ist deshalb nicht möglich.

603 Die fixen Kosten sind bei Anwendung der Vollkostenrechnung und der stufenweisen **Deckungsbeitragsrechnung** nur dann einem bestimmten Produkt zurechenbar, wenn sie allein für dieses anfallen, d. h. allein der Herstellung oder dem Vertrieb eines bestimmten Produkts dienen.

604 Bei dem Verfahren der **Vollkostenrechnung** werden sowohl die Nutzkosten als auch die Leerkosten auf die Kostenträger weiterverrechnet. Bei zunehmendem **Beschäftigungsgrad** nehmen dann die Kosten je produzierter Einheit ab, bei sinkendem Beschäftigungsgrad steigen sie. Die Verrechnung der Leerkosten verstößt gegen das Verursachungsprinzip.

605 Die **Prozesskostenrechnung** führt am ehesten zu einer verursachungsgerechten Verrechnung der Vollkosten.

3.5 Grundsatz der Proportionalität

606 Der Grundsatz der Proportionalität unterstellt, dass

- bei der Verteilung der Primärkosten nach Schlüsseln oder unter Anwendung von Tarifen,
- bei der Umlage der allgemeinen Kostenstellen und der Hilfskostenstellen auf die Hauptkostenstellen,
- sowie bei der Verrechnung der innerbetrieblichen Leistungen (Werkaufträge) auf die Kostenstellen

die **Umlageschlüssel** ebenso das proportionale Verhältnis abbilden wie die Zuschlagssätze bei der Verrechnung der Verwaltungs- und Vertriebsgemeinkosten auf die Herstellkosten der Erzeugnisse.

Kostenstellen und Kostenträger dürfen nur mit den Kosten belastet werden, die sie ver- 607
ursacht haben. Diese Forderung gilt auch dann als erfüllt, wenn die Verteilungs- und Umlageschlüssel sich zu den Kosten der Inanspruchnahme proportional verhalten. Soweit Kostenstellengemeinkosten (der Primärumlage) und Umlagekostenstellen (bei der Sekundärumlage) nicht mit vertretbarem Aufwand nach dem **Verursachungsprinzip** verteilt bzw. umgelegt werden können, wird der Grundsatz der verursachungsgerechten Verrechnung durch den Grundsatz der Proportionalität ersetzt.

3.6 Grundsatz der direkten Zurechnung

Der Grundsatz der direkten Zurechnung der **Einzelkosten** und der **Kostenstelleneinzel-** 608
kosten berücksichtigt das **Verursachungsprinzip** und erhöht die Genauigkeit und die Aussagefähigkeit der Kostenrechnung. Der Grundsatz trifft begrenzt auch auf die fixen Kosten zu, wenn sie nur einem bestimmten Produkt zurechenbar sind, z. B. bei Anwendung der Vollkostenrechnung für die Kosten einer bestimmte Kostenstelle oder bei Anwendung der Deckungsbeitragsrechnung für die Auflösung des Fixkostenblocks über mehrere erzeugnisabhängige Stufen.

3.7 Grundsatz der Vollständigkeit und der Geschlossenheit

Vollständigkeit setzt voraus, dass tatsächlich alle Kosten in der Kostenrechnung be- 609
rücksichtigt werden. Das ist nur dann gewährleistet, wenn eine Abstimmung zwischen der Geschäftsbuchhaltung (Rechnungskreis I) und der Betriebsbuchhaltung oder Kosten- und Leistungsrechnung (Rechnungskreis II) möglich ist (Rn. 22 ff).

Der Grundsatz der **Geschlossenheit** setzt die Abrechnung nach einem entsprechenden 610
Kontenrahmen und die Spaltung der Aufwendungen einerseits in betriebsfremde und betriebsneutrale Aufwendungen und andererseits in betriebsbedingte Kosten voraus. Die Geschlossenheit ist nur dann gewahrt, wenn das Ergebnis der Kosten- und Leistungsrechnung mit dem Ergebnis der Finanz- oder Geschäftsbuchhaltung abgestimmt werden kann, z. B. in einer Ergebnistabelle (Rn. 76).

Der Grundsatz der Geschlossenheit wird nur unter folgenden Bedingungen eingehalten:

- Kosten- und Leistungsrechnung (Betriebsergebnis) und Finanzbuchhaltung müssen miteinander abgestimmt werden können.
- Die Zuordnung der Kosten zu bestimmten Kostenartengruppen (Einzel- und Gemeinkosten) und die Begriffsdefinitionen für Kosten- und Leistungsarten sowie die Definition der Aufwendungen als betriebsbedingte und nicht betriebsbedingte müssen einheitlich definiert sein.
- Die Zuschlagsbasen in Kostenstellenrechnung, Kostenträgerzeitrechnung (kurzfristige Erfolgsrechnung) und Kostenträgerstückrechnung (Auftragsabrechnung) müssen einheitlich sein.
- Kosten- und Leistungen werden entsprechend der Verursachung bzw. des zeitlichen Anfalls periodisch abgegrenzt.

3.8 Grundsatz der Kompatibilität mit Buchhaltung, Auftragsabrechnung und Planungsrechnung

611 Buchhaltung, Kostenrechnung, Auftragsabrechnung und Planungsrechnung müssen in ihrem Aufbau aufeinander abgestimmt (verträglich) sein. Ein sachverständiger Dritter muss beispielsweise erkennen können, welche Kostenarten der Finanzbuchhaltung wo in der Kostenrechnung weiterverrechnet und in welchen GuV-Posten und in welche Position des Wirtschaftsplans übernommen werden. Eine Tabelle der folgenden Art erleichtert nicht nur die Arbeit bei der Unternehmensplanung und der Erstellung des Jahresabschlusses, sie stellt auch den richtigen Ausweis und die Stetigkeit des Ausweises sicher.

TAB. 151: Kompatibilität des Ausweises der Kostenarten in den verschiedenen Bereichen des Rechnungswesens

Konten der Buchhaltung	Auftragsabrechnung	BAB und Kalkulationsschema	Wirtschaftsplan	Bilanz und Gewinn- und Verlustrechnung
Ertragskonten	Produktgruppenbezeichnung im klassifizierenden Teil der Auftragsnummer	Zeilen-Nr. der Ergebnistabelle Zeilen-Nr. des Schemas der Auftragskalkulation Zeilen-Nr. der kurzfristigen Erfolgsrechnung	Positionsnummer im Wirtschaftsplan	Positionsnummer der Gewinn- und Verlustrechnung

Konten der Buchhaltung	Auftragsabrechnung	BAB und Kalkulationsschema	Wirtschaftsplan	Bilanz und Gewinn- und Verlustrechnung
Aufwandskonten	Bei Einzelkosten Produktgruppennummer im klassifizierenden Teil der Auftragsnummer wenn möglich	Zeilen-Nr. der Ergebnistabelle Zeilen-Nr. des Schemas der Auftragskalkulation bei Einzelkosten BAB-Zeilen-Nr. bei Gemeinkosten Zeilen-Nr. der kurzfristigen Erfolgsrechnung bei Einzelkosten	Positionsnummer im Wirtschaftsplan	Positionsnummer der Gewinn- und Verlustrechnung

3.9 Grundsatz der Einmaligkeit der Verrechnung

Die Kosten dürfen nur einmal verrechnet werden. Eine Ausnahme sind die kalkulatori- 612
schen Abschreibungen vom Wiederbeschaffungswert, die mit dem Ziel der Substanzerhaltung und wegen der Vergleichbarkeit des Kostenanfalls über die ursprünglichen Anschaffungskosten hinaus (über Null) verrechnet werden dürfen.

3.10 Grundsatz der Stetigkeit

Der Grundsatz der Stetigkeit ist auf die Kostenarten, die Kostenstellen und die Vertei- 613
lungs- und Umlageschlüssel sowie auf die Kostenträgerrechnung anzuwenden. Der Grundsatz zielt auf eine verlässliche Organisation der Kostenrechnung, ohne die Transparenz und Vergleichbarkeit des Kostenanfalls nicht möglich sind.

Ein **Kontierungsverzeichnis** (Rn. 118 f) sichert die gleichmäßige Verbuchung von Kosten und Erlösen. Der Inhalt bestimmter Kostenarten im BAB ist leichter nachvollziehbar. Die gleichmäßige Verbuchung auf bestimmten Konten und die Stetigkeit beim Ausweis innerhalb der Kostenrechnung und des jährlichen Wirtschaftsplans ermöglichen erst eine Kontrolle der Kostenentwicklung.

Kostenstellen und Verteilungs- und Umlageschlüssel sollten möglichst selten und wenn, dann nur zum Wechsel eines Geschäftsjahrs geändert werden. Auch das Kalkulationsschema sollte möglichst keine Änderungen erfahren. Nur so ist der Kostenanfall nach Perioden und zwischen Aufträgen (Kostenträgern) vergleichbar und in seiner Entwicklung analysierbar.

Der Grundsatz der Stetigkeit darf bzw. muss durchbrochen werden

- nach Änderungen der Fertigungsverfahren,
- nach organisatorischen Änderungen,
- wenn die Kostenrechnung falsche Ergebnisse liefert,
- wenn die Änderungen zu einer Erhöhung der Genauigkeit der Kostenrechnung führen.

3.11 Grundsatz der Belegpflicht

614 Der aus der Geschäftsbuchhaltung bekannte Grundsatz „Keine Buchung ohne Beleg" gilt auch für die Kosten- und Leistungsrechnung. Die Zuordnung von Kosten und Erlösen muss belegmäßig nachweisbar oder z. B. im Falle von Schlüsseln anhand einer Dokumentation zu Ablauf und Inhalt der Kosten- und Leistungsrechnung (Generalbeleg) zu begründen und nachvollziehbar sein.

3.12 Grundsatz der Flexibilität

615 Die Kostenrechnung muss weitgehend problemlos veränderten Rahmenbedingungen im organisatorischen Bereich, hinsichtlich des Produktsortiments und anderer Anforderungen angepasst werden können. **Sonderrechnungen** müssen kurzfristig möglich sein. Dazu gehören auch die Deckungsbeitragsrechnung für einzelne Produkte oder Aufträge im Rahmen der Vollkostenrechnung oder die einmalige Zielkostenrechnung für ein neu einzuführendes Produkt.

3.13 Grundsatz der Praktikabilität

616 Der Grundsatz der Praktikabilität verlangt, dass Kostenrechnungssysteme als **Führungs- und Kontrollsysteme** einsetzbar und nutzbar sind. Um das zu gewährleisten, sind neben einer entsprechenden Aufbau- und Ablauforganisation sowie der erforderlichen EDV-Ausstattung auch entsprechend ausgebildete Mitarbeiter erforderlich. Deshalb muss die Kostenrechnung individuell auf die Rahmenbedingungen des jeweiligen Unternehmens zugeschnitten sein.

3.14 Grundsatz des entscheidungsorientierten Aufbaus

617 Die Kostenrechnung kann ihre Aufgaben (Rn. 12 und 13) nur dann erfüllen, wenn die Unternehmensführung gezielt ein **Controllingkonzept** (Rn. 623) mit Zielvereinbarung, Planung, Information, Analyse, Steuerung und Kontrolle und die dazugehörigen strategischen und operativen Instrumente einsetzt. (Rn. 624).

4. Qualitätskriterien für die Kostenrechnung

Außer von Grundsätzen der Kostenrechnung wird seit einigen Jahren auch von Quali- 618
tätskriterien der Kostenrechnung gesprochen, die sich allerdings weitgehend mit den Grundsätzen ordnungsmäßiger Kostenrechnung decken. Qualitätskriterien eines Kostenrechnungsverfahrens sind z. B.:

- Transparenz der Kostenverrechnung,
- Genauigkeit der Kostenverrechnung (z. B. verursachungsgerechte Zurechnung),
- Vergleichbarkeit des Kostenanfalls,
- Wirtschaftlichkeit der Kostenrechnung,
- Abstimmbarkeit mit der Buchhaltung und der Planungsrechnung,
- Kostenkontrolle nach Ort des Anfalls, nach Erzeugnissen, nach Prozessen und nach Abrechnungsperioden,
- Vollständigkeit der Kostenerfassung und der Kostenzurechnung,
- Unterstützung der Kostensteuerung,
- Abbildung der Aufbau- und der Ablauforganisation in Kostenwerten,
- Umfang der Hilfe bei Entscheidungen,
- Aktualität der Ergebnisse (Verteilung spätestens zum 15. des Folgemonats).

FRAGEN

(Die Antworten zu den Kontrollfragen 215 – 232 befinden sich auf Seite 296 ff.)

215. Wer ist an einer ordnungsmäßigen Kostenrechnung interessiert?
216. In welchem Fall kann das Verfahren einer Kostenrechnung als wirtschaftlich bezeichnet werden?
217. Gilt der Grundsatz der Wirtschaftlichkeit nur für die Kostenrechnung selber?
218. Wann kann das Verfahren der Kostenrechnung als transparent bezeichnet werden?
219. Was verlangt der Grundsatz der Richtigkeit und Nachprüfbarkeit von der Kostenrechnung und warum ist die Richtigkeit ausschlaggebend für den Nutzen der Kostenrechnung?
220. Was schreibt das Verursachungsprinzip in der Kostenrechnung vor?
221. In welchem Umfang ist eine verursachungsgerechte Verrechnung der Gemeinkosten möglich?
222. Was versteht man unter dem Durchschnittskostenprinzip im Rahmen der Gemeinkostenverrechnung?
223. In welchem Fall wird der Grundsatz der verursachungsgerechten Verrechnung durch den Grundsatz der Proportionalität ersetzt?
224. Was besagt der Grundsatz der direkten Zurechnung?

225. Welche Voraussetzungen müssen nach dem Grundsatz der Vollständigkeit und der Geschlossenheit erfüllt sein?
226. Was verlangt der Grundsatz der Kompatibilität?
227. Muss der Grundsatz der Einmaligkeit der Verrechnung auf alle Kostenarten angewendet werden?
228. Was verlangt der Grundsatz der Stetigkeit?
229. In welchen Fällen darf bzw. muss der Grundsatz der Stetigkeit durchbrochen werden?
230. Wann entspricht eine Kostenrechnung dem Grundsatz der Belegpflicht?
231. Was muss nach dem Grundsatz der Flexibilität der Kostenrechnung möglich sein?
232. Nennen Sie mindestens fünf Qualitätskriterien für die Kostenrechnung.

XIII. Controlling

1. Wesen des Controllings

Das Controlling ist ein modernes Instrument der ergebnisorientierten Unternehmensführung. Dabei kann es sich um das Streben nach einem möglichst hohen Gewinn handeln, oder – bei Non-Profit-Unternehmen – um das Streben nach wirtschaftlich verantwortbarer Unternehmensführung und einem ausgeglichenen Ergebnis. Controlling ist eine Denk- und Arbeitsweise, eine Philosophie, die nur funktioniert, wenn die ergebnisorientierte Unternehmensführung auch wirklich ernsthaft gewollt und konsequent gelebt wird. Deshalb gibt es kein partielles Controlling. Controlling muss immer den ganzen Betrieb erfassen. 619

Für das englische Verb „To Control" gibt es in den Wörterbüchern 26 Übersetzungen in die deutsche Sprache. Auf das Controlling treffen die Übersetzungen **beeinflussen, steuern, überwachen, kontrollieren** am ehesten zu. Dabei ist der Controller weit mehr Steuermann als Kontrolleur.

Bildlich dargestellt: Unternehmen **ohne Controlling** warten bis es brennt. Dann rufen sie die Feuerwehr. Unternehmen **mit Controlling** beschäftigen einen Controller als Brandsachverständigen, lassen sich über mögliche Brandursachen beraten und treffen entsprechende Vorkehrungen zur Verhütung.

In kleinen Unternehmen sind nicht selten externe Berater für den Controllerdienst zuständig. Größere Betriebe beschäftigen einen Controller und große Betriebe richten eine Controlling-Abteilung ein, die oft auch unter Bezeichnungen wie **betriebswirtschaftliche Abteilung** oder **Management Service** geführt werden. Diese Abteilungen sind dann Stabsabteilungen. 620

In den großen Unternehmen im englisch-amerikanischen Wirtschaftsraum übt die Funktion des Controllers üblicherweise der **Chief Financial Officer (CFO)** aus, der zugleich Vorgesetzter der Bereichscontroller und der Treasurer ist. Treasurer (Schatzmeister) sind für das Finanzmanagement zuständig, d. h. für die Kapitalbeschaffung und die Liquidität, die mittelfristige Finanzplanung und die Absicherung finanzieller Risiken. 621

Die Aufgaben des Controllings sind so umfangreich, dass manchmal bereits in mittelgroßen Betrieben eine **Dezentralisierung der Controllingaufgaben** bei entsprechender Spezialisierung der Controller erfolgen muss. Dann spricht man z. B. vom 622

- Beteiligungs-Controlling,
- Personal-Controlling,
- Vertriebs-Controlling,
- Werks-Controlling,
- Logistik-Controlling.

2. Aufgaben des Controllings

Führungskräfte und Mitarbeiter fordern zu Recht: 623

- **Kostentransparenz**, wenn sie Kosten senken oder bei gleichen Kosten mehr Leistung erwirtschaften sollen. Controlling soll den Gesamtzusammenhang zwischen Kosten, Leistungen und Erfolg durchsichtig machen.
- Ein **Führungsinstrument**, z. B. bei der Senkung von Kosten oder der Optimierung von Leistungen.
- **Hinweise auf Schwachstellen.**
- Betriebswirtschaftliche Informationen zur **Absicherung von Entscheidungen**.
- Ein Instrument zur **Kontrolle der** Auswirkungen einmal getroffener **Entscheidungen**.
- Ein System zur **Früherkennung von Trends** und Tendenzen.
- Vorgaben durch eine **fundierte Planung**.

3. Strategisches und operatives Controlling

624 Das **strategische Controlling** ist **zukunftsorientiert** und **nach außen gerichtet**. Dabei interessieren sämtliche Größen, die für die **Sicherung der dauerhaften Existenz des Unternehmens** von Bedeutung sind. Deshalb müssen möglichst viele im Umfeld des Unternehmens wirksame Faktoren, Ereignisse und Entwicklungen in ihren Auswirkungen auf die zukünftige Unternehmensentwicklung berücksichtigt werden. Bei der strategischen Planung, dem wichtigsten Teilgebiet des strategischen Controllings, wird deutlich, dass eine Rückkoppelung zur operativen Planung erforderlich ist, wenn strategische Überlegungen eine solide Grundlage haben sollen.

625 Beim **operativen Controlling** handelt es sich um eine **innerbetriebliche, gegenwartsbezogene** Tätigkeit. Es sorgt dafür, dass jeder Mitarbeiter aufgrund vorgegebener Ziele und der darauf ausgerichteten Budgets die Wirtschaftlichkeit seiner Tätigkeit im Rahmen des gesamten Unternehmens möglichst selbst steuern kann. Es **stellt den Entscheidungsträgern die Informationen bereit**, die sie bei der täglichen Arbeit zur Wahrnehmung ihrer spezifischen Aufgaben benötigen.

ABB. 24: Funktionen des Operativen Controllings

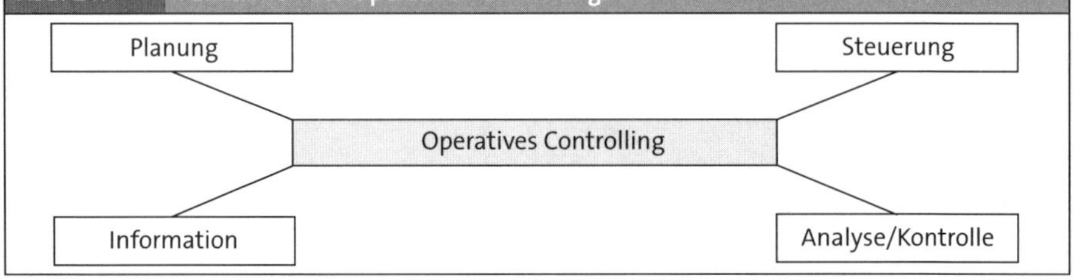

Der Controller selber kann das Unternehmen nicht steuern. Er erfüllt eine Dienstleistungsfunktion, indem er den Führungskräften steuerungsrelevante Daten und Informationen zur Verfügung stellt, damit diese das Unternehmen steuern können. **Die Führungskräfte haben die Funktion des Kapitäns, der Controller hat die Funktion des Lotsen**, der ihnen hilft, das Unternehmen auf dem richtigen Kurs zu halten.

4. Instrumente des Controllings

Instrumente des Controllings sind **Kostenrechnung, Kostenmanagement, Planung, Frühwarnsystem, Kennzahlensysteme**, verschiedene Analysen, wie **Benchmarking, Portfolioanalyse, Wertanalyse, Checklisten-Techniken** und der **Controllingbericht**. 626

4.1 Kostenmanagement

Die Kostenrechnung ist überwiegend eine vergangenheitsorientierte Dokumentation und Auswertung des Kostenanfalls. Das Kostenmanagement soll die Kostentransparenz erhöhen und auf dieser Basis eine **aktive und antizipative Beeinflussung** des Kostenanfalls ermöglichen. Aufgabe des Kostenmanagements ist neben der Vorbereitung und Unterstützung von Entscheidungen die Nutzung des Wissens über die Kosteneinflussfaktoren im Rahmen eines langfristigen Kostencontrollings. Dazu gehören Analysen, Prognosen sowie die Beurteilung der Angemessenheit des Kostenanfalls auch unter Berücksichtigung des Nutzens für den Kunden. Das Kostenmanagement soll Erfolgsrisiken durch die Sicherung von Kostenvorteilen begrenzen, indem es gezielt Kostensenkungspotenziale aufdeckt. 627

Instrumente des Kostenmanagements sind 628

- Wertanalyse,
- Gemeinkosten-Wertanalyse,
- Benchmarking,
- Verschiedene Methoden der Unternehmensplanung,
- Prozesskostenrechnung,
- Zielkostenrechnung.

Aufgaben des Kostenmanagements sind im Einzelnen die Optimierung 629

- der Kostenstellenbildung,
- der verursachungsgerechten Kostenzurechnung,
- der Kostentransparenz,
- der Kostenvorgaben und Budgetbildung,
- des Kostenabbaus,
- der Kontrolle des Ressourceneinsatzes,
- des Berichtswesens,
- der Entscheidungen im Rahmen der Verbesserung der Wirtschaftlichkeit.

Voraussetzungen für ein wirksames Kostenmanagement sind 630

- Planung der Struktur und der Gestaltung der Geschäftsprozesse,
- Abbildung der Geschäftsprozesse in der Kostenrechnung,
- Einsatz von Instrumenten, die gezielt zum Abbau von Kosten führen,
- Einsatz geeigneter Kostenrechnungsverfahren,

- Beachtung bestimmter Mindestanforderungen, wie der Grundsätze ordnungsmäßiger Kostenrechnung.

4.2 Frühwarnsystem

631 Ein Frühwarnsystem ist ein Informationssystem, das im zeitlichen Vorlauf auf mögliche Gefahren aus dem Umfeld des Unternehmens oder aus dem Unternehmen selbst aufmerksam macht, damit rechtzeitig reagiert und gegengesteuert werden kann. Dient das Informationssystem nicht nur der Anzeige möglicher Gefahren, sondern auch dem Erkennen möglicher Chancen, spricht man von einem **Früherkennungssystem**.

4.3 Kennzahlensysteme

4.3.1 Notwendigkeit

632 Die sich in immer schnelleren Schüben vollziehenden Veränderungen am Markt und die daraus resultierenden Erwartungen an eine steigende Flexibilität der Unternehmen machen nicht nur schnellere Entscheidungen erforderlich, sondern drängen die Entscheidungsträger in immer neue, noch unbekannte Entscheidungsfelder. Die Transparenz der Ursache-Wirkung-Zusammenhänge nimmt mit steigender Komplexität des Systems „Unternehmen" ab.

4.3.2 Kennzahlen

633 Kennzahlen trennen Wesentliches vom Unwesentlichen und ermöglichen so eine qualifizierte Datenselektion. Sie

- sind Mess- oder Maßgrößen,
- liefern verdichtete und damit leicht überschaubare Informationen,
- machen Ursache-Wirkung-Zusammenhänge und die gegenseitige Beeinflussbarkeit deutlich,
- stellen zweckorientiertes Wissen für konkrete Entscheidungssituationen bereit,
- lassen Reaktionen auf frühere Entscheidungen erkennen,
- tragen zur Analyse im Plan-Ist-Vergleich bei,
- weisen auf konkrete Zustände, Schwächen und Stärken hin,
- enthalten normative Informationen als Vorgaben an nachgeordnete Instanzen,
- dienen einer zielorientierten Aufgabenabwicklung,
- sind Instrument für eine objektive, wirksame, aussagefähige Kontrolle

und deshalb unverzichtbarer Baustein eines Controlling-Regelkreises.

4.3.3 Kennzahlensysteme

Ein Kennzahlensystem ist eine geordnete Gesamtheit einzelner Kennzahlen aus verschiedenen Unternehmensbereichen, die im Rahmen der Unternehmensführung für Zwecke der Planung, Steuerung und Kontrolle eingesetzt werden. 634

Kennzahlensysteme geben im Rahmen der Entscheidungsdurchsetzung eindeutig formulierte Ziele vor (Management by Objectives). Diese Ziele sind messbar in Form von Planzahlen. Die Erreichung der Ziele kann durch Gegenüberstellung von Plan- und Istgrößen kontrolliert werden. Im Falle von Abweichungen können die erforderlichen Konsequenzen gezogen werden. Veränderungen am Markt und Fehlplanungen werden aufgefangen, indem Sollwerte als neue Zielvorgaben die Planwerte ersetzen.

Gebräuchliche Kennzahlensysteme sind das **DuPont-System,** das **RL-System** und das **ZVEI-Kennzahlensystem.** Das **Roi-Cash-Flow-Kennzahlensystem** hat besondere Bedeutung für die Prüfung von Jahresabschlüssen.

4.4 Benchmarking

Benchmarking ist eine Methode zur Bestimmung der eigenen Lücke bzw. des eigenen Vorsprungs im Vergleich zum „Klassenbesten" der Branche sowie zur Schließung dieser Lücke bzw. Ausbau der Stärken durch Umsetzung neuer Praktiken und Handlungsweisen. 635

4.5 Portfolioanalyse

Die Portfolioanalyse stellt einen Bezugsrahmen der verschiedenen Produkte eines Unternehmens untereinander und ihrer Stellung am Markt her. Sie liefert Entscheidungsmöglichkeiten bezüglich der Förderung oder Aufgabe der Herstellung der verschiedenen Produkte des Unternehmens. Das Wesen der Portfolioanalyse schlägt sich in einer einfachen Matrix nieder. 636

Matrix zur Portfolioanalyse:

TAB. 152: Matrix zur Portfolioanalyse

Marktwachstum	niedrig ← relativer Marktanteil → hoch	
hoch	**Fragezeichen** *Question Marks* selektiv vorgehen ausbauen oder aussteigen	**Stars** *Stars* fördern Marktanteil halten
niedrig	**arme Hunde** *Poor Dogs* desinvestieren Produktion einstellen	**Melkkühe** *Cash Cows* Marktanteil halten ernten
	niedrig	hoch

637 **Stars** sind Produkte oder strategische Geschäftsfelder, die sich durch hohes mengenmäßiges Marktwachstum und einen starken Marktanteil auszeichnen. Um die Marktposition in einem wachsenden Markt zu halten, ist i. d. R. ein hoher Einsatz von Finanzmitteln erforderlich. Dennoch sollte der Marktanteil gehalten werden.

638 **Question Marks** sind Produkte oder strategische Geschäftsfelder, die noch aufgebaut werden in Märkten, die ein hohes Wachstum versprechen, in denen das Produkt oder das Unternehmen selber aber noch keine starke Wettbewerbsposition erreicht hat. Hier muss selektiv vorgegangen werden. Ist die Wahrscheinlichkeit der Durchsetzung am Markt hoch, sollte die Marktposition ausgebaut werden, andernfalls sollte das Unternehmen im Hinblick auf das Wagnis aus dem Einsatz von Finanzmitteln aussteigen.

639 **Cash Cows** sind Produkte oder strategische Geschäftsfelder mit niedrigem mengenmäßigen Marktwachstum, aber starkem relativen Marktanteil. Sie sind i. d. R. die augenblickliche Haupteinnahmequelle. Der Cashflow aus diesen Produkten sollte zur Finanzierung neuer Produkte eingesetzt werden. Der Marktanteil ist zu halten, ohne wesentliche Investitionen zu tätigen.

640 **Poor Dogs** sind Produkte oder strategische Geschäftsfelder mit einem niedrigen mengenmäßigen Marktwachstum und einem niedrigen relativen Marktanteil. Sie tragen kaum noch zu einem positiven Cashflow und zum Gewinn des Unternehmens bei. Hier bleiben zwei Möglichkeiten:

- Neupositionierung am Markt (Relaunch) nach Änderungen des Produkts und einer Werbekampagne unter Ansprache neuer Zielgruppen,
- Verkauf an ein anderes Unternehmen oder Aufgabe.

4.6 Wertanalyse

Bei der Wertanalyse handelt es sich um eine systematische Untersuchung, wie bestimmte Leistungen mit den geringsten Kosten erbracht werden können. Die Wertanalyse fragt: Ist die Leistung in dem Maße erforderlich? - Sind die Kosten erforderlich? 641

5. Controlling-Regelkreis

Der folgende Controlling-Regelkreis im Rahmen des operativen Controllings zeigt, dass 642
jedes Controlling-System auf einem Planungs-System basiert:

ABB. 25: Controlling-Regelkreis

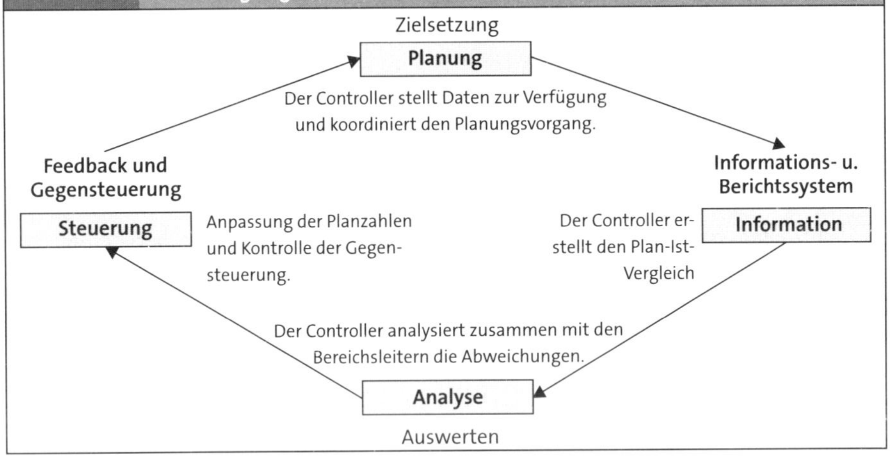

6. Controlling-Berichte

Die Zuständigkeit für die Berichterstellung und die Verantwortung für den Inhalt liegt 643
ausschließlich beim Controller.

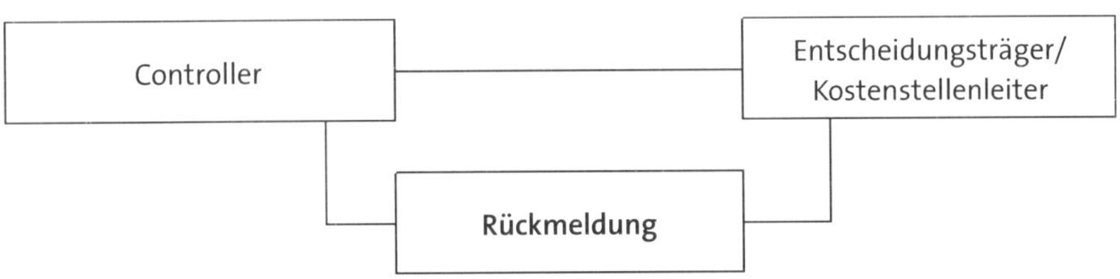

Das Controlling-Berichtswesen besteht aus den Grundbausteinen **Plandaten** und **Istdaten,** die im **Plan-Ist-Vergleich** gegenübergestellt werden. Unverzichtbare Controlling-Berichte sind:

- Ein monatlicher **Betriebsabrechnungsbogen** mit Istwerten, Planwerten und Ausweis der Abweichungen bei den Kostenarten insgesamt und je Kostenstelle, der Ist-Gemeinkosten und der verrechneten Gemeinkosten je Kostenstelle bzw. je Bereich;

- Eine monatliche **Kostenträgerzeitrechnung** mit Istwerten, Planwerten und Ausweis der Abweichungen gesamt und je Produktgruppe in jeder Position des Kalkulationsschemas (vertikale Gliederung);
- Eine **Gegenüberstellung der vorkalkulierten Werte und der Nachkalkulation** (Rn. 219) nach Abschluss der größeren Aufträge und der kritischen Aufträge.
- Regelmäßige **Zwischenkalkulationen** (Rn. 220) oder eine mitlaufende Kalkulation (Rn. 221) für größere Aufträge mit einer Laufzeit von mehr als 12 Monaten;
- Mindestens vierteljährliche **Berichte zur Einhaltung der Teilpläne** (Rn. 19): So erhält beispielsweise die Vertriebsleitung einen Bericht mit Gegenüberstellung von Istwerten, Planwerten und Abweichungen je Monat oder Quartal und dazu die im Geschäftsjahr aufgelaufenen Werte. Der Leiter der Beschaffung erhält einen entsprechend fortgeführten Lagerplan und Beschaffungsplan usw.;
- Ein **Kennzahlentableau** mit Kennzahlen zu allen für die Unternehmensführung wichtigen Schaltstellen mit geplanten Kennzahlen, Istzahlen und Abweichungen.

Der Controller bespricht die Berichte mit den verantwortlichen Mitarbeitern im Unternehmen. Von der Besprechung wird eine Notiz über die Gründe der negativen und auch der positiven Abweichungen und die zu treffenden Maßnahmen angefertigt.

Ein Controllingsystem benötigt dazu ein Planungssystem und die Bereitstellung von Istdaten, die vorwiegend aus der Kostenrechnung kommen. Beim Aufbau einer Kostenrechnung sind deshalb die Anforderungen des Planungssystems und des Controlling-Systems zu berücksichtigen. **Kriterien der Berichterstellung** sind weiter:

- Berichtszweck,
- Aktualität,
- Genauigkeit (nur wahre, richtige, unangreifbare Informationen),
- Vollständigkeit und Tiefe,
- Berichtsarten, wie Standard-, Abweichungs- und Bedarfsberichte,
- Berichtsaufbau, wie Format, Gliederung, Darstellung (Tabellen, Graphiken, Kennzahlen),
- Analysen.

ABB. 26: Bestandteile des Berichtswesens im Controlling

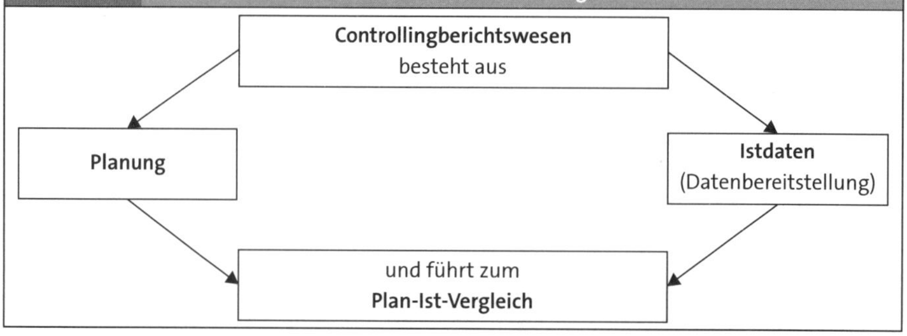

Everyone lives by selling something (*Robert Louis Stevenson*). Das Marketing-Management stützt sich in erster Linie auf die systematische Analyse der Bedürfnisse, Wünsche, Wahrnehmungen und Präferenzen von Zielgruppen. Auch der Controller muss seine Berichte optimal „verkaufen". Dazu muss er: 644

- **Empfängerorientiert berichten:** Bei der Gestaltung geht der Controller von den Bedürfnissen und Wünschen des jeweiligen Berichtsempfängers aus und liefert ihm genau die Informationen, die er zur Steuerung seines Verantwortungsbereichs benötigt. Dies geschieht in übersichtlicher, nicht zu grober, aber auch nicht zu tiefer Form, in verständlicher Form und möglichst in der Sprache des Empfängers.
- Der Bericht wird **nicht für Betriebswirte geschrieben,** sondern für Ingenieure, Meister, Techniker, Kaufleute, Juristen, Psychologen usw.
- Der Bericht muss sich **auf das Wesentliche konzentrieren.**
- Periodische Berichte müssen **regelmäßig** und **zeitnah** (d. h. aktuell – bis Mitte des Folgemonats) verteilt werden.
- Der Bericht darf **keine Schuldzuweisungen** enthalten. Wichtig ist nicht die Abweichung, sondern die Gegensteuerung. Was in der Vergangenheit gelaufen ist kann nicht rückgängig gemacht werden. Der Bericht soll dagegen **Ansatzpunkte und Hilfen für eine aktive Gegensteuerung** enthalten.
- Die **Struktur des Berichts** soll über einen langen Zeitraum **möglichst unverändert** bleiben.
- **Ein Bild sagt mehr als 1000 Worte.** Deshalb keine seitenlangen Texte, sondern Graphiken, aber bitte keine „Bildzeitung" und auch keine „Bunte".
- Ergänzend zu den Berichten muss der Controller so häufig wie möglich seine **„Kundschaft" besuchen**. Manchmal ist es besser, auf schriftliche Kommentare zu verzichten und stattdessen das Gespräch zu suchen. Die Präsentation und Interpretation der Zahlen im persönlichen Gespräch verhindert Missverständnisse und Verletzungen.

Da der Controller nicht weisungsbefugt ist, muss geregelt sein, ab welchem Abweichungsumfang Vorstand oder Geschäftsleitung in besonderer Weise zu unterrichten sind. Wenn bei negativen Abweichungen wiederholt nicht agiert wird, war die Einführung des Controlling-Systems eine Fehlinvestition.

7. Stellenbeschreibung

Die folgende Stellenbeschreibung für den Kosten-Controller zeigt die organisatorische Einordnung der Stelle und die wichtigsten Aufgaben. 645

TAB. 153:	Stellenbeschreibung für den Controller
	Stellenbeschreibung für den Controller
1.	**Stellenbezeichnung:** Leiter des Controllings
2.	**Stelleninhaber:**
3.	**Vorgesetzte Stelle:** Kaufmännische Leitung
4.	**Direkt unterstellte Mitarbeiter:**

5. **Vertretungsregelung:**

Vertritt:

Wird vertreten durch:

6. **Ziel der Stelle:**

Auf- und Ausbau eines umfassenden entscheidungsorientierten Controlling-Systems.

Erarbeitung von Entscheidungsunterlagen für alle unternehmerischen Entscheidungen.

Beratung der Bereichs- und Abteilungsleiter in allen betriebswirtschaftlichen Fragen.

7. **Kompetenzen/Verantwortung:**

Der Stelleninhaber ist berechtigt, alle zu seiner Funktionserfüllung erforderlichen Informationen anzufordern bzw. erstellen zu lassen.

Er schlägt Berichtswesen und Analysen vor, die vom Vorstand genehmigt werden müssen.

Er steuert den Prozess der Budgeterstellung.

8. **Beschreibung der Hauptaufgaben:**

8.1 Aufbau und Weiterentwicklung eines entscheidungs- und verantwortungsorientierten Controlling-Systems.

8.2 Koordination der Planungs- und Budget-Arbeiten der einzelnen Unternehmensbereiche sowie Erstellung des Gesamtbudgets.

8.3 Zeitnahe Versorgung aller Verantwortlichen mit periodischen Plan-Ist-Vergleichen und Abweichungsanalysen.

8.4 Durchsprache der Abweichungen mit den Verantwortlichen (z. B. Kostenstellenleitern) und ggf. Empfehlungen zur Gegensteuerung.

8.5 Erstellung periodischer Forecasts in Zusammenarbeit mit den Bereichsverantwortlichen (= aktualisierte Planung maximal zweimal jährlich).

8.6 Einrichtung eines Kennzahlensystems, laufende Ermittlung und Auswertung der Kennzahlen und Durchsprache der Kennzahlenentwicklung mit den betroffenen Bereichsleitern.

8.7 Beratung aller Verantwortlichen in betriebswirtschaftlichen Fragen.

8.8 Sonderaufgaben:

- Erstellung von Investitionsrechnungen
- Durchführung von Wettbewerbsanalysen
- Sonderanalysen

9. **Bemerkungen:**

Ort, Datum:

Stelleninhaber: Unterschrift **Vorstand:** Unterschrift

FRAGEN

(Die Antworten zu den Kontrollfragen 233 – 245 befinden sich auf Seite 299 ff.)

233. Welche Aufgaben hat das Controlling wenn man die Bedeutung des Wortes aus seinem Wortstamm, dem englischen Verb „To Control" ableitet? Welche Übersetzung des englischen Verbs trifft an erster Stelle und welche Übersetzung trifft an zweiter Stelle auf das Controlling zu?

234. Nennen Sie andere gebräuchliche Bezeichnungen für die Abteilung „Controlling" im Organisationsplan eines Unternehmens.

235. Nennen Sie Aufgaben des Controllings.

236. Unterscheiden Sie in maximal zwei Sätzen den Inhalt des strategischen Controllings von dem des operativen Controllings.

237. Was ist das Kostenmanagement und welche Aufgaben hat es?

238. Worin unterscheiden sich Frühwarnsystem und Früherkennungssystem?

239. Warum kann im Controlling nicht auf Kennzahlen verzichtet werden?

240. Wozu dient das Benchmarking?

241. Welche Entscheidungen unterstützt die Portfolioanalyse?

242. Was untersucht die Wertanalyse und wer sollte dem Wertanalyseteam angehören?

243. Beschreiben Sie die vier Schritte des Controlling-Regelkreises.

244. Welches sind die Grundbausteine eines Controlling-Berichts?

245. Was ist ein „strategische Geschäftsfeld"?

XIV. Antworten zu den Fragen

ANTWORTEN

Die Finanz- oder Geschäftsbuchführung gehört zum externen Rechnungswesen. Sie übernimmt die Abrechnung mit der Außenwelt und die Rechenschaftslegung gegenüber Kapitalgebern Antworten:

1.
Die vier Aufgabenbereiche des Rechnungswesens sind Buchführung, Kostenrechnung, Statistik und Planung.

2.
Zum **internen Rechnungswesen** gehören Kostenrechnung, Statistik und Planung. Die Kostenrechnung dient der Abrechnung der Kosten und Leistungen, die im Rahmen der Erfüllung des Betriebszwecks im Unternehmen anfallen. Die Statistik sammelt das Zahlenmaterial und bereitet es für Vergleiche und als Hilfe für fundierte Entscheidungen auf. Die Planungsrechnung versucht, durch gedankliche Vorwegnahme des zukünftigen betrieblichen Geschehens, Ungewissheiten und Zufälle auszuschalten und dient ebenfalls der Entscheidungsfindung. Das interne Rechnungswesen dient der Steuerung, Abrechnung und Kontrolle der Betriebsprozesse.

und der Öffentlichkeit.

3.
Die Buchführung ist die Grundlage für das gesamte Rechnungswesen. Sie erfasst die geschäftlichen Beziehungen mit der Außenwelt und informiert die Geschäftsleitung laufend über den Stand des Vermögens und der Schulden, die Ertragslage und die Liquidität.

Die Buchführung muss nach einem festgelegten und nachvollziehbaren Plan (Verfahrensdokumentation) erfolgen. Sämtliche Geschäftsvorfälle, Vermögensgegenstände und Schulden sind lückenlos – also vollständig – und einzeln aufzuzeichnen.

Die Aufzeichnungen müssen systematisch nach einem Ordnungssystem erfolgen, z. B. zeitliche Ordnung im Grundbuch, sachliche Ordnung im Hauptbuch.

4.
s. Rn. 4

5.
Anlagenbuchhaltung, Material- oder Lagerbuchhaltung, Lohn- und Gehaltsbuchhaltung

6.
Die Betriebsbuchhaltung übernimmt die Abrechnung der innerbetrieblichen Vorgänge und dient damit der laufenden Überwachung der Wirtschaftlichkeit der betrieblichen Tätigkeit.

7.
s. Rn. 12 und Rn. 13

8.
Adressaten der Buchführung sind neben der Unternehmensleitung die Eigen- und Fremdkapitalgeber und die interessierte Öffentlichkeit.

Adressaten der Kostenrechnung sind die Unternehmensleitung und die Bereichsleiter im Unternehmen sowie die Mitglieder der Aufsichts- und Wirtschaftsräte.

9.
Bei einem **Zeitvergleich** werden Zahlen der aufeinanderfolgenden Geschäftsjahre miteinander verglichen. Beim **Betriebsvergleich** werden Werte oder Zahlen des eigenen Unternehmens mit denen der Konkurrenz oder ähnlich strukturierter Betriebe verglichen. Von einem **Branchenvergleich** spricht man, wenn Werte oder Kennzahlen des eigenen Unternehmens mit denen anderer Betriebe der gleichen Branche verglichen werden. Bei einem **Verfahrensvergleich** werden z. B. unterschiedliche Fertigungsverfahren oder unterschiedliche Vertriebswege miteinander verglichen. Der Vergleich des eigenen Unternehmens mit dem Branchenführer wird als **Benchmarking** bezeichnet.

10.
In der Knetphase werden im Rahmen der Planungsrechnung die Teilpläne aufeinander abgestimmt. So kann sich aus dem vorläufigen Fertigungsplan ergeben, dass in der Planperiode mehr oder weniger Mitarbeiter, zusätzliche Maschinen oder mehr oder weniger Rohstoffe als in den Vorperioden benötigt werden. Dann müssen der Personalplan, der Investitionsplan, der Lagerplan und der Beschaffungsplan angepasst werden. Diese Anpassungen wirken sich wiederum auf den Finanzplan und den Liquiditätsplan aus. Ergibt die Finanzplanung, dass die Mittel für benötigte Investitionen nicht aufgebracht werden können, müssen Absatzplan, Umsatzplan und alle weiteren Teilpläne angepasst werden bis ein in sich abgestimmter Gesamtplan vorliegt.

11.
Der **Rechnungskreis I** übernimmt die Geschäfts- oder Finanzbuchführung als Abrechnung mit der Außenwelt. Der **Rechnungskreis II** dient der internen Erfolgsrechnung, der Betriebsbuchhaltung.

12.
Bei einem **Einkreissystem** bilden Finanzbuchhaltung und Betriebsbuchhaltung einen in sich geschlossenen Rechnungskreis.

Bei einem **Zweikreissystem** liegen zwei selbständige, in sich geschlossene Rechnungskreise vor. Der Rechnungskreis I berücksichtigt die Bedürfnisse der Geschäfts- oder Finanzbuchhaltung und der Rechnungskreis II die Bedürfnisse der Kosten- und Leistungsrechnung. Zur Sicherstellung der Vollständigkeit der Verrechnung erfolgt eine Abstimmung der beiden Rechnungskreise mittels Übergangskonten oder Abstimmungstabellen.

13.
Der Ablauf der Kostenrechnung erfolgt in drei Stufen: Kostenartenrechnung, Kostenstellenrechnung, Kostenträgerrechnung. Die **Kostenartenrechnung** zeigt, welche Kos-

tenarten in welcher Höhe in der Abrechnungsperiode angefallen sind. Die **Kostenstellenrechnung** zeigt, wo im Betrieb – in welcher Kostenstelle – die Kosten angefallen sind. Die **Kostenträgerrechnung** zeigt, für welche Produkte oder Aufträge die Kosten angefallen sind, d. h. auf welche Produkte die Kosten verrechnet worden sind bzw. welche Produkte oder Aufträge die Kosten tragen oder vom Markt wieder hereinholen müssen.

14.

Die Teilgebiete der Kostenrechnung sind in eine geordnete Schrittfolge eingebunden. In der **ersten Stufe**, der Kostenartenrechnung, wird festgestellt, welche Arten von Kosten überhaupt angefallen sind bzw. „was" angefallen ist.

In der **zweiten Stufe**, der Kostenstellenrechnung, wird die Information genauer. Festgestellt wird, welche Kosten wo im Betrieb angefallen sind. Das „wo" bezieht sich auf die Kostenstellen, für die es jeweils einen Kostenstellenleiter und damit Kostenstellen-Verantwortlichen gibt, der den Kostenanfall in nicht geringem Umfang der Höhe nach steuern kann und dann auch begründen muss. Zum „was" der ersten Stufe kommt in der zweiten Stufe das „wo" und damit die „Verantwortung" hinzu.

Die **dritte Stufe**, die Kostenträgerrechnung, informiert schließlich, von welchen Erzeugnissen die Kosten verursacht wurden. Je höher in der Kostenträgerrechnung der Verkaufserlös über den Kosten liegt, desto eher lohnt sich die weitere Fertigung und der Verkauf. Deckt der Verkaufspreis nicht die Kosten, müssen Fragen zum „ob" und zum „wie" der weiteren Herstellung gestellt werden.

15.

Einzelkosten können einem bestimmten Produkt oder Auftrag direkt oder einzeln zugerechnet werden. Die wichtigsten Einzelkosten sind Fertigungslöhne und Fertigungsmaterial.

Bei den **Gemeinkosten** lässt sich nicht feststellen, welche Aufträge, Produkte oder Kostenträger die Kosten verursacht haben. Gemeinkosten fallen für den Betrieb allgemein an. Deshalb werden sie zunächst nach dem Ort des Anfalls im Betrieb den Kostenstellen zugeordnet. Die in den Kostenstellen gesammelten Gemeinkosten werden dann den Produkten oder Aufträgen entsprechend der Inanspruchnahme der Kostenstellen, mithilfe von Zuschlagssätzen auf die Einzelkosten belastet. Typische Gemeinkostenarten sind die Hilfs- und Betriebsstoffkosten, die Sozialkosten und die Abschreibungen.

Sondereinzelkosten fallen aufgrund besonderer Fertigungs-, Verkaufs- und Lieferbedingungen nur für bestimmte Aufträge oder Produkte an und können diesen deshalb direkt verursachungsgerecht zugerechnet werden. Die häufigsten Sondereinzelkosten der Fertigung sind Konstruktionskosten, Modelle, Formen und Spezialwerkzeuge. Die häufigsten Sondereinzelkosten des Vertriebs sind Vertreterprovisionen, Ausgangsfrachten, Transportversicherungen und Spezialverpackungen.

16.

Weil unklar ist, für welches Produkt bzw. welchen Auftrag die Gemeinkosten angefallen sind, ist für die **verursachungsgerechte Verrechnung** zunächst die Zuordnung zu einer Kostenstelle erforderlich. Die Erfassung auf einer Kostenstelle zeigt, wo die Kosten angefallen sind. In einem weiteren Schritt können die Gemeinkosten den Produkten oder

Aufträgen entsprechend der Inanspruchnahme der Kostenstellen mittels eines prozentualen Zuschlagssatzes auf die Einzelkosten belastet werden.

17.
Der Betriebsabrechnungsbogen eines Industriebetriebs muss zumindest in die vier **Funktionsbereiche** Beschaffung, Fertigung (Produktion), Verwaltung und Vertrieb eingeteilt sein. Damit wird zunächst der Aufbauorganisation und der Leitungsverantwortung Rechnung getragen. Die Aufteilung dient weiter der Verrechnung auf die Aufträge, da die Zuschlagskalkulation die Ermittlung von Zuschlagssätzen für Beschaffung und Lagerung (Materialgemeinkosten), für die Fertigung (Fertigungsgemeinkosten) und Verwaltung und Vertrieb (Verwaltungs- und Vertriebsgemeinkosten) voraussetzt. Dabei kann ein kleiner Betrieb u.U. mit jeweils einem Zuschlagssatz für die MGK, einem Zuschlagssatz für die FGK und vielleicht sogar einem einzigen Zuschlagssatz für VwGK und VtGK gemeinsam auskommen. Je größer der Betrieb, je differenzierter die Fertigung und je umfangreicher die Produktpalette ist, desto tiefer wird die Gliederung der Kostenstellen im Fertigungsbereich und auch im Vertriebsbereich sein müssen, um über entsprechend unterschiedliche Zuschlagssätze eine möglichst **verursachungsgerechte Verrechnung** der Gemeinkosten zu ermöglichen.

18.
Kostenträger sind die Leistungen eines Betriebes in Form von Produkten und Dienstleistungen im Rahmen des Betriebszwecks. Die Erwirtschaftung von Zinserträgen oder Mieterträgen beispielsweise ist nicht Zweck eines Industriebetriebes. Deshalb sind diese Erträge keine Leistungen. Sie führen zu „neutralen" Erträgen.

Kostenträger können eingeteilt werden

- **nach der Bestimmung** in Kundenaufträge, Lageraufträge, innerbetriebliche Leistungen,
- **nach der Art** in Produkte (materielle Güter) und Dienstleistungen (immaterielle Güter),
- **nach der Fertigungsstufe** in unfertige Erzeugnisse (Zwischenerzeugnisse, Baugruppen, Lageraufträge), fertige Erzeugnisse (verkaufsfähige Produkte) und Handelswaren.

19.
Die **Kostenträgerstückrechnung** ermittelt als Vor-, Zwischen- oder Nachkalkulation die Selbstkosten eines einzelnen Produkts oder Kundenauftrags. Sie ist auf das Stück bezogen.

Die **Kostenträgerzeitrechnung** erfasst die Selbstkosten des Betriebes für eine Abrechnungsperiode, i. d. R. eines Monats. Sie ist eine auf den Zeitraum bezogene Gesamtrechnung. Durch die Gegenüberstellung von Kosten und Erlösen wird sie zur **Monats-Erfolgsrechnung** oder **kurzfristigen Erfolgsrechnung**. Die Tiefengliederung nach Fabrikategruppen (z. B. Maschinenbau und Anlagenbau) oder sogar in Fabrikate (z. B. Drehbänke, Fräsmaschinen, Pressen, Kunststoffspritzmaschinen) macht sie zur **Fabrikate-Erfolgsrechnung**.

20.

a) Einnahmen und **Einzahlungen** sind Begriffe der Geldrechnung. Während **Einnahmen** schuldrechtliche Verpflichtungen sind, bei denen (noch) keine Zahlungsmittel geflossen sind, handelt es sich bei den **Einzahlungen** auch um einen Begriff des Zahlungsverkehrs, um einen Zahlungsmittelfluss zwischen dem Unternehmen und seiner Umwelt.

b) Ausgaben und **Auszahlungen** sind ebenfalls Begriffe der Geldrechnung. Auch **Ausgaben** entstehen bereits durch schuldrechtliche Verpflichtungen. **Auszahlungen** sind wie die Einzahlungen gleichzeitig auch ein Begriff des Zahlungsverkehrs. Sie setzen einen Zahlungsmittelfluss voraus.

c) **Aufwendungen** (= Begriff der Finanzbuchhaltung) sind in Geldeinheiten ausgedrückter Werteverzehr für Güter und Dienstleistungen. Sie können ausgabewirksam sein, z. B. gezahlte Löhne und Gehälter oder Zinsaufwendungen, oder erst in einer späteren Abrechnungsperiode zu Ausgaben bzw. Auszahlungen führen, z. B. Abschreibungen auf Sachanlagen. Aufwendungen können betriebsbedingt sein wie Aufwendungen für Roh-, Hilfs- und Betriebsstoffe oder sie können betriebsneutral sein, d. h. unabhängig von der betrieblichen Leistungserstellung anfallen, wie Zinsaufwendungen.

Die betriebsbedingten Aufwendungen werden als **Kosten** (= Begriff der Betriebsbuchhaltung) aus der Finanz- oder Geschäftsbuchhaltung in die Kostenrechnung übernommen.

d) Erträge (= Begriff der Finanzbuchhaltung) sind der Wertzuwachs innerhalb einer Abrechnungsperiode. Erträge können

- **neutrale Erträge** sein, die außerhalb der Verfolgung des Betriebszwecks als betriebsfremde Erträge (z. B. Gewinne aus Wertpapieren und Beteiligungen, Schenkungen, Mieterträge) oder außerordentliche Erträge (z. B. Verkauf von Vermögensgegenständen des Anlagevermögens über Buchwert) erwirtschaftet worden sind oder
- **betriebliche Erträge** aus dem Verkauf von Produkten und Dienstleistungen.

Die betrieblichen Erträge werden als **Leistungen** (= Begriff der Betriebsbuchhaltung) aus der Finanz- oder Geschäftsbuchhaltung in die Kostenrechnung übernommen.

21.

Kosten sind der wertmäßige Verzehr von Produktionsfaktoren (Arbeit, Betriebsmittel, Werkstoffe, Rechte) zur Erstellung und Verwertung betrieblicher Leistungen sowie zur Sicherung der dafür notwendigen betrieblichen Kapazitäten. Sie sind der betriebsbedingte Teil der Aufwendungen.

„Pagatorisch" bedeutet: auf Zahlungsvorgängen beruhend, mit Zahlungsvorgängen zusammenhängend. Das Gegenteil ist „kalkulatorisch". **Pagatorische Kosten** führen zu Auszahlungen.

Relevante Kosten werden aufgrund bestimmter Entscheidungen zusätzlich verursacht. Sie sind für die Beurteilung dieser Entscheidungen von Bedeutung (relevant).

Als **Leistungen** werden die Menge und der Wert der Erzeugnisse und Dienstleistungen, d. h. der Output des Betriebsprozesses, bezeichnet.

Innerbetriebliche Leistungen liegen vor, wenn das Ergebnis der Faktorkombination nicht für den Markt, sondern von Vor- oder Hilfskostenstellen für andere Kostenstellen erbracht wird (z. B. Kostenstelle Stromerzeugung beliefert Kostenstelle Fräserei oder Kostenstelle Haushandwerker wird für die Kostenstelle Personalverwaltung tätig).

Lagerleistungen sind Ergebnisse aus innerbetrieblichen Aufträgen zur Aufstockung des Lagers mit Einzelteilen, Baugruppen oder fertigen Erzeugnissen, d. h. Leistungen der Fertigung, die nicht unmittelbar für die Bestellung eines bestimmten Kunden erbracht werden.

Die Erstellung von Wirtschaftsgütern des Anlagevermögens durch Mitarbeiter im eigenen Betrieb führt zu **aktivierten Eigenleistungen** (z. B. eine Maschinenfabrik stellt eine Drehbank für den Einsatz in der eigenen Fertigung her).

22.
Die wesentlichen Aufgaben der **Kostenartenrechnung** sind

- die **Feststellung** der in einer Abrechnungsperiode verursachten Kosten nach **Art und Höhe des Anfalls,**
- die **Gliederung nach der Verrechenbarkeit** in Einzel-, Gemein- und Sondereinzelkosten und
- die **Aufteilung** der Kosten nach **der Abhängigkeit von der Beschäftigung** in ihre fixen und variablen Bestandteile (s. Rn. 341 ff.).

23.
Die **Nebenbuchhaltungen** arbeiten den Kostenanfall für die weitere Verrechnung in der Kostenrechnung auf. Die **Lohn- und Gehaltsbuchhaltung** liefert die Beträge für Löhne und Gehälter geordnet nach Kostenarten, die direkt zurechenbaren Löhne unter Angabe der Auftragsnummern und – soweit möglich – die Gemeinkostenlöhne nach Kostenstellen zur weiteren Verrechnung. Die **Lager- oder Materialbuchhaltung** meldet der Kostenrechnung die Beträge für Lagerentnahmen an Roh-, Hilfs- und Betriebsstoffen, geordnet nach Kostenarten, Kostenstellen und im Falle der Einzelkosten unter Angabe der Auftragsnummern. Die **Anlagenbuchhaltung** bereitet die Abschreibungen und die kalkulatorischen Zinsen nach Kostenarten auf und liefert die Beträge aufgeteilt nach Kostenstellen. Die **Rechnungsprüfung und -kontierung** (keine Nebenbuchhaltung, in vielen Unternehmen ein Arbeitsgebiet der Kreditorenbuchhaltung. Der Verfasser empfiehlt die Einrichtung einer selbständigen Arbeitsgruppe unabhängig von Rechnungswesen und Einkauf.), vermerkt auf den Eingangsrechnungen die Kostenartennummern und die Kostenstellennummern und im Falle von Einzelkosten und Sondereinzelkosten die Auftragsnummern der zu belastenden Aufträge. Die **Fakturierung** (keine Nebenbuchhaltung, sondern Abteilung des Vertriebs) versieht die Ausgangsrechnungen mit Auftragsnummern und Kundennummern. So können die Erlöse anhand der Auftragsnummer in der Kostenträgerstückrechnung den Selbstkosten gegenübergestellt werden. Die Kundennummern ermöglichen zusätzlich eine Kundenerfolgsrechnung.

24.
Die sachlich-kalkulatorische Abgrenzung

- **trennt** unter **sachlichen** Gesichtspunkten die Aufwendungen und Erträge, die für die Erstellung der Produkte und Dienstleistungen anfallen – die also dem Betriebszweck dienen – von den unternehmensbezogenen Aufwendungen und Erträgen und
- übernimmt den betriebsbedingten Anteil der Aufwendungen und Erträge für **kalkulatorische** Zwecke als Kosten und Leistungen in die Kosten- und Leistungsrechnung.

25.
Die **Ergebnistabelle** zeigt

- die Höhe und das Zustandekommen des **Gesamtergebnisses** aus Aufwendungen und Erträgen;
- die Höhe und das Zustandekommen des **neutralen Ergebnisses** nach Aufwendungen und Erträgen sowie als unternehmensbezogene Abgrenzungen und als kostenrechnerische Korrekturen;
- das **Betriebsergebnis** in der Höhe und nach dem Zustandekommen aus Kosten und Leistungen.

26.
Die **Ergebnistabelle** zeigt im Erfolgsbereich sämtliche im **Rechnungskreis I** angefallenen Aufwendungen und Erträge der Abrechnungsperiode nach Art und Höhe des Anfalls.

In den Spalten des Abgrenzungsbereiches zeigt die Ergebnistabelle die Aufwendungen und Erträge, die nicht in die Kosten- und Leistungsrechnung übernommen wurden.

In den Spalten für die Kosten- und Leistungsrechnung (**Rechnungskreis II**) zeigt die Ergebnistabelle das Betriebsergebnis und dessen Zustandekommen aus Kosten und Leistungen.

Die Ergebnistabelle ermöglicht so eine Kontrolle der Vollständigkeit der Verrechnung und zeigt, welche Aufwendungen und Erträge in die Kosten- und Leistungsrechnung übernommen wurden und welche abgegrenzt worden sind. Der Abgrenzungsbereich verbindet in der Ergebnistabelle auch optisch den Rechnungskreis I mit dem Rechnungskreis II.

27.
Gesamtergebnis 17.000 € minus Betriebsergebnis 16.000 € = neutrales Ergebnis 1.000 €

28.
Betriebsergebnis – 30.000 € plus neutrales Ergebnis + 8.000 € = Gesamtergebnis – 22.000 €

29.

a) Betriebsfremde Aufwendungen und Erträge werden zwar im Unternehmen erwirtschaftet, dienen aber nicht dem Sachziel des Unternehmens, d. h. dem Betriebszweck oder der eigentlichen betrieblichen Tätigkeit. Sie werden deshalb nicht in die Kosten- und Leistungsrechnung übernommen.

b) Periodenfremde Aufwendungen und Erträge werden nicht in der Abrechnungsperiode verursacht. Eine Übernahme in die Kosten- und Leistungsrechnung würde den Überblick über die normalerweise anfallenden Kosten erschweren.

c) **Betrieblich-außerordentliche Aufwendungen und Erträge** entstehen zwar im Rahmen der betrieblichen Tätigkeit. Sie treten aber unregelmäßig auf und sind deshalb nicht berechenbar, d. h. nicht kalkulierbar. Bei einer Übernahme in die Kosten- und Leistungsrechnung würden sie das Bild von den normalerweise anfallenden Kosten verfälschen.

d) Das **Betriebsergebnis** ist das Ergebnis aus der betrieblichen Tätigkeit in Verfolgung des Sachziels des Unternehmens. In einem Industriebetrieb weist das Betriebsergebnis den Erfolg aus der Herstellung und dem Verkauf von Produkten und Dienstleistungen aus.

e) Das **neutrale Ergebnis** ist das Ergebnis, das bei der Abgrenzung der Kosten und Leistungen von den Aufwendungen und Erträgen des Gesamtergebnisses übrig geblieben ist. Die Posten setzen sich zusammen aus den unternehmensbezogenen Posten und den kostenrechnerischen Korrekturen.

f) Das **Gesamtergebnis** ist die Summe aus dem Betriebsergebnis und dem neutralen Ergebnis. Es entspricht dem Ergebnis der GuV-Rechnung in der Finanz- oder Geschäftsbuchhaltung.

30.

a) **Aufwendungen für Rohstoffe** sind betriebsbezogen. Sie gehen in das Betriebsergebnis ein.

b) **Zinsaufwendungen** sind unternehmensbezogen. Sie gehen in das Abgrenzungsergebnis ein.

c) **Versicherungsprämien** für das betriebliche Kfz sind betriebsbezogen.

d) **Instandhaltungsaufwendungen** für Maschinen sind betriebsbezogen.

e) **Verluste aus Wertpapierverkäufen** sind unternehmensbezogen.

f) **Mietaufwendungen** für Geschäftsräume sind betriebsbezogen. Wird eine kalkulatorische Miete verrechnet, sind sie abzugrenzen.

g) Überdurchschnittlich hohe **Forderungsausfälle** sind betrieblich-außerordentliche Aufwendungen und deshalb unternehmensbezogen.

h) **Nachzahlungen** von Betriebssteuern für Vorjahre sind periodenfremde Aufwendungen und deshalb unternehmensbezogen.

i) **Versicherungsprämien** für Gebäude, die dem Betriebszweck dienen, sind betriebsbezogen. Wird eine kalkulatorische Miete verrechnet, sind sie im Rahmen der kostenrechnerischen Korrekturen abzugrenzen.

j) **Mieterträge** sind in einem Industriebetrieb unternehmensbezogene Erträge.

31.

a) **Zweckaufwendungen** sind Aufwendungen, die aus der Finanz- oder Geschäftsbuchhaltung in die Kosten- und Leistungsrechnung (bzw. die Betriebsbuchhaltung) übernommen werden.

b) **Grundkosten** in der Kostenrechnung sind die Zweckaufwendungen die unverändert aus der Finanz- und Geschäftsbuchhaltung übernommen wurden.

c) **Anderskosten** werden in der Kosten- und Leistungsrechnung mit einem anderen Betrag verrechnet, als dem Betrag, der unter dem entsprechenden Aufwandsposten in der Geschäftsbuchhaltung angefallen ist.

d) **Zusatzkosten** werden in der Kostenrechnung zusätzlich zu den aus der Geschäftsbuchhaltung übernommenen Grundkosten als kalkulatorische Kosten verrechnet.

e) **Kostenrechnerische Korrekturen** werden erforderlich, wenn in der Kostenrechnung andere Beträge verrechnet werden als in der Geschäftsbuchhaltung. Das ist bei den Anderskosten der Fall.

32.
Die Höhe des **kalkulatorischen Unternehmerlohns** kann in Abhängigkeit von der Mitarbeiterzahl, der Lohnsumme, dem Kapitaleinsatz oder dem Umsatz bestimmt werden. Grundsätzlich sollte der Unternehmerlohn dem Entgelt zuzüglich aller Nebenleistungen entsprechen, das der Unternehmer bei gleicher Leistung als Manager in einem Unternehmen gleicher Größe und gleicher Branche verdienen würde.

33.
Aktiengesellschaften können keinen kalkulatorischen Unternehmerlohn verrechnen, weil die Vorstandsmitglieder leitende Angestellte mit entsprechenden Bezügen sind.

34.

a) Auf das **Gesamtergebnis** wirkt sich der **kalkulatorische Unternehmerlohn** nicht aus, da ihm in der Geschäftsbuchhaltung keine Aufwendungen gegenüberstehen.

b) Der kalkulatorische Unternehmerlohn erhöht das **neutrale Ergebnis** aufgrund einer kostenrechnerischen Korrektur.

c) Das **Betriebsergebnis** wird mit dem gleichen Betrag belastet, der im neutralen Ergebnis innerhalb der **kostenrechnerischen Korrekturen** gutgeschrieben wurde.

35. In der Kosten- und Leistungsrechnung (bzw. Betriebsbuchhaltung) werden neben den Grundkosten, die in gleicher Höhe in der Finanz- oder Geschäftsbuchhaltung angefallen sind, **kalkulatorische Kosten** verrechnet. Kalkulatorische Kosten fallen an als Zusatzkosten, die zusätzlich zu den in der Finanz- und Geschäftsbuchhaltung angefallenen Aufwendungen (bzw. Grundkosten) verrechnet werden und als Anderskosten, die mit einem anderen Betrag verrechnet werden als in der Finanz- und Geschäftsbuchhaltung.

36.
Die betriebsfremden, die betrieblich-außerordentlichen und die periodenfremden Aufwendungen gehören nicht zu den in der Abrechnungsperiode normalerweise anfallenden Aufwendungen. Sie werden unter der Bezeichnung **„neutrale Aufwendungen"** zusammengefasst und nicht in die Kosten- und Leistungsrechnung übernommen.

37.
Die **Verrechnung kalkulatorischer Kosten** wirkt sich in der Ergebnistabelle in den Spal-

ten „Kosten" innerhalb des Betriebsergebnisses und „verrechnete Kosten" innerhalb der kostenrechnerischen Korrekturen im neutralen Ergebnis aus.

38.
Ein Einzelunternehmer, dessen Betriebsgewinn bei Verrechnung eines **kalkulatorischen Unternehmerlohns** langfristig negativ ist, während das Gesamtergebnis einen Gewinn ausweist, erhält nicht den ihm zustehenden Lohn für seine Tätigkeit. Der Unternehmer sollte den Betrieb aufgeben und die Vermögensgegenstände verkaufen. Er sollte sich um eine gleichwertige Tätigkeit als Angestellter bemühen und die Erlöse aus dem Verkauf des Betriebes oder der Vermögensstände verzinslich anlegen.

39.
Bei der Bestimmung des Zinssatzes für die Verrechnung der **kalkulatorischen Zinsen** sollte der landesübliche oder bankübliche Zinssatz für langfristige Kapitalanlagen zugrunde gelegt werden. Da die Geldanlage in einem Unternehmen immer mit dem Risiko des Verlustes verbunden ist, während bei konventionellen Kapitalanlagen das Risiko gegen Null geht, muss der landesübliche Zinssatz für das im Unternehmen angelegte Kapital um einen Risikozuschlag aufgestockt werden.

40.
Basis für die Errechnung der kalkulatorischen Zinsen ist das **betriebsnotwendige Kapital**. Dieses ergibt sich aus

	Vermögen lt. Aktivseite der Bilanz
-	nicht betriebsnotwendiges Vermögen
=	betriebsnotwendiges Vermögen
-	zinsloses Fremdkapital (Abzugskapital)
=	betriebsnotwendiges Kapital

41.
Das in der Handelsbilanz ausgewiesene Vermögen wird um all jene Vermögensgegenstände gekürzt, die für die betriebliche Leistungserstellung und den Vertrieb nicht oder nicht mehr benötigt werden. Das können sein: nicht genutzte Grundstücks- und Gebäudeteile, nicht oder nicht mehr genutzte Büroausstattung, Maschinen, Vorrichtungen, Fahrzeuge, Bestände an Wertpapieren, Bestände an Vorräten und Zahlungsmitteln, die über das betriebsnotwendige Maß hinausgehen.

42.
Das **Abzugskapital** setzt sich aus den nicht zu verzinsenden Verbindlichkeiten zusammen. Dazu gehören u. a. Rückstellungen, zinslose Darlehen und Lieferantenkredite, erhaltene Anzahlungen.

43.
Die am Markt erzielten Erlöse müssen neben den ausgabewirksamen Kosten für Löhne, Gehälter, Sozialleistungen, Roh-, Hilfs- und Betriebsstoffen und sonstigen Kosten auch die nicht ausgabewirksamen Kosten decken. Dazu gehört das dem Unternehmen zur Verfügung gestellte Eigenkapital. Die **kalkulatorischen Zinsen** ersetzten die Zinsen, die dem Unternehmer entgehen, weil er das eingesetzte Kapital nicht anderweitig verzinslich einsetzen kann.

44.
Das Finanzamt hat kein Interesse an den **kalkulatorischen Zinsen**, weil der Unternehmer daraus keine Zinseinnahmen hat. Da die kalkulatorischen Zinsen nicht ausgabewirksam sind, erhöhen sie den Gewinn als Differenz zwischen dem Verkaufserlös und den ausgabewirksam angefallenen Kosten. Sie fließen dem Unternehmen als Bestandteil des Gewinns zu und werden als Einkünfte aus Gewerbebetrieb (§ 15 EStG) versteuert.

45.

a) Wie bei allen anderen kalkulatorischen Kostenarten hat die Verrechnung einer **kalkulatorischen Miete** keinen Einfluss auf das **Gesamtergebnis**.

b) Sie belastet aber voll das **Betriebsergebnis**.

c) Im **neutralen Ergebnis** verbleibt die Differenz zwischen den tatsächlich entstandenen Kosten für Grundstücke und Gebäude und der im Betriebsergebnis verrechneten kalkulatorischen Miete.

46.
Es ist nicht sinnvoll, die **kalkulatorische Miete** höher anzusetzen als die ortsübliche Vergleichsmiete. Damit würden die Selbstkosten um Beträge erhöht, die auch bei den Mitbewerbern, die die Betriebsräume anmieten müssen, nicht anfallen. Die Aussage über die betriebsnotwendigen Kosten würde verfälscht. Bestimmt das Unternehmen dann noch auf der Basis der überhöhten Selbstkosten seine Verkaufspreise, „kalkuliert es sich aus dem Markt".

47.
Die Verrechnung einer **kalkulatorischen Miete** ist unzulässig,

- wenn eine Miete für Grundstücke und Gebäude im Fremdeigentum gezahlt wird;
- wenn bei Nutzung eigener Grundstücke und Gebäude die tatsächlich für Grundstücke und Gebäude angefallenen (ausgabewirksamen Kosten und Abschreibungen) nicht gleichzeitig im Rahmen der kostenrechnerischen Korrekturen eliminiert werden;
- soweit es sich um Grundstücks- und Gebäudeteile handelt, die nicht, nicht mehr oder noch nicht für die betriebliche Leistungserstellung und den Vertrieb genutzt werden.

48.
Basis für die Berechnung der **bilanziellen Abschreibungen** sind die ursprünglichen Anschaffungs- oder Herstellungskosten. Nachteile:

- Das Ergebnis wird wegen der Abschreibung aufgrund steuerrechtlicher Vorschriften i. d. R. in den ersten Jahren der Nutzung höher belastet als in den späteren Jahren. Dadurch ist der Kostenanfall im Zeitablauf nicht vergleichbar und die Kostenbelastung entspricht oft nicht mehr den Forderungen des Verursachungsprinzips. (Ausnahme: Man geht davon aus, dass die fallenden Kosten für Abschreibungen in den Folgejahren durch steigende Kosten für Instandhaltung und Energieverbrauch kompensiert werden.)

- Weil die Abschreibung von den ursprünglichen Anschaffungs- oder Herstellungskosten erfolgt, reichen die über die Abschreibungen erzielten Rückflüsse vom Markt für die Wiederbeschaffung neuer Vermögensgegenstände des Anlagevermögens nicht aus. Es kommt zu einem Substanzverlust.

Die **kalkulatorischen Abschreibungen** werden vom Wiederbeschaffungswert – zumindest vom Tageswert – des betriebsnotwendigen Vermögens, und grundsätzlich linear oder nach Leistungseinheiten, auf die Produkte verrechnet. Das führt zu einer gleichmäßigen Kostenbelastung und zur Vermeidung eines Substanzverlustes.

49.
Die Vermögensgegenstände werden bei der betrieblichen Leistungserstellung verbraucht. In die Preise werden anteilig die Anschaffungskosten hineingerechnet, die bei der Wiederbeschaffung zu bezahlen sind. Dieser Betrag fließt über die Verkaufserlöse zurück in das Unternehmen. Bis zum Ausscheiden des eingesetzten Vermögensgegenstandes wird der Betrag angesammelt, der für eine Ersatzbeschaffung zu zahlen ist. Der verbrauchte Vermögensgegenstand kann trotz zwischenzeitlicher Preissteigerung durch einen gleichartigen Vermögensstand ersetzt werden.

50.
Im Rechnungskreis I (Gesamtergebnis) wirken sich die **kalkulatorischen Abschreibungen** nur mittelbar auf den Gewinn aus. Sie erscheinen nicht als Aufwand und damit auch nicht gewinnmindernd in der GuV-Rechnung. Auf der anderen Seite erhöhen sie aber die Verkaufserlöse, wenn die Verkaufspreise aufgrund der um die kalkulatorischen Abschreibungen angehobenen Selbstkosten bestimmt und auch tatsächlich vom Markt akzeptiert werden.

Die kalkulatorischen Abschreibungen mindern das Betriebsergebnis und beeinflussen das neutrale Ergebnis mit der Differenz aus bilanziellen und kalkulatorischen Abschreibungen.

51.
Die Abschreibungen in der Geschäftsbuchführung unterliegen zwingenden handels- und steuerrechtlichen Vorschriften. Die **kalkulatorischen Abschreibungen** in der Kostenrechnung erfolgen unter betriebswirtschaftlichen Gesichtspunkten für Zwecke der Kostenrechnung und der Substanzerhaltung.

52.

a) allgemeines Unternehmerwagnis

b) versicherbares Einzelwagnis

c) Einzelwagnis

d) allgemeines Unternehmerwagnis

e) Einzelwagnis

53.

a) Bei der **kalkulatorischen Miete** handelt es sich um Anderskosten, da sie den tatsächlichen Aufwendungen für den Unterhalt von Grundstücken und Gebäuden im Rechnungskreis I gegenübergestellt wird.

b) Beim **kalkulatorischen Unternehmerlohn** handelt es sich um Zusatzkosten, weil für die Tätigkeit des Unternehmers im Rechnungskreis I keine Aufwendungen verrechnet werden.

c) **Kalkulatorische Zinsen** (auf das betriebsnotwendige Kapital einschl. des anteiligen Eigenkapitals) sind Anderskosten, weil ihnen die tatsächlich gezahlten Zinsen für das Fremdkapital gegenüberstehen.

d) **Kalkulatorische Abschreibungen** sind Anderskosten, weil ihnen die bilanziellen Abschreibungen gegenüberstehen.

e) **Kalkulatorische Wagnisse** werden i. d. R. zu den Anderskosten gerechnet, weil ihnen beispielsweise im Rechnungskreis I Versicherungsprämien für einen Teil der versicherbaren Wagnisse gegenüberstehen.

54.

Das Recht auf die jährlich im November gezahlte **Weihnachtsgratifikation** erwerben die Mitarbeiter anteilig mit ihrer Arbeit in den zwölf Monaten des Geschäftsjahres. Deshalb wird das Betriebsergebnis monatlich mit einem Zwölftel des Jahresbetrages belastet. In den Monaten Januar bis Oktober und im Dezember wird im Rechnungskreis I keine Weihnachtsgratifikation verrechnet.

Im November erfolgt im Rechnungskreis I die Auszahlung des Weihnachtsgeldes. Der ausgezahlte Betrag hat keinen Einfluss auf das Betriebsergebnis im November.

Soweit sich aus der Summe der zwölf gleich hohen im Betriebsergebnis verrechneten Beträge eine Differenz zum tatsächlich ausgezahlten Betrag ergibt (der tatsächlich zu zahlende Betrag konnte zu Beginn des Geschäftsjahres noch nicht exakt bestimmt werden), bleibt diese Differenz als kostenrechnerische Korrektur im neutralen Ergebnis.

Im Dezember wird im Betriebsergebnis weiter der gleiche Betrag verrechnet wie in den übrigen Monaten, damit der Kostenanfall in den 12 Monaten vergleichbar bleibt.

55.

Bei der Festlegung von **Verrechnungspreisen** ist zu berücksichtigen:

- Verrechnungspreise sind gewichtete Durchschnittspreise aus vergangenen Perioden. Zusätzlich werden bei der Festlegung die für die nächsten zwölf Monate voraussehbaren Veränderungen berücksichtigt.
- Die Anpassung an die Anschaffungskosten sollte möglichst nur einmal jährlich und zwar zu Beginn des Geschäftsjahres erfolgen.

56.

Die maximal jährliche Anpassung der **Verrechnungspreise** ermöglicht eine vergleichende Kontrolle des Kostenanfalls während des Geschäftsjahres.

57.

Kostenartenplan und **Kontierungsverzeichnis** gewährleisten, dass die Aufwendungen sachlich richtig und einheitlich kontiert werden. Sie sind damit eine wichtige Voraussetzung für die Kostenkontrolle und das Kostenmanagement.

58.
In der Finanz- oder Geschäftsbuchhaltung werden die Erträge aus Umsatzerlösen, Bestandsveränderungen und aktivierten Eigenleistungen als **Leistungsarten** verrechnet.

Im Rahmen der **Kostenstellenumlage** werden die Leistungen der allgemeinen Kostenstellen und der Fertigungshilfsstellen verrechnet. Dazu gehören die Leistungen des Fuhrparks, des Pförtners, der Haushandwerker für Reparaturen, der Lehrwerkstatt, die Leistungen der Sozialeinrichtungen (verschiedene allgemeine Kostenstellen), die Strom- und Wärmeerzeugung und viele andere. (s. auch Rn. 177)

59.
Unterschiedliche Erzeugnisse nehmen auch die Kostenstellen unterschiedlich in Anspruch. Ein Industriebetrieb, der nur *ein* Massenerzeugnis in immer der gleichen Ausführung herstellt, käme mit nur *einem* **Zuschlagssatz** für Fertigungsgemeinkosten aus. Ein Industriebetrieb, der nur Inlandslieferungen an einen homogenen Kundenkreis verkauft, kommt mit nur *einem* Zuschlagssatz für Vertriebsgemeinkosten aus.

Werden unterschiedliche Erzeugnisse hergestellt, von denen beispielsweise einige in der Dreherei, der Fräserei, der Lackiererei und der Montage bearbeitet werden, andere aber nur in der Dreherei und der Lackiererei, wieder andere nur in der Dreherei und der Montage, so muss darauf geachtet werden, dass über die Zuschlagssätze nicht auch Gemeinkosten aus Arbeiten auf die Erzeugnisse verrechnet werden, die sie nicht mit **verursacht** haben.

Das gilt auch für die Vertriebskosten, die für den Vertrieb im Inland i. d. R. in anderer Höhe anfallen als im Export. Auch unterschiedliche Absatzwege verursachen unterschiedlich hohe Vertriebskosten.

60.
Kostenstellen sind selbständig abzurechnende, räumlich abgegrenzte Bereiche im Unternehmen, denen bestimmte Arbeiten (Operationen) eindeutig zugeordnet werden können und für die ein Kostenstellenleiter verantwortlich zeichnet. Im Fertigungsbereich sind die Kostenstellen i. d. R. identisch mit den Werkstätten, im Verwaltungs- und Vertriebsbereich mit den Abteilungen.

Die Zurechnung der Gemeinkosten zu Kostenstellen dient der späteren **verursachungsgerechten Verrechnung** auf die Kostenträger.

61.
Kostenstellen gleichartiger Funktionen werden zu **Kostenstellenbereichen** zusammengefasst. Nahezu alle Industriebetriebe unterscheiden den Beschaffungsbereich, den Fertigungsbereich, den Verwaltungs- und den Vertriebsbereich. Damit entsprechen die Kostenstellenbereiche den Funktionsbereichen eines Industriebetriebs. In großen Betrieben kommt ein Bereich der allgemeinen Kostenstellen hinzu, die Dienstleistungen für die vier Funktionsbereiche erbringen, z. B. mit den Kostenstellen Pförtner, Kantine, Fuhrpark, Energieerzeugung. Ein Fertigungshilfsstellenbereich mit den Kostenstellen

Konstruktion, Haushandwerker, Lehrwerkstatt und manchmal auch Lohnbüro erbringt spezielle Dienstleistungen für den Fertigungsstellenbereich oder Fertigungsbereich.

62.
Bei der Einteilung eines Betriebes in **Kostenstellen** müssen für jede Kostenstelle die folgenden Fragen mit einem klaren Ja beantwortet werden können:

- Sind die Tätigkeiten in der Kostenstelle eindeutig abgrenzbar von den Tätigkeiten in anderen Kostenstellen?
- Sind die Kostenstellen räumlich eindeutig von den anderen Kostenstellen abgegrenzt?
- Können die Gemeinkosten dieser Kostenstelle eindeutig verursachungsgerecht zugeordnet werden?
- Lässt sich die Verantwortung für die Ablauforganisation und den Kostenanfall in der Kostenstelle eindeutig dem Kostenstellenleiter zuordnen?

63.
Aufgaben der Kostenstellenrechnung sind

- die verursachungsgerechte Zurechnung der Gemeinkosten,
- die Ermittlung von Zuschlagssätzen für die Weiterverrechnung der Gemeinkosten auf die Kostenträger,
- die Kontrolle des Kostenanfalls im Zusammenhang mit der Überwachung der Wirtschaftlichkeit in den Kostenstellen,
- die Ermittlung der Abweichungen zwischen den tatsächlich angefallenen und den mittels der Zuschlagssätze auf die Kostenträger verrechneten Gemeinkosten,
- der Vergleich der tatsächlich angefallen Gemeinkosten nach Kostenarten mit denen in der Planungsrechnung,
- die Lieferung von Erfahrungswerten für die Planungsrechnung,
- die Ermittlung von Kennzahlen zur Kontrolle der Wirtschaftlichkeit,
- die Lieferung von Vergleichswerten zum Kostenanfall bei der Konstruktion neuer Produkte.

64.
Bei der Verrechnung der **Materialgemeinkosten** auf das Fertigungsmaterial wird unterstellt, dass das Fertigungsmaterial die Gemeinkosten im Einkauf und am Lager verursacht hat und die Beschaffungs- und Lagerkosten für das Gemeinkostenmaterial nicht ins Gewicht fallen. Unter dieser Voraussetzung werden die MGK als prozentualer **Zuschlag** auf den Wert des Fertigungsmaterials auf die Aufträge verrechnet.

Bei der Verrechnung der **Vertriebsgemeinkosten** wird unterstellt, dass die in einer Abrechnungsperiode angefallenen Vertriebskosten von den in dieser Periode verkauften Erzeugnissen verursacht worden sind. (Dabei bleibt unberücksichtigt, dass ein nicht geringer Teil der Arbeiten im Verkauf auf die Akquisition entfällt.) Weiter wird unterstellt, dass – mangels einer anderen Bezugsgröße – die Aufträge, die zu hohen Herstellkosten geführt haben, auch den größeren Teil der Vertriebskosten verursacht haben. (s. hierzu auch unter Rn. 505 und Rn. 506)

65.
Die Unterscheidung zwischen **Herstellkosten des Umsatzes** und **Herstellkosten der Erzeugung** wird nur in der Kostenträgerzeitrechnung getroffen. Die Herstellkosten des Umsatzes werden als Zuschlagsbasis für die Verrechnung der Verwaltungs- und der Vertriebsgemeinkosten gebraucht. Die Zuschlagskalkulation im Rahmen der Kostenträgerstückrechnung kennt nur die Herstellkosten der Erzeugung.

Die Unterscheidung zwischen Herstellkosten des Umsatzes und Herstellkosten der Erzeugung ist in jenen Betrieben erforderlich, in denen die Stückzahl oder der Wert der Herstellkosten der in einer Abrechnungsperiode (i. d. R. der Monat) erzeugten Produkte von den Herstellkosten oder der Stückzahl der in dieser Periode verkauften Produkte abweicht. Die Differenz zwischen Herstellkosten des Umsatzes und Herstellkosten der Erzeugung führt dann zu Bestandsveränderungen bei unfertigen und fertigen Erzeugnissen in der Geschäftsbuchhaltung.

66.
Wenn der Bestand an unfertigen Erzeugnissen zu Herstellkosten um 20.000 € abgenommen und der Bestand an fertigen Erzeugnissen zu Herstellkosten um 30.000 € zugenommen hat, sind per Saldo Erzeugnisse im Wert von 10.000 € weniger verkauft als hergestellt worden. Bei Herstellkosten der Produktion von 200.000 € abzüglich 10.000 € für an das Lager gegangene Produkte verbleiben 190.000 € Herstellkosten des Umsatzes.

67.
Der Kostenrechner erhält die Auflistung des Materialverbrauchs aus der Lagerbuchhaltung, die Auflistung der Löhne, Gehälter und Sozialkosten aus der Lohn- und Gehaltsbuchhaltung, die Auflistung der kalkulatorischen Abschreibungen aus der Anlagenbuchhaltung und Informationen über Sondereinzelkosten, Kosten für Kommunikation, Beiträge, Rechts- und Beratungskosten usw. aus der Geschäftsbuchhaltung.

68.
Der BAB ermöglicht die **Kontrolle** der Gemeinkosten nach dem Ort und der Höhe des Anfalls. Der erweiterte BAB zeigt die Differenz zwischen Ist-Gemeinkosten und verrechneten Gemeinkosten und – wenn eine Planungsrechnung vorliegt – die Abweichungen der Ist-Gemeinkosten je Kostenart und Kostenstelle von den Plan-Gemeinkosten.

Werden in den Fertigungsstellen die geleisteten und die geplanten Arbeitsstunden ausgewiesen, ist zusätzlich die **Beschäftigungsabweichung** erkennbar, die wiederum Rückschlüsse auf das Zustandekommen der Kostenabweichung zulässt.

69.
Der Betriebsabrechnungsbogen dient der Erfassung und Verrechnung der Gemeinkosten.

70.
Für die Ermittlung der Istzuschlagssätze werden zusätzlich die Fertigungslöhne und die Materialeinzelkosten ausgewiesen.

71.
Die Gemeinkosten werden nach dem **Verursachungsprinzip** auf die Kostenstellen im

Betriebsabrechnungsbogen verrechnet. Soweit eine direkte Verrechnung aufgrund einer Kontierung nach Kostenstellen nicht möglich ist, erfolgt unter Beachtung des Grundsatzes der **Wirtschaftlichkeit** (s. Rn. 595) eine indirekte Verrechnung mithilfe von Verteilungs- und Umlageschlüsseln, bei denen unterstellt wird, dass sie sich proportional zu den Kosten der Inanspruchnahme verhalten (s. Rn. 606).

Anmerkung: Die meisten Betriebe unterscheiden den Begriff **Verteilungsschlüssel** für die Kostenarten- oder Primärumlage und den Begriff **Umlageschlüssel** für die Kostenstellen- oder Sekundärumlage.

72.
Bei den Gemeinkosten, die sich aufgrund einer Kostenstellen-Kontierung direkt bestimmten Kostenstellen zuordnen lassen, spricht man von **Kostenstellen-Einzelkosten**.

Kostenstellen-Gemeinkosten lassen sich nicht unmittelbar bestimmten Kostenstellen zuordnen. Verteilungs- und Umlageschlüssel sollen eine annähernd verursachungsgerechte Kostenstellenbelastung gewährleisten (s. auch Rn. 600 und Rn. 606).

73.
Die Umlage von Kostenstellen-Gemeinkosten kann nur annähernd genau erfolgen.

74.
Der Betriebsabrechnungsbogen ist horizontal nach Kostenstellen und vertikal nach Kostenarten gegliedert. In der horizontalen Gliederung werden Primärkostenarten und Sekundärkostenarten auf die Kostenstellen verteilt bzw. umgelegt. Als **Primärkostenarten** werden die aus der Geschäftsbuchhaltung übernommenen Grundkosten und die kalkulatorischen Kostenarten bezeichnet. **Sekundärkostenarten** sind die in den allgemeinen Kostenstellen und den Fertigungshilfsstellen gesammelten Gemeinkosten, die im Rahmen der **Sekundärumlage** auf die übrigen Kostenstellen verteilt werden, d. h. die Kosten der allgemeinen Kostenstellen und der Fertigungshilfsstellen werden auf die Hauptkostenstellen (oder Endkostenstellen) umgelegt.

75.
Unter **raumorientierter Kostenstellenbildung** versteht man die Forderung nach einer räumlichen Abgrenzbarkeit der Kostenstellen.

76.
Der **Kostenstellenplan** ist das Verzeichnis der in einem gegebenen Betrieb tatsächlich eingerichteten Kostenstellen.

77.
Normalzuschlagssätze sind die statistischen Mittelwerte der Istzuschlagssätze aus den vergangenen Abrechnungsperioden.

78.
Bei einer **Kostenunterdeckung** wurden in der Abrechnungsperiode weniger Gemeinkosten auf die Kostenträger verrechnet als angefallen sind. Die Normal-, Soll- oder Planzuschlagssätze der Abrechnungsperiode sind niedriger als die Istzuschlagssätze.

Bei einer **Kostenüberdeckung** wurden mehr Gemeinkosten auf die Kostenträger verrechnet als angefallen sind. Die Normal-, Soll- oder Planzuschlagssätze sind höher als die Istzuschlagssätze.

79.
Die Ereignisse a, c und d führen zu einer Gemeinkostenunterdeckung. In diesen drei Fällen müsste der Normal-, Soll- oder Planzuschlagssatz erhöht werden.

a) Bei **abnehmender Beschäftigung** sinken die Zuschlagsbasen Materialeinzelkosten, Fertigungslöhne und Herstellkosten. Die Gemeinkosten werden nicht im gleichen Maße wie die Zuschlagsbasen zurückgehen. Bei der Festlegung der Normal-, Soll- und Planzuschlagssätze wurde dieses Kostenverhalten nicht berücksichtigt, sondern eine Proportionalität der Zuschlagsbasis (d. h. der Einzelkosten) zu den Gemeinkosten in der Kostenstelle unterstellt. Diese Proportionalität wird durch die Beschäftigungsänderung gestört.

b) Bei **gestiegenen Tariflöhnen** werden im Falle der Beibehaltung des Zuschlagssatzes für FKG auf die höhere Zuschlagsbasis mehr Gemeinkosten verrechnet. Es kommt zu einer Gemeinkostenüberdeckung bei den FGK.

c) Bei **sinkenden Rohstoffpreisen** werden im Falle der Beibehaltung des Zuschlagssatzes für MGK weniger Gemeinkosten verrechnet. Es kommt zu einer Gemeinkostenunterdeckung bei den MGK.

d) Mit **zunehmender Automatisierung** sinkt der Anteil der Fertigungslöhne. Werden die FGK unter Beibehaltung der Zuschlagssätze auf die niedrigere Zuschlagsbasis verrechnet, kommt es zu einer Gemeinkostenunterdeckung. Es sinkt nicht nur die Zuschlagsbasis. Der Einsatz von Maschinen und Automaten führt zu zusätzlichen Gemeinkosten.

80.

a) Die **Materialgemeinkosten** werden auf das Fertigungsmaterial aufgeschlagen.

b) Die **Fertigungsgemeinkosten** werden auf die Fertigungslöhne aufgeschlagen.

c) Die **Verwaltungsgemeinkosten** werden auf die Herstellkosten des Umsatzes aufgeschlagen.

d) Die **Vertriebsgemeinkosten** werden ebenfalls auf die Herstellkosten des Umsatzes aufgeschlagen.

81.
Die **Umlage der allgemeinen Kostenstellen** kann nach folgenden Kriterien erfolgen:

a) **Fuhrpark:** nach gefahrenen Kilometern je Kostenstelle

b) **Pförtner:** nach Anzahl der Mitarbeiter je Kostenstelle

c) **Kantine:** nach Anzahl der Mitarbeiter je Kostenstelle, auch wenn die Kantine nicht von allen Mitarbeitern genutzt wird. Sie steht allen Mitarbeitern zur Verfügung.

d) **Sanitäter:** nach Anzahl der Mitarbeiter je Kostenstelle. Sollten die Sanitäter z. B. in den Fertigungsstellen wesentlich mehr Einsätze haben als in den übrigen Kostenstellen, könnten beispielsweise die Mitarbeiter in den Fertigungsstellen doppelt gezählt werden.

e) **Heizung:** nach Kubikmeter Raum. Ist das nicht möglich, muss nach Quadratmetern umgelegt werden.

f) **Strom:** nach installierten Kilowatt, sofern nicht eine genauere Verteilung aufgrund von Zwischenzählern möglich ist.

g) **Grundstücks- und Gebäudeverwaltung:** nach Quadratmetern.

82.
Die **Umlage der Fertigungshilfsstellen** kann nach folgenden Schlüsseln erfolgen:

a) **Betriebsleitung:** Anzahl Mitarbeiter oder geleistete Stunden je Kostenstelle im Fertigungsbereich.

b) **Konstruktion:** Mangels anderer Schlüssel könnte die Konstruktion nach geleisteten Stunden je Fertigungskostenstelle umgelegt werden. Das entspräche im Ergebnis in etwa der Verteilung über einen Zuschlagssatz auf die Fertigungslöhne. Da der größte Teil der Konstruktionsarbeiten jedoch lange vor der Fertigung anfällt, verschreiben die Konstrukteure in manchen Betrieben ihre Arbeitsstunden grob (z. B. runde Stunde oder halbe Stunde) auf die Aufträge, für die sie gearbeitet haben. Aufgrund dieser Aufzeichnungen werden die Stunden dann als innerbetriebliche Leistungen (Sondereinzelkosten der Fertigung) den Aufträgen belastet oder als pauschalierte Beträge – differenziert nach Produktgruppen – auf die Aufträge verrechnet.

c) Die Leistungen der **Haushandwerker** können aufgrund von Stundenaufschreibungen als innerbetriebliche Leistungen auf die Kostenstellen verrechnet werden. Haushandwerker sollen die besonderen Anforderungen des Betriebes erfüllen, z. B. Kenntnisse zu den Besonderheiten der Spezialmaschinen besitzen (Besuch von Lehrgängen) und bei Bedarf immer sofort zur Verfügung stehen. Deshalb ist ein Teil der Arbeitszeit der Haushandwerker i. d. R. Bereitschaftsdienst. Wegen dieser Bereitschaft verschreiben die Haushandwerker in vielen Betrieben nur über einen begrenzten Zeitraum ihre Einsatzstunden. Auf der Grundlage der Aufschreibungen wird ein Umlageschlüssel erstellt, in den sämtliche Kostenstellen des Unternehmens einbezogen werden können. Der Schlüssel muss in bestimmten Zeitabständen mithilfe erneuter Stundenaufschreiben überprüft werden.

d) Das **Lohnbüro** wird nach Anzahl der Lohnempfänger je Kostenstelle umgelegt. Die Empfänger von Stücklohn können wegen der Mehrarbeit in der Bruttolohnrechnung mit einem höheren Anteil in den Schlüssel eingehen als die Empfänger von Zeitlohn.

e) Wenn in der **Lehrwerkstatt** 3 Schlosser, 2 Fräser und 5 Dreher ausgebildet werden, wird die Kostenstelle Schlosserei mit 3/10 der Kosten, die Fräserei mit 2/10 und die Dreherei mit 5/10 der Kosten belastet.

83.
Allgemeine Kostenstellen werden für innerbetriebliche Leistungsbereiche eingerichtet, die Leistungen für alle oder viele der übrigen Kostenstellen erbringen und außerdem ein hohes Gemeinkostenvolumen haben, das in einer besonderen Kostenstelle gesteuert und kontrolliert und möglichst verursachungsgerecht auf die nutznießenden Kostenstellen umgelegt werden soll.

84.

Fertigungshilfsstellen dienen der Aufrechterhaltung der Betriebsbereitschaft verschiedener oder sämtlicher Fertigungskostenstellen. Wie bei den allgemeinen Kostenstellen werden gleichartige Leistungen in bestimmten Fertigungshilfsstellen gebündelt. Das Kostenvolumen kann so effektiver gesteuert, kontrolliert und schließlich verursachungsgerecht auf die nutznießenden Fertigungskostenstellen verteilt werden. (Dabei können manche Fertigungshilfsstellen – z. B. die Haushandwerker – auch Leistungen für alle übrigen Kostenstellen erbringen.)

85.

Zuschlagssätze stellen die prozentuale Relation (oder die Proportionalität)

- zwischen einer Basis als Einzelkosten (FM, FL) oder Kostenblöcken (z. B. Heko)
- und Gemeinkostenblöcken (MGK, FGK, VwGK, VtGK) dar.

Dabei wird unterstellt, dass die Gemeinkosten von der jeweiligen Zuschlagsbasis verursacht worden sind.

Die Zuschlagsgrundlagen müssen deshalb die Verursacher der mittels Zuschlagssätze verrechneten Gemeinkosten sein. Die Kostenbestandteile der Zuschlagsgrundlagen und der darauf verrechneten Kosten dürfen sich nicht überschneiden.

86.

a) Andere Bezeichnungen für das **Kostenträgerblatt** sind **BAB II, Kostenträgerzeit- und -ergebnisrechnung, Fabrikaterfolgsrechnung**.

b) Das **Kostenträgerblatt** informiert den Unternehmer über die Kostenstruktur seiner Erzeugnisse insgesamt und in den Bereichen Maschinenbau und Anlagenbau jeweils als Istkosten und als Sollkosten. Weiter werden die Ist- und Sollkosten gegenübergestellt und die Abweichungen ausgewiesen. Die Überdeckungen im Fertigungsbereich könnten auf einen normalen bis guten Auslastungsgrad der Fertigung hinweisen. Die Unterdeckung beim Anlagenbau im Materialbereich könnte ein Zeichen dafür sein, dass die in Arbeit befindlichen Aufträge bereits in einem fortgeschrittenen Stadium sind und in den nächsten Monaten ausgeliefert werden. Der Unternehmer kann erkennen, dass der Anlagenbau wesentlich materialintensiver ist als der Maschinenbau. Beim Anlagenbau wurde in der Abrechnungsperiode etwa ein Drittel auf Lager produziert, was wegen der allgemein längeren Fertigungszeiten im Anlagenbau normal sein kann. Der Umsatzschub kommt dann im Monat der Auslieferung der Großaufträge. Das positive Gesamtergebnis (Zeile 15) wurde bereits durch das negative Ergebnis im Anlagenbau geschmälert.

c) Sollte der Anlagenbau langfristig nur die Hälfte des Umsatzes im Maschinenbau ausmachen und langfristig ein negatives Ergebnis liefern, könnte der Unternehmer insbesondere bei steigenden Einstandspreisen für das Fertigungsmaterial überlegen, ob er nicht den Maschinenbau forcieren und den Anlagenbau einstellen sollte. Soweit Maschinen und Anlagen in der Fertigung von beiden Produktsparten genutzt werden, könnte es sein, dass der Maschinenbau nach Einstellung des Anlagenbaus Kosten mittragen muss, die bisher dem Anlagenbau belastet wurden. Auf der Vertriebsseite wäre zu prüfen, welche Kunden des Bereichs Maschinenbau zu Konkurrenten abwandern könnten, die weiter Maschinen und Anlagen nebeneinander anbieten.

d) Das Kostenträgerblatt zeigt die Verhältnisse einer einzigen Abrechnungsperiode (eines Monats) und ist deshalb nicht repräsentativ. Der Unternehmer muss die langfristige Entwicklung und die Entwicklung am Beschaffungsmarkt und am Absatzmarkt sowie die Unternehmensplanung für die nächsten Jahre berücksichtigen.

e) Im Maschinenbau machen die Lohnkosten rund 50 % der Materialkosten aus. Im Anlagenbau liegen die Lohnkosten bei 20 % der Materialkosten. Wenn unterstellt wird, dass diese Kostenverhältnisse im Kostenträgerblatt repräsentativ sind für das ganze Geschäftsjahr, werden Lohnsteigerungen eher den Maschinenbau zusätzlich belasten und Steigerungen bei den Preisen für das Fertigungsmaterial eher den Anlagenbau.

87.

s. Rn. 203

88.

In der **Kostenträgerzeitrechnung** werden die Zuschlagssätze auf die Herstellkosten des Umsatzes verrechnet. Deshalb müssen aus den Herstellkosten der Erzeugung der Abrechnungsperiode, durch Hinzurechnung der Minderbestände an unfertigen und fertigen Erzeugnissen sowie Abzug der Mehrbestände an unfertigen und fertigen Erzeugnissen, die Herstellkosten des Umsatzes der Abrechnungsperiode errechnet werden. In der **Kostenträgerstückrechnung** entsprechen die auf den einzelnen Kostenträger verrechneten Herstellkosten des Umsatzes den Herstellkosten der Erzeugung.

89.

Die **Sondereinzelkosten der Fertigung** sind Teil der Fertigungskosten. Sie werden im Schema der Zuschlagskalkulation i. d. R. unmittelbar nach den Fertigungsgemeinkosten und vor den Herstellkosten aufgeführt. Möglich ist auch eine Gliederung.

	MEK	1.000	
+	MGK	100	
=	MK		1.100
	FEK (oder FL)	2.000	
+	FGK	4.000	
=	FK		6.000
=	Heko I		7.100
+	SEKF		900
=	Heko II		8.000

Die **Sondereinzelkosten des Vertriebs** werden nach den Vertriebsgemeinkosten, aber vor den Selbstkosten eingefügt.

90.

	Heko	6.200
+	10 % VwGK	620
+	20 % VtGK	1.240
+	SEKV	140

Selbstkosten	8.200
Auftragsergebnis	800
Verkaufserlös	9.000

91.
Die **Divisionskalkulation** ist weniger aufwändig als die Zuschlagskalkulation, kann aber nicht eine der Informationen liefern, die in einem Betrieb der Einzel- und Kleinserienfertigung im Maschinenbau benötigt werden.

Die Divisionskalkulation eignet sich nur für die Abrechnung in Betrieben mit einheitlicher Massenfertigung. Sie ermöglicht keine verursachungsgerechte unterschiedliche Kostenbelastung der Erzeugnisse in einer Vor-, Zwischen- oder Nachkalkulation.

Man könnte ebenso gut einen Rasenmäher zum Kaffeekochen einsetzen.

92.
s. Rn. 230

93.
s. Rn. 231

94.
s. Rn. 234

95.
s. Rn. 233

96.
Die **Restwertrechnung** beachtet nicht das Kostenverursachungsprinzip. Bei sinkenden Erlösen für die Nebenprodukte werden mehr Kosten auf das Hauptprodukt verrechnet. Bei steigenden Erlösen für die Nebenprodukte sinken die Kosten für das Hauptprodukt.

97.
Bei der **Marktpreismethode** wird von den Marktpreisen der verschiedenen Erzeugnisse auf deren Kostenanteile an den Gesamtkosten geschlossen.

Bei der **Schlüsselmethode** werden die Kosten je Einheit aufgrund technischer Maßstäbe wie Reifezeit, Brenndauer, Bearbeitungszeit, Größe usw. kalkuliert. Die Kosten je Einheit werden dann für die Bestimmung der Kostenanteile der einzelnen Produkte an den Gesamtkosten herangezogen.

98.
Die **Kostenrechnung der Handelsbetriebe** ist weniger umfangreich als die der Industriebetriebe. Deshalb erfolgt die Kostenartenrechnung i. d. R. in der Finanz- oder Geschäftsbuchhaltung.

99.
Für Handelsbetriebe eignet sich eine **Gliederung in die Kostenstellen** Einkauf, Lager, Verwaltung und Verkaufsbereich (z. B. Ladenlokal) sowie nach Filialen. Der Verkaufsbereich hat in Handelsbetrieben die gleiche primäre Bedeutung wie der Fertigungsbereich in Industriebetrieben. Deshalb unterteilen größere Betriebe den Verkaufs-

bereich, evtl. auch den Lagerbereich, in Kostenstellen entsprechend den unterschiedlichen Produktgruppen.

100.
Die **Warenkalkulation** zeigt den Listeneinkaufspreis, Liefererrabatte, Liefererskonti, Bezugskosten, Bezugspreis, die verrechneten Handlungskosten, Selbstkosten, Auftragsgewinn oder -verlust, Kundenskonti, Kundenrabatt, Listenverkaufspreis und Umsatzsteuer.

101.
Aufgabe der **Bezugskalkulation** ist die Ermittlung des Einstandspreises. Der Einstandspreis wird benötigt für die Buchführung und Bilanzierung, den Angebotsvergleich und die Kalkulation des Verkaufspreises. Der mögliche Verkaufspreis wird bereits vor der Beschaffung durch Multiplikation des Einstandspreises mit dem Kalkulationsfaktor (s. Rn. 281) ermittelt, um sicherzustellen, dass der erforderliche Verkaufspreis am Markt durchsetzbar ist.

102.
Die wichtigsten Bestandteile des **Einstandspreises** sind Listenpreis, Liefererrabatt, Liefererskonto, Einkaufskosten (Kommission, Provision, sonstige kleine Kosten) und die Bezugskosten (Fracht, Rollgeld, Transportkosten, Zoll, Abladekosten, sonstige kleine Kosten).

103.
Mengenabzüge werden beim Einkauf als Gutgewicht, Refaktie, Leckage und Besemschon (s. Rn. 267) zur Ermittlung der tatsächlich gelieferten Menge berechnet.

104.
Skonti sind ein Nachlass für die Nichtinanspruchnahme des Zahlungsziels. Eine um 20 Tage vorgezogene Zahlung unter Abzug von 2 % Skonto entspricht einem Jahreszins von 36 %. Skonti sind deshalb weniger eine Zinsvergütung als vielmehr ein Nachlass für die Verkürzung der Laufzeit des Kreditrisikos und für Einsparungen bei der Verfolgung des Zahlungseingangs.

Rabatte werden gewährt als :

- **Mengenrabatt:** Einsparung von Verwaltungs- und Vertriebskosten beim Verkäufer (s. Rn. 505);
- **Wiederverkäuferrabatt:** Übernahme eines Teils der Vertriebsfunktionen durch den Käufer;
- **Treuerabatt:** längerfristige Bindung der Kundschaft;
- **Sonderrabatt:** Räumung des Lagers aus den verschiedensten Gründen;
- **Dreingabe:** geringerer Preis für bestimmte Warenmengen, z. B. bei Abnahme von 100 Einheiten werden nur 95 berechnet. Wie beim Mengenrabatt geht es um die Einsparung von Verwaltungs- und Vertriebskosten beim Verkäufer;
- **Draufgabe:** wie bei Dreingabe, nur werden bei der Bestellung von 100 Einheiten auch nur 100 Einheiten berechnet, aber 105 Einheiten geliefert;

- **Dekort:** ein Preisnachlass für Minderwertigkeit, z. B. verblichene oder verkratzte Waren, Waren, die nicht mehr im Trend liegen oder kurz vor dem Ablaufdatum stehen usw.

105.
Zu den **Bezugskosten** (Beschaffungskosten) gehören alle Kosten, die zur Beschaffung der notwendigen Güter vom Unternehmen aufgewandt werden müssen. Dazu gehören der Einkaufspreis, der buchhalterisch abzüglich Rabatten und Skonti auf den Warenkonten erfasst wird und die Bezugskosten im engeren Sinne, die in der Buchhaltung auf Unterkonten der Warenkonten, den Bezugskostenkonten, erfasst werden. Bei den Letzteren handelt es sich um Nebenkosten der Beschaffung (Anlieferungskosten) wie Frachtkosten, Transportversicherungen, Rollgeld, Lagerhaltungskosten, Verlade- und Umladekosten, Hafengebühren, Zölle usw.

In der Lagerbuchhaltung des betrieblichen Rechnungswesens werden Vorräte mit dem Einstandspreis (Bezugspreis) bewertet, der sich aus dem Einkaufspreis plus Nebenkosten der Beschaffung zusammensetzt.

106.

	Listeneinkaufspreis
-	Rabatt
=	Zieleinkaufspreis
-	Skonto
=	Bareinkaufspreis
+	Bezugskosten
=	Bezugspreis

107.
Die **retrograde Bezugskalkulation** ermittelt den Einkaufspreis rückschreitend aus dem Einstandspreis, wenn festgestellt werden soll, welcher Einkaufspreis unter Berücksichtigung der Bezugs- und sonstigen Einkaufskosten dem Einstandspreis entspricht.

108.
Mit dem **Handlungskostenzuschlag** werden die Gemeinkosten des Handelsbetriebs prozentual auf den Einstandspreis verrechnet. Zu den Gemeinkosten zählen alle betriebsbedingten Aufwendungen wie Aufwendungen für Personal, Miete, betriebliche Steuern und Abgaben, Werbe- und Reisekosten, Aufwendungen für den Fuhrpark, allgemeine Verwaltungsaufwendungen und Abschreibungen. Die Summe aus Einstandspreis und Handlungskosten sind die Selbstkosten.

109.
Für den Fortbestand eines Unternehmens ist mittelfristig ein Gewinn unverzichtbar. Der **Gewinnzuschlag** muss einem angemessenen Unternehmerlohn für den mitarbeitenden Unternehmer entsprechen plus der Verzinsung des betriebsnotwendigen Kapitals. Zusätzlich sollte der Gewinnzuschlag einen Risikozuschlag für das eingegangene Unternehmerwagnis im Sinne einer Selbstversicherung für nicht versicherte Einzelwagnisse enthalten.

110.
Der **Kalkulationszuschlag** ist der Prozentsatz, der auf den Wareneinstandspreis aufgeschlagen wird, um den Verkaufspreis zu erhalten.

Der **Kalkulationsfaktor** ist eine Zahl, mit der der Bezugspreis multipliziert wird, um den Angebotspreis oder einen anderen Verkaufspreis zu errechnen.

111.
Die Absatzkalkulation in Form einer **Rückrechnung** dient der Ermittlung des Einkaufspreises, den der Kaufmann maximal ausgeben kann, wenn er über den vom Markt vorgegebenen Verkaufspreis die Handlungskosten und einen angemessenen Gewinn decken will.

112.
Der **Kalkulationszuschlag** erlaubt dem Kaufmann – ausgehend vom Einstandspreis – die vereinfachte Errechnung des Verkaufspreises, der die Handlungskosten und einen angemessenen Gewinn deckt.

Die **Handelsspanne** ermöglicht – ausgehend vom Verkaufspreis – eine vereinfachte Berechnung des Einstandspreises. Mit der Handelsspanne wird beispielsweise dann gerechnet, wenn der Verkäufer wissen will, wie weit unter dem ausgezeichneten Preis die Ware verkauft werden kann, wenn der Einstandspreis noch gedeckt sein soll. Im Rahmen der Inventur kann aus dem ausgezeichneten Verkaufspreis der Einstandspreis für die Bewertung in der Bilanz errechnet werden.

113.
Die **Exportkalkulation** enthält zusätzlich zu den Posten der normalen Absatzkalkulation Posten für Seefracht, Hafengebühren, Seeversicherung und i. d. R. auch Bankspesen und sonstige kleine Kosten.

114.
Die **Incoterms** (International Commercial Terms) sind internationale Regeln für die Auslegung bestimmter im internationalen Handel gebräuchlicher Vertragsformulierungen, die die Verteilung der Kosten auf Käufer und Verkäufer und den Gefahrenübergang regeln.

115.
Die **Istkostenrechnung** ist vergangenheitsorientiert. Sie errechnet nachkalkulatorisch den Kostenanfall für die Kostenträger (Kostenträgerstückrechnung) oder für die vorhergehende Abrechnungsperiode (BAB und Kostenträgerzeitrechnung), das ist i. d. R. der Vormonat.

Die **Plankostenrechnung** ist zukunftsbezogen. Die Kosten werden für einzelne Kostenstellen und Kostenträger im Voraus geplant und im Nachhinein mit den Istkosten verglichen. Die Ergebnisse der anschließenden Abweichungsanalyse fließen in die neue Kostenplanung ein.

116.
Die **Istkostenrechnung** gibt **als Vollkostenrechnung** Auskunft über den gesamten tatsächlichen Kostenanfall für einen Kostenträger (Kostenträgerstückrechnung) oder für die vorhergehende Abrechnungsperiode (BAB und Kostenträgerzeitrechnung).

117.
Die **Istkostenrechnung** gibt als **Teilkostenrechnung** Auskunft über den Anfall der tatsächlich angefallenen **variablen Kosten** für einen Kostenträger oder für die vorhergehende Abrechnungsperiode (nach Kostenstellen im BAB und nach Fabrikatgruppen in der Kostenträgerzeitrechnung). Außerdem gibt sie Auskunft über die in der Vorperiode tatsächlich angefallenen **Fixkosten** als Gesamtfixkostenblock oder als Fixkostendeckungsrechnung bzw. mehrstufige Deckungsbeitragsrechnung verursachungsgerecht in mehreren Stufen (s. auch Rn. 359, 360 und 384 ff.).

118.
Eine Steuerung des Ressourceneinsatzes ist bei der **Istkostenrechnung** nur sehr begrenzt möglich und der Verbrauch kann im Zeitpunkt der Kenntnisnahme nicht mehr rückgängig gemacht werden, d. h. die Information über den Kostenanfall kommt zu spät.

119.
Für die Vorkalkulation von Fertigungsaufträgen nach Kundenwunsch und für erstmalig zu fertigende neue Produkte ist die **Istkostenrechnung** nur sehr begrenzt geeignet, da oft keine Erfahrungswerte vorliegen.

120.
Die **Normalkostenrechnung** ist eine bereinigte Istkostenrechnung. Sie ist vergangenheitsbezogen, weil sie als Erfahrungswerte die Mittelwerte des Kostenanfalls mehrerer Vorperioden zugrunde legt. Während in die Istkostenrechnung die tatsächlich angefallenen Kosten unbesehen eingehen, wurden bei der Normalkostenrechnung einmalige bzw. außergewöhnliche Kostenanfälle eliminiert. In die Normalkostenrechnung fließen deshalb die bereinigten statistischen Mittelwerte der Vergangenheit ein.

121.
Die **starre Normalkostenrechnung** geht von einer einmal festgelegten Beschäftigung aus. Bei der **flexiblen Normalkostenrechnung** werden die Normalkosten jeweils an den Beschäftigungsgrad angepasst.

122.
Die Kontrolle des Kostenanfalls erfolgt bei der Istkostenrechnung durch Gegenüberstellung der Istkosten und der Normalkosten bzw. der Sollkosten.

Im Rahmen der **Kostenartenrechnung** werden die Summen je Kostenart geprüft. Liegt bei einer Kostenart bereits die Summe des Kostenanfalls weit über oder unter den Normal- oder Sollkosten? Ist der Grund vielleicht ein periodenfremder Anfall oder eine periodenfremde Verrechnung?

Der Kostenrechner oder der Controller sieht die Abweichungen in den **Kostenstellen** durch, klärt mit den Kostenstellenleitern den Grund für die Abweichungen und bespricht Möglichkeiten der Vermeidung künftiger Abweichungen.

Abweichungen in der **Kostenträgerstückrechnung** spricht der Controller mit den Konstrukteuren, den für die Fertigung verantwortlichen Mitarbeitern und den Mitarbeitern in der Vorkalkulation durch.

123.
In die **Normalkostenrechnung** gehen nur die normalerweise anfallenden Kosten ein und nur diese sollen bei der Kalkulation der Verkaufspreise berücksichtigt werden.

124.
Die **Istkostenrechnung** ist vergangenheitsorientiert und berücksichtigt die tatsächlich angefallenen Kosten, egal ob die Höhe des Anfalls wirtschaftlich gerechtfertigt ist oder nicht.

Die **Plankostenrechnung** ist zukunftsorientiert und berücksichtigt die nach Norm- und Richtwerten zu erwartenden Kosten. Ziel der Planung ist neben der Kostenkontrolle auch die Nutzung aller realistischen Möglichkeiten der Kostenminderung.

125.
Standardkosten sind auf eine Leistungseinheit bezogene Plankosten, die für einen längeren Zeitraum vorgegeben werden. Die **Standardkostenrechnung** ist eine aus der Normalkostenrechnung entwickelte Plankostenrechnung, bei der im Mittelpunkt der Kontrollrechnung der Kostenträger steht.

(Hinweis: Bei der **Zielkostenrechnung** (Rn. 551 ff.) sind Standardkosten als „Drifting Costs" die Kosten, die bei unveränderten Verfahrens- und Technologiestandards anfallen.)

126.
Bei der **starren Plankostenrechnung** werden die Kosten als Vollkosten auf der Grundlage eines bestimmten Beschäftigungsgrades geplant.

Bei der **flexiblen Plankostenrechnung auf Vollkostenbasis** werden die Plankosten an die jeweilige Beschäftigung angepasst. Dazu werden -- trotz Vollkostenrechnung – die Plankosten für Zwecke der Kostenkontrolle in ihre fixen und variablen Bestandteile aufgeteilt. Auf diese Weise können die Kosten für jeden beliebigen Beschäftigungsgrad ermittelt werden.

Die **flexible Plankostenrechnung auf Teilkostenbasis** oder **Grenzplankostenrechnung** ist eine Deckungsbeitragsrechnung unter Verwendung von Planwerten. Sie arbeitet – anders als die flexible Plankostenrechnung auf Vollkostenbasis – nur mit den variablen Kosten.

127.
Bei der **Vollkostenrechnung** werden sämtliche Kosten, die variablen und die fixen, auf die Aufträge verrechnet. Bei der **Teilkostenrechnung** werden nur die variablen Kosten verrechnet.

128.
Das **Direct Costing** ist ein einfaches System der Teilkostenrechnung. Nur die variablen Kosten werden auf die Kostenträger verrechnet. Durch Subtraktion der variablen Kosten vom Erlös erhält man den Deckungsbeitrag.

Bei der **einstufigen Deckungsbeitragsrechnung** werden nur die Kosten verrechnet, die als Kostenstelleneinzelkosten oder als Einzelkosten einer bestimmten Kostenstelle oder einem bestimmten Kostenträger zugerechnet werden können. Die Fixkosten werden als Block gesammelt und nicht weiter verrechnet.

Bei der **mehrstufigen Deckungsbeitragsrechnung** oder **Fixkostendeckungsrechnung** werden die Fixkosten nicht als ein Block behandelt, sondern verursachungsgerecht in mehreren Stufen differenziert auf die verschiedenen betrieblichen Ebenen verteilt und entsprechend der Inanspruchnahme dieser Ebenem in der Kostenträgerrechnung verrechnet.

Bei der **Grenzplankostenrechnung** handelt es sich um eine flexible Plankostenrechnung auf Teilkostenbasis. Sie eignet sich besonders für die Ermittlung kurzfristiger Preisuntergrenzen, die Sortimentsplanung unter Berücksichtigung betrieblicher Engpässe und zur Planung und Kontrolle des Periodenerfolgs.

129.
Nach dem **Kostenverursachungsprinzip** (Kostenzurechnungsprinzip) dürfen den einzelnen Leistungen nur die Kosten zugerechnet werden, die die Leistungen unzweifelhaft verursacht haben. Die Verrechnung der Kostenstellengemeinkosten auf die Kostenstellen und der Gemeinkosten insgesamt auf die Kostenträger kann im Rahmen einer Vollkostenrechnung nur annähernd genau nach dem Durchschnittskostenprinzip erfolgen.

130.
Die **Vollkostenrechnung** verrechnet nach dem Grundsatz der Vollständigkeit sämtliche Kosten, die fixen und die variablen, auf die Kostenträger. Die **Teilkostenrechnung** verrechnet unter strenger Einhaltung des Verursachungsprinzips nur die direkt zurechenbaren variablen Kosten.

131.
Überlegungen zur **Kostentragfähigkeit** oder **Kostenbelastbarkeit** der Kostenträger können im Rahmen der Preisfestlegung getroffen werden. Dann werden die Preise zur Sicherung der nachhaltigen Präsenz am Markt teilweise unabhängig von den Selbstkosten festgelegt. Für die Kostenkontrolle und die Überlegungen, inwieweit die Kosten jener Erzeugnisse, deren Preise nicht zur vollen Kostendeckung führen, von den übrigen Erzeugnissen mitgetragen werden können, muss gerade in diesem Fall die Kostenrechnung zuverlässige Informationen darüber liefern, welche Kosten die einzelnen Erzeugnisse verursachen. Die Frage nach der Kostentragfähigkeit wird im Vertrieb gestellt, nicht in der Kostenrechnung.

132.
Auf den Gesamtkostenanfall bezogen sind die **Fertigungslöhne** eher fixe Kosten. Bei schlechter Auslastung der Fertigung fallen weniger Fertigungslöhne an. Die Empfänger der Fertigungslöhne sind aber nicht sofort kündbar und sollen oft auch nicht sofort entlassen werden. Sie werden dann mit anderen Arbeiten, wie Reinigungs-, Aufräum- und Instandsetzungsarbeiten zu Gemeinkostenlöhnen beschäftigt bis die Fertigung wieder voll ausgelastet ist. Es ist sinnvoll, gute Mitarbeiter aus der Fertigung „durchzuziehen" bis die Kapazitäten wieder ausgelastet sind. Bei Wiederanlauf der Konjunktur suchen auch andere Betriebe Mitarbeiter. Wenn dann am Arbeitsmarkt überhaupt entsprechende Mitarbeiter zu bekommen sind, müssen die zunächst eingearbeitet werden.

133.
Einzelkosten sind immer variable Kosten. In dem Augenblick, in dem sie nicht mehr variabel sind, werden sie zu Gemeinkosten. Auch die variablen Gemeinkosten können vorübergehend zu Fixkosten werden, wenn sie nicht kurzfristig abgebaut werden können. In den meisten Betrieben zählt der größte Teil der Gemeinkosten zu den fixen Kosten. Dabei steigt der Anteil der fixen Kosten mit dem Grad der **Automatisierung**.

134.
Kostenverhalten:

a) **Lohn** des Pförtners: fix, da der Lohn unabhängig vom Beschäftigungsgrad anfällt.

b) **Gehalt** des Buchhalters: fix, Begründung wie bei a.

c) **Kalkulatorische Abschreibung:** als Bereitschaftskosten fix. Variabel, wenn sie nach Leistungseinheiten verrechnet werden.

d) **Gewerbeertragsteuer:** variabel, da grundsätzlich beschäftigungsabhängig.

e) **Sozialkosten:** variabel, soweit sie auf den Fertigungslohn entfallen, sonst fix.

f) **Kosten für Energie:** überwiegend variabel

g) **Betriebsstoffkosten:** überwiegend variabel

h) **Fertigungsmaterial:** variabel, da beschäftigungsabhängig

i) **Instandhaltungskosten:** überwiegend fix, variabel soweit sie beschäftigungsabhängig sind, z. B. bei Instandhaltung nach altersbedingtem Verschleiß.

j) **Sondereinzelkosten der Fertigung:** variabel, da beschäftigungsabhängig

k) **Entwicklungskosten:** fix, da nicht beschäftigungsabhängig

l) **Transportkosten:** variabel, da beschäftigungsabhängig

m) **Werbekosten:** sind nicht beschäftigungsabhängig, werden aber, wenn die Möglichkeit einer kurzfristigen Beeinflussung seitens des Unternehmens besteht, zu den variablen Kosten gerechnet.

135.
Mischkosten: Ein Teil der Wartungskosten und ein Teil der **Telefongebühren** – hier insbesondere die Anschlusskosten – fallen unabhängig von der Beschäftigung an und sind deshalb fix. Ein Teil der **Wartungskosten** und der größere Teil der Telefongebühren sind beschäftigungsabhängig und damit variabel.

136.
Kostenverhalten: Da die fixen Kosten unabhängig von der Beschäftigung anfallen, muss ein Betrieb mit einem geringeren Fixkostenanteil bei einem Beschäftigungsrückgang weniger Kosten abbauen als ein Betrieb mit einem hohen Fixkostenanteil. Der Betrieb mit geringem Fixkostenanteil ist flexibler und trägt ein geringeres Risiko.

137.
Betriebe mit **hohem Fixkostenanteil** sind eher auf eine hohe Auslastung der Kapazität angewiesen als solche mit niedrigerem Fixkostenanteil. Je höher der Umsatz, umso hö-

her der Anteil der Fixkosten, der über die Verkaufspreise gedeckt wird. Eine Überdeckung der Fixkosten führt zu zusätzlichem Gewinn.

138.
Der Anteil der Fixkosten an den Gesamtkosten steigt mit dem **Automatisierungsgrad** der Fertigung. Die variablen Kosten für menschliche Arbeit werden weniger und die fixen Kosten für die eingesetzten Betriebsmittel (für das Kapital) steigen gleichzeitig an.

139.

a) **Proportionale Kosten** steigen oder fallen entsprechend dem Beschäftigungsgrad bzw. der Ausbringungsmenge.

b) **Degressive Kosten** steigen bei zunehmender Beschäftigung unterproportional, so dass bei sonst unveränderten Bedingungen die Stückkosten fallen.

c) **Progressive Kosten** steigen bei zunehmender Beschäftigung überproportional, d. h. stärker als die Beschäftigung oder die Ausbringungsmenge.

d) Als **variable oder veränderliche Kosten** wird der Teil der Gesamtkosten bezeichnet, dessen Höhe vom Beschäftigungsgrad bzw. von der Ausbringungsmenge des Betriebes abhängig ist.

e) **Sprungfixe oder intervallfixe Kosten** bleiben innerhalb bestimmter Beschäftigungsintervalle fix und steigen oder fallen bei Über- oder Unterschreitung des Beschäftigungsintervalls auf das nächsthöhere oder nächstniedrigere Niveau.

f) **Absolut fixe Kosten** können auch bei längerfristiger Veränderung des Beschäftigungsgrades nicht abgebaut werden.

g) **Mischkosten** sind teilweise beschäftigungsabhängig und teilweise fix.

140.

a) Auf den Betrieb insgesamt bezogen verhalten sich die fixen Kosten konstant,

b) auf das Stück bezogen fallen sie.

141.
Der rechnerische Weg zur **Bestimmung der Fixkosten** verläuft in zwei Schritten.

Im ersten Schritt werden die Fertigungsstunden oder die Ausbringungsmenge und die dazu gehörigen Gemeinkosten für zwei unterschiedliche Zeitpunkte in der Vergangenheit, der erste bei möglichst hoher Auslastung und der zweit bei möglichst niedriger Auslastung, gegenüber gestellt.

	5.000 Stück bei	20.000 € Gemeinkosten
-	4.000 Stück bei	18.000 € Gemeinkosten
=	1.000 Stück bei	2.000 € Gemeinkosten

1.000 Stück zusätzliche Fertigung haben 2.000 € mehr Gemeinkosten verursacht. Da die fixen Kosten nicht von der Beschäftigung beeinflusst werden, müssen diese 2.000 € variable Kosten sein. 1 Stück verursacht 2 € variable Gemeinkosten.

Im zweiten Schritt folgt die Ermittlung der fixen Kosten.

	Gesamtkosten gesamt bei 5.000 Stück	=	20.000 €
-	5.000 Stück x 2 € variable Kosten je Stück	=	10.000 €
=	fixe Kosten	=	10.000 €

142.

Die **Vollkostenrechnung** rechnet mit den vollen Kosten, d. h., dass sämtliche Einzel- und Gemeinkosten auf die Kostenträger verrechnet werden.

Die **Teilkostenrechnung** verrechnet nur bestimmte Teile der gesamten Kosten – insbesondere die variablen Kosten – auf die Kostenträger.

143.

Als **Deckungsbeitrag** bezeichnet man den Betrag, den ein Produkt zur Deckung der Fixkosten des Unternehmens und eines Nettogewinns erzielt. Der Deckungsbeitrag wird als Differenz aus dem Verkaufserlös eines Produktes und den von diesem Produkt verursachten variablen Kosten ermittelt. Er soll zur Deckung der fixen Kosten im Unternehmen beitragen und möglichst noch einen Gewinnanteil enthalten.

144.

Die Differenz aus Verkaufserlös und variablen Kosten ist der Deckungsbeitrag. Der **Deckungsbeitrag** muss nicht immer einen Gewinnanteil enthalten. Zur Überbrückung von Zeiten schlechter Auslastung des Betriebes ist jeder noch so kleine Deckungsbeitrag zur Deckung der Fixkosten – die auch weiter anfallen würden, wenn überhaupt nichts gefertigt und verkauft wird – von Vorteil, denn der Deckungsbeitrag mindert zumindest den Verlust.

145.

Wenn schon in der Kostenträgerstückrechnung lediglich der **Deckungsbeitrag**, aber kein Auftragsergebnis ermittelt werden kann, so kann doch in der Betriebsergebnisrechnung bzw. der Kostenträgerzeitrechnung das Ergebnis der Periode ermittelt werden:

	Verkaufserlöse der Abrechnungsperiode
-	variable Kosten der Abrechnungsperiode
=	Deckungsbeitrag der Abrechnungsperiode
-	Fixkostenblock
=	Ergebnis der Abrechnungsperiode

146.

Als **Vollkosten** wird die Gesamtheit der Kosten bezeichnet, die bei der Erzeugung eines Produktes verursacht werden.

Bei den **Teilkosten** handelt es sich um einen Teil der Vollkosten. Gemeint ist damit i. d. R. der Teil der Kosten, der in Abhängigkeit von der Beschäftigung anfällt, die variablen Kosten. Bei dem anderen Teil der Vollkosten handelt es sich um die beschäftigungsunabhängigen Kosten, die Bereitschaftskosten, Kapazitätskosten oder fixen Kosten.

147.
Wenn ein Auftrag überhaupt angenommen werden soll, müssen die von dem Auftrag verursachten variablen Kosten voll gedeckt werden. Darüber hinaus muss ein Teil der fixen Kosten des Betriebes gedeckt werden.

148.
Der **Deckungsbeitrag** deckt die fixen Kosten und den Gewinn des Unternehmens.

149.
Die Summe der Fixkosten eines Betriebes wird als **Fixkostenblock** bezeichnet. Da die Fixkosten nicht einzelnen Aufträgen oder Produkten fehlerfrei zugerechnet werden können, verzichtet man auf die Zurechnung und lässt die Fixkosten als unverrechneten Kostenblock stehen.

150.
Kapazität ist das Produktions- oder Leistungsvermögen eines Betriebes je Zeiteinheit (z. B. Monat) bei Vollbeschäftigung. Die Kapazität oder Kannleistung eines Betriebes wird beispielsweise mit 50.000 gefertigten Einheiten im Monat ausgedrückt.

Der **Beschäftigungsgrad** im betriebswirtschaftlichen Sinn entspricht dem Kapazitätsnutzungsgrad, dem Verhältnis der tatsächlichen Leistung zur – auf die Kapazität bezogen – möglichen Leistung.

In der Kostenrechnung wird der Beschäftigungsgrad als tatsächliche Betriebszeit im Verhältnis zur Betriebszeit bei Vollbeschäftigung definiert. Der Beschäftigungsgrad drückt den Leistungsgrad aus.

151.
Die **Gewinnschwelle** oder der Break-Even-Point liegt bei dem Leistungsgrad oder der gefertigten Stückzahl, bei der die erzielten Erlöse die angefallenen Gesamtkosten gerade decken und weder ein Gewinn noch ein Verlust erwirtschaftet wird. Man könnte auch sagen, die Gewinnschwelle ist erreicht, wenn die Verkaufserlöse die Selbstkosten decken.

152.
In diesem Fall muss bei der **Aufteilung der Kostenarten** das Kriterium der Zurechenbarkeit berücksichtigt werden.

153.
Die Formel zur Ermittlung der **Gewinnschwellenmenge** lautet:

Gewinnschwellenmenge = Fixkostenblock / Deckungsbeitrag je Einheit

154.
Ein Unternehmen kann solange zusätzliche Aufträge annehmen, ohne dass sich der **Fixkostenblock** verändert, bis die Kapazitätsgrenze erreicht ist. Soll auch nur ein Stück mehr gefertigt werden, als die Kapazitätsauslegung zulässt, muss die Kapazität erweitert werden. Es kommt zu einem Fixkostensprung. Die Kapazitätserweiterung führt zu einer Erhöhung der Bereitschaftskosten.

155.
Bei der absoluten oder **kurzfristigen Preisuntergrenze** müssen die variablen Kosten voll gedeckt werden und zusätzlich ein Teil der fixen Kosten. Bei der **langfristigen Preisuntergrenze** müssen neben den variablen auch die fixen Kosten voll gedeckt werden.

156.
Als **relativen Deckungsbeitrag** bezeichnet man den auf eine Einheit der Engpasskapazität umgerechneten Deckungsbeitrag.

157.
Die **mehrstufige Deckungsbeitragsrechnung** versucht, den Fixkostenblock weitgehend nach Inanspruchnahme durch die Produktgruppen aufzulösen. Sie liefert damit Informationen über die Zusammensetzung der fixen Kosten nach Ausgabewirksamkeit und Abbaufähigkeit.

158.
Die Aufteilung nach der **Ausgabewirksamkeit** der Fixkosten hilft bei Entscheidungen über Preissenkungen zur Überbrückung von Liquiditätsengpässen.

159.
Die **Bezugsgrößenhierarchie** erweitert die Möglichkeiten der verursachungsgerechten Zurechnung von Gemeinkosten als Kostenstellen-, Kostenbereichs- oder Unternehmenseinzelkosten.

160.
Die **Grundrechnung** kombiniert die Kostenarten-, Kostenstellen- und Kostenträgerrechnung in einer Rechnung.

161.
Die **Grundrechnung** sieht eine Kostensammelstelle „Gesamtbetrieb“ vor für alle Gemeinkosten, die einer anderen Bezugsgröße nicht zugeordnet werden können.

162.
Ein Unternehmen kann auf die **Teilkostenrechnung** nicht verzichten, wenn Preise oder Absatzmengen kurzfristig an die Verhältnisse am Absatzmarkt angepasst werden müssen oder wenn durch die Zusammensetzung des Sortiments das Ergebnis optimiert werden soll.

163.
Bei den **Istkosten** handelt es sich um die in den Vorperioden tatsächlich angefallen Kosten.

Plankosten sind zukunftsbezogen. Sie werden auf analytischem Wege mit dem Ziel eines sparsamen Mitteleinsatzes und unter Berücksichtigung aller denkbaren Kosteneinflussgrößen ermittelt. Sie sind zielorientiert und haben Vorgabecharakter.

164.
Standardkosten sind auf Leistungseinheiten bezogene Plankosten, die für einen längeren Zeitraum vorgegeben werden.

Die **Standardkostenrechnung** ist eine Plankostenrechnung, die aus der Normalkostenrechnung entwickelt wurde. Sie rechnet mit den auf die Leistungseinheiten bezogenen Plankosten.

165.
Sollkosten werden in der Plankostenrechnung im Nachhinein auf Basis der Planpreise und der Istmengen ermittelt.

166.
Die **Plankostenrechnung** berücksichtigt in ihren Kostenvorgaben Veränderungen der Beschäftigung, der Beschaffungspreise und der Tariflöhne sowie Veränderungen beim Verbrauch aufgrund von Konstruktionsänderungen, Änderungen der Fertigungsverfahren und sonstige Kosteneinsparungsziele.

167.
Bei einer Veränderung des Beschäftigungsgrades muss auch die **Plankostenrechnung** die Veränderung der Kostenstruktur berücksichtigen. Die variablen Kosten verändern sich i. d. R. proportional zum Beschäftigungsgrad, während die fixen Kosten unverändert bleiben. Für die Messung des Beschäftigungsgrades werden Bezugsgrößen als Maßeinheit festgelegt. Das können Input-Größen wie Fertigungsstunden, Maschinenstunden, der Rohstoffverbrauch sein oder die Produktionsmenge als Output-Größe.

168.
Der geplante Kostenanfall muss machbar sein. Die Höhe des Anfalls muss deshalb mit den Kostenstellenleitern besprochen und ausgehandelt werden. Nur dann können die Kostenstellenleiter auch für Abweichungen zur Verantwortung gezogen werden.

169.
In der **Plankostenrechnung** muss im Plan und im Ist mit denselben Verrechnungspreisen gerechnet werden, weil die Abweichungen zwischen Plan und Ist sonst nicht vergleichbar sind und eine Kontrolle und Steuerung des Kostenanfalls nicht möglich ist.

170.
Die **starre Plankostenrechnung auf Vollkostenbasis** plant die Vollkosten auf der Grundlage eines bestimmten Beschäftigungsgrades.

Die **flexible Plankostenrechnung auf Vollkostenbasis** unterscheidet bei der Ermittlung der Plankosten für unterschiedliche Beschäftigungsgrade fixe und variable Kosten, weist die Plankosten aber als Vollkosten aus.

Die **flexible Plankostenrechnung auf Teilkostenbasis** (Grenzplankostenrechnung) berücksichtigt nur die variablen Kosten. Sie ist eine Deckungsbeitragsrechnung unter Verwendung von Planwerten.

171.
Die **Planbezugsgröße** (Output-Menge, Fertigungsstunden, Maschinenstunden) ist die Messeinheit für die Beschäftigung. Sie wird für die Berechnung der Plankosten bei einer bestimmten Beschäftigung benötigt und bestimmt die Genauigkeit der Sollkosten bei der flexiblen Plankostenrechnung auf Vollkostenbasis.

172.
Der **Planverrechnungssatz** wird in der starren Plankostenrechnung für die Verrechnung der Plankosten auf die Kostenträger benötigt. Die auf die Kostenträger verrechneten Plankosten werden mit den Istkosten verglichen. Die Abweichung zwischen Istkosten und verrechneten Plankosten zeigt die Kostenüberdeckung oder Kostenunterdeckung.

173.
Die **starre Plankostenrechnung** weist keine großen Unterschiede gegenüber der Normalkostenrechnung auf. Ihr Ziel ist lediglich die Einbeziehung der Kostenrechnung in die Unternehmensplanung. Der eigentliche Unterschied zur vergangenheitsbezogenen Normalkostenrechnung ist, dass die starre Plankostenrechnung zukunftsbezogen ist. Die Plankosten, und damit der Plankostenverrechnungssatz, beziehen sich auf eine Planbeschäftigung, die als Jahresdurchschnitt erwartet wird. Schwankungen beim Beschäftigungsgrad bleiben unberücksichtigt, eine Anpassung kann nur mithilfe von Schätzwerten erfolgen.

Die **flexible Plankostenrechnung** ist dadurch gekennzeichnet, dass die Plankosten der einzelnen Kostenstellen für die einzelnen Abrechnungsperioden (i. d. R. Monate) an die jeweilige Istbeschäftigung angepasst werden können.

174.
Die Istkosten müssen mit den gleichen festen **Verrechnungspreisen** bewertet werden wie die Plankosten, da die Verbrauchabweichungen sonst nicht festgestellt und auf ihre Ursachen hin untersucht werden können.

175.
Die **Grenzplankostenrechnung** rechnet – anders als die flexible Plankostenrechnung auf Vollkostenbasis – nur mit den variablen (proportionalen) Kosten. Deshalb entfällt die Ermittlung einer Beschäftigungsabweichung. Es wird nur die Verbrauchsabweichung ermittelt.

176.
Bei der flexiblen Plankostenrechnung auf Vollkostenbasis kann der Beschäftigungsgrad für jede einzelne Kostenstelle oder für den gesamten Betrieb geplant werden. Wird ein einheitlicher Beschäftigungsgrad für den gesamten Betrieb festgelegt, spricht man von der **Engpassplanung**, weil die Planung dann von der Kostenstelle ausgehen muss, die den betrieblichen Engpass bildet.

177.
Bei der flexiblen Plankostenrechnung auf Vollkostenbasis können Überkapazitäten offengelegt werden, wenn der Beschäftigungsgrad je Kostenstelle geplant wird. Denn letztlich ist die Istbeschäftigung des Betriebs abhängig von dem Beschäftigungsgrad der Kostenstelle mit dem geringsten Leistungsvermögen.

Als **Überkapazität** bezeichnet man die Ausstattung eines Betriebes oder einer Kostenstelle mit Produktionsmitteln (Maschinen und Anlagen), für die auf lange Sicht nicht genügend Beschäftigungsmöglichkeiten bestehen. Überkapazitäten sind deshalb Fehlinvestitionen. Sie beruhen meist auf einer Fehleinschätzung der Marktentwicklung. Wegen der fixen Kosten, die jede Investition verursacht, können solche Kapitalfehlleitungen die Existenz des Unternehmens gefährden.

178.
Bei der **Stufenmethode** werden für unterschiedliche Beschäftigungsgrade entsprechende Budgets der zu verrechnenden Sollkosten erstellt. Bei der Variatormethode wird der Kostenanfall für einen bestimmten Beschäftigungsgrad mithilfe von Variatoren von 1 bis 10 berechnet. Bei einem Variator von 0 liegen nur fixe (unveränderliche oder nicht variierende) Kosten vor. Bei einem Variator von 3 verhalten sich 3/10 der Kosten proportional zur Ausbringung. Bei einem Variator von 5 sind 50 % der Kosten variable Kosten.

179.
Im Rahmen der **flexiblen Plankostenrechnung auf Vollkostenbasis** werden die Beschäftigungsabweichung, die Verbrauchsabweichung und die Gesamtabweichung ermittelt. Differenzen zwischen verrechneten Plankosten und Sollkosten zeigen die **Beschäftigungsabweichung**. Die Differenz zwischen Sollkosten und Istkosten zeigt die **Verbrauchsabweichung**.

180.
Vorteile der starren Plankostenrechnung: Einfaches Verfahren, keine Kostenauflösung erforderlich und – eine weitere Vereinfachung – Beschäftigungsschwankungen bleiben unberücksichtigt.

Nachteile der starren Plankostenrechung: Je Kostenstelle wird nur ein Beschäftigungsgrad festgelegt. Bei Abweichungen vom festgelegten Beschäftigungsgrad ist eine Kostenkontrolle nicht mehr möglich.

181.
Der besondere **Vorteil** der **flexiblen Plankostenrechnung auf Vollkostenbasis** ist die aussagefähige Kostenkontrolle durch Berücksichtigung der Istbeschäftigung.

Nachteile: Leider unterstützt dieses Kostenrechnungssystem nicht

- die Ermittlung der Preisuntergrenze,
- die Festlegung eines Produktionsprogramms zur Gewinnoptimierung,
- Make-or-Buy-Entscheidungen und
- die optimale Nutzung von Engpässen in der Fertigung.

182.
Die **flexible Plankostenrechnung** auf Vollkostenbasis unterscheidet bei der Ermittlung der Plankosten für unterschiedliche Beschäftigungsgrade fixe und variable Gemeinkosten, geht bei den Auswertungen aber von den Vollkosten aus.

Die **Grenzplankostenrechnung** berücksichtigt nur die variablen Kosten, weil nur diese verursachungsgerecht den Kostenträgern zugerechnet werden können. Die Fixkosten werden als nicht aufteilbarer Kostenblock dem Betriebsergebnis der Abrechnungsperiode belastet.

183.
Die Division der proportionalen Plankosten durch die Planbeschäftigung ergibt den proportionalen **Plankostenverrechnungssatz**.

184.
Die **Grenzplankostenrechnung** unterstützt die Ermittlung kurzfristiger Preisuntergrenzen und die Steuerung des Verkaufsprogramms bei betrieblichen Engpässen.

185.
Die Grenzplankostenrechnung ist nicht geeignet für die Berechnung der zu aktivierenden Herstellungskosten, der unfertigen und fertigen Erzeugnisse sowie der aktivierten Eigenleistungen.

186.
Die auf Kostenträger verrechneten Fertigungskosten setzen sich aus den Fertigungslöhnen, den Fertigungsgemeinkosten und den mithilfe von **Maschinenstundensätzen** errechneten Maschinenkosten zusammen.

187.
Für die Berechnung eines Maschinenstundensatzes müssen bekannt sein:

- die auf den Maschinenplatz entfallenden Kosten (maschinenabhängige Kosten),
- die Laufzeit der Maschine (erreichbare Nutzungszeit).

188.
Ein **Maschinenplatz** ist ein innerhalb einer Kostenstelle eingerichteter Platz, auf dem die von einer Maschine oder einem Automaten verursachten Kosten gesondert von den übrigen Kosten der Kostenstelle erfasst werden.

Ein **Kostenplatz** kann auch für alle übrigen Tätigkeiten innerhalb einer Kostenstelle eingerichtet werden, wenn es möglich und entsprechend der Forderung nach einer verursachungsgerechten Verrechnung sinnvoll ist, die Kosten für bestimmte Leistungen der Kostenstelle gesondert von den übrigen Kosten der Kostenstelle auf Kostenträger zu verrechnen.

189.
Die **maschinenabhängigen Fertigungsgemeinkosten** werden durch den Maschineneinsatz verursacht und auf einem Maschinenplatz gesammelt. Die **Restgemeinkosten** sind im Falle der Einrichtung von Maschinenplätzen jene Gemeinkosten in der Kostenstelle, die nicht auf den Maschinenplatz entfallen.

190.
s. Rn. 471 und Rn. 501

191.
Activity Based Costing müsste mit aktivitäts- oder prozessorientierte Kostenrechnung übersetzt werden. Grund: Activity = Vorgang, Aktivität, Tätigkeit, Prozess; Costing = Kostenbewertung, Kostenerfassung.

192.
Die **Vertriebsgemeinkosten** werden allgemein als pauschaler Zuschlag prozentual auf die Herstellkosten verrechnet. Dabei ist bekannt, dass die Höhe der Vertriebsgemeinkosten nicht von der Höhe der Herstellkosten abhängt. Die **Prozesskostenrechnung** zählt die Aktivitäten der Auftragsbearbeitung, errechnet Prozesskostensätze für die je-

weiligen Aktivitäten und verrechnet die Gemeinkosten mittels der Prozesskostensätze wesentlich verursachungsgerechter auf die Aufträge.

193.
Die **Prozesskostenrechnung** ergänzt die Vollkostenrechnung in den Bereichen, in denen diese Schwächen aufweist. Sie kann nicht das System der Ist- oder Normalkostenrechnung ersetzen, das in einem geschlossenen Rechnungskreis die Vollständigkeit der Verrechnung aller angefallenen Kosten sicherstellt.

194.
Die **Prozesskostenrechnung** wird nahezu ausschließlich auf repetitive Arbeitsvorgänge im indirekten Bereich – also außerhalb des Fertigungsbereichs – angewendet (s. Rn. 507).

195.
Für Zwecke der **Prozesskostenrechnung** können die Kostenstellen um Spalten für bestimmte Aktivitäten ergänzt werden, die solche Gemeinkosten aufnehmen, die direkt bestimmten Aktivitäten zugeordnet werden können. Von dort aus kann dieser Teil der Gemeinkosten über die Aktivitäten direkt den Kostenträgern zugerechnet werden, die sie verursacht haben. Es bleiben – vergleichbar der Kostenerfassung auf Maschinenplätzen – nur die **Restgemeinkosten** für die Verrechnung mithilfe von Zuschlagssätzen über.

196.

a) **Leistungsmengeninduzierte Aktivitäten** sind Leistungen, die immer wieder in der gleichen Art erbracht werden und deshalb den gleichen Zeitaufwand und die gleichen Kosten nach sich ziehen.

b) **Leistungsmengenneutrale Aktivitäten** sind Leistungen, die sich nur selten in der gleichen Art wiederholen und deshalb nicht klassifizierbar sind. Der Zeitaufwand und damit die durch diese Leistungen verursachten Kosten lassen sich nicht vorab festlegen.

c) **Non-value-added Activities** sind Leistungen oder Tätigkeiten, die zu keinem zusätzlichen Kundennutzen führen und deshalb eingespart werden können.

d) **Lmi-Prozesskosten** sind variable Kosten, die in Abhängigkeit zur Menge der in Anspruch genommenen Kostentreiber – also leistungsmengeninduziert – anfallen. Sie sind maßgrößenvariabel.

e) **Lmn-Prozesskosten** sind bezugsgrößenunabhängige Kosten, die sich nicht mit Hilfe von Kostentreibern ausdrücken lassen. Sie werden durch leistungsmengenneutrale Aktivitäten verursacht und deshalb als fixe Prozesskosten behandelt.

f) **Teilprozesse** sind zusammengehörige Aktivitäten einer Kostenstelle, die mit einem quantifizierbaren Ergebnis abschließen. Teilprozesse stehen zueinander in Vorgänger-Nachfolger-Beziehungen und lassen sich einem oder mehreren Hauptprozessen zuordnen. Ein Teilprozess kann auch aus einer einzigen Aktivität bestehen.

g) Ein **Hauptprozess** ist die kostenstellenübergreifende Zusammenfassung von sachlich zusammenhängenden Teilprozessen, die denselben Kosteneinflussfaktor haben.

h) Cost Driver sind Maßgrößen für die Kostenverursachung, d. h. Kosteneinflussfaktoren. Sie dienen als quantitative Bezugsgröße gleichzeitig der Verrechnung der Gemeinkosten auf die Kostenträger. In manchen Betrieben werden die Begriffe unterschieden. Die Maßgrößen auf der Ebene der Teilprozesse werden dann „Bezugsgröße" genannt, die Maßgrößen auf der Ebene der Hauptprozesse „Cost Driver" oder „Kostentreiber".

i) Teilprozesskostensätze sind die Prozesskostensätze für leistungsmengeninduzierte Teilprozesse.

j) Hauptprozesskostensätze kommen durch die kostenstellenübergreifende Zusammenfassung von Teilkostensätzen zustande.

k) Umlagesätze dienen der Verrechnung der leistungsmengenneutralen Kosten als Zuschlag auf die leistungsmengeninduzierten Kosten.

l) Der **Gesamtprozesskostensatz** ist eine Zusammenfassung der leistungsmengeninduzierten Prozesskostensätze und des Umlagesatzes für die leistungsmengenneutralen Kosten.

197.
Komplexitätskosten sind solche Kosten, die durch überflüssige Arbeitsgänge in der Produktion und überflüssige, vom Kunden nicht honorierte Funktionen der Produkte verursacht werden. Zu den Aufgaben der Prozesskostenrechnung gehört deshalb auch die Aufdeckung von Schwachstellen in der Produktion mit dem Ziel der Verschlankung nicht nur der Produkte, sondern auch der Produktion (Stichwort: **schlanke Produktion** oder **Lean Production**).

198.
Bei der **parallelen PrKR** bleibt das operative Kostenrechnungssystem unverändert erhalten. Die für die PrKR erforderlichen Ausgangswerte werden aus der bestehenden Kostenrechnung entnommen und parallel in einer auf Teilbereiche des Betriebes beschränkten Prozesskostenrechnung weiterverrechnet. Es bestehen nebeneinander die beiden Möglichkeiten, die Gemeinkosten allein über Zuschlagssätze zu verrechnen, oder einen Teil der Gemeinkosten über Prozesskostensätze zu verrechnen und den Rest über Zuschlagssätze.

Bei der **operativen PrKR** wird die PrKR als zusätzlicher Bestandteil in das vorhandene operative Kostenrechnungssystem integriert. Ein Teil der Gemeinkosten wird über Prozesskostensätze verrechnet. Die nicht über Prozesskostensätze verrechneten Gemeinkosten werden weiterhin über Zuschlagssätze verrechnet.

199.

a) Bezugsgrößen für Aktivitäten am Lager können sein: die Anzahl der Zugänge und / oder der Abgänge, die durchschnittliche Bestandsmenge oder der durchschnittliche Bestandswert, die beanspruchte Lagerfläche in qm oder der beanspruchte Lagerraum in cbm.

b) Als Bezugsgrößen in der Poststelle bieten sich die Anzahl der Posteingänge und die Anzahl der Postausgänge an.

c) **Bezugsgrößen im Kontokorrent** können die Anzahl der Buchungen, in der Debitorenbuchhaltung und auch die Anzahl der Mahnungen sein.

200.
Die Rechenformel für die Ermittlung des **TP-Kostensatzes** lautet: Kosten des Teilprozesses durch Teilprozessgröße.

201.
Die leistungsmengenneutralen Teilprozesse können

- als Zuschlag,
- über Schlüssel (z. B. Stunden) oder
- innerhalb des Zuschlagssatzes für die Restgemeinkosten

auf die leistungsmengeninduzierten Teilprozesse verrechnet werden.

202.

a) Der **Kundennutzen** wird auf zwei Ebenen bestimmt, auf der Ebene Qualität und Brauchbarkeit für den Kunden und auf der Ebene Kosten und Preis. Deshalb müssen der Nutzen eines jeden Teilprozesses für den Kunden und der Nutzen jeder Funktion für den Kunden hinterfragt werden. Alles, was der Kunde nicht braucht, kann entfallen. Jede Vereinfachung führt zu Kosteneinsparungen. Je niedriger die Kosten, desto niedriger kann der Verkaufspreis angesetzt werden oder desto höher ist der Gewinn für den Hersteller.

b) Der **externe Wertschöpfungsgrad** gibt an, wie stark ein Teilprozess oder eine Funktion des Produkts die Kundenzufriedenheit erhöht.

c) Der **interne Wertschöpfungsgrad** bezieht sich auf den reibungslosen innerbetrieblichen Ablauf, auf die Einsparung von Komplexitätskosten durch Verschlankung der Produktion.

203.
Die Prozesskostenrechnung unterstützt die Prozessgrößen Kosten, Zeit und Qualität. Das **Prozesskosten-Management** führt zu einer Reduktion der Teilprozesse und der leistungsmengenneutralen Kostenanteile mit dem Ziel der Kostenreduktion.

Das **Time-based Management** führt zur Reduktion von Bearbeitungszeiten und zur Beseitigung von Prozessschleifen mit dem Ziel der Durchlaufzeitverkürzung.

Das **Total Quality Management** hilft bei der Vermeidung von Fehlern und der Reduktion von Prüfvorgängen mit dem Ziel der Qualitätsverbesserung und der Erhöhung der Kundenzufriedenheit.

204.
Die **Zielkostenrechnung** hat die Aufgabe, die Kosten von Produkten, die sich noch in der Entwicklungs- und Konstruktionsphase befinden, an einem möglichen Marktpreis zu orientieren.

Zielkosten sind die vom Markt erlaubten Kosten (Allowable Costs oder Darfkosten), bei denen der Marktpreis noch einen angemessenen Gewinn abwirft.

205.
Die **Zielkosten** werden ermittelt nach der Formel Zielpreis (Target Price) abzüglich angemessener Gewinn (Target Profit) gleich Zielkosten (Target Costs).

206.
Das Target Costing wird als **strategisches Zielkostenmanagement** bezeichnet, weil es alle Merkmale eines **strategischen Vorgehens** enthält wie

- umfassendes Planen,
- Zulassung mehrerer Entscheidungsmöglichkeiten für eine optimale Verhaltensweise,
- Berücksichtigung einer konkreten Marksituation und
- Zielsetzung.

207.
Aufgaben des Zielkostenmanagements sind die Ermittlung des am Markt durchsetzbaren Preises und die ständige Kostenreduzierung durch aktive Steuerung des Kostenanfalls.

208.
Die **Marktanalyse** hat zwei Hauptaufgaben:

- Die Definition des Produkts auf der Basis von Befragungen der bisherigen und potenziellen neuen Kunden (s. Rn. 558).
- Die Wettbewerbsanalyse, bei der es um die Positionierung gegenüber existierenden und zu erwartenden Konkurrenzprodukten geht (siehe Rn. 559).

209.
s. Rn. 561

210.
Die Verteilung der Zielkosten auf die Komponenten oder Baugruppen eines Produktes erfolgt in mindestens sechs **Arbeitsschritten**:

(1) Gewichtung der Komponenten und Produktmerkmale durch Feststellung des prozentualen Anteils der Komponenten oder Baugruppen an den Gesamtkosten des Produktes und andererseits der Bedeutung der Produktmerkmale für den Kunden.

(2) Feststellung, mit welchem Anteil die Komponenten oder Baugruppen jeweils zur Erfüllung der Produktmerkmale beitragen.

(3) Ermittlung des Beitrags der Komponenten oder Baugruppen zum Gesamtkundennutzen.

(4) Gegenüberstellung von Kosten und Nutzen und Ermittlung des Zielkostenindexes je Komponente oder Baugruppe.

(5) Ermittlung von Einsparungsmöglichkeiten durch Gegenüberstellung der Prognosekosten und der Zielkosten.

(6) Überlegungen, durch welche Maßnahmen – bei möglichst gleichzeitiger Qualitätsverbesserung – die Prognosekosten auf den Betrag der Zielkosten reduziert werden können.

211.
Der **Zielkostenindex** zeigt an, bei welchen Komponenten oder Baugruppen Kosten senkende Maßnahmen durchgeführt werden sollten.

212.
Kostensenkungspotenziale bieten sich an

- beim Einkauf von Rohstoffen und Fertigteilen;
- bei der Konstruktion: Werden bestimmte Komponenten oder Funktionen vom Kunden honoriert?;
- durch Standardisierung, Normung und Typung;
- kostenstellenübergreifende Optimierung der Arbeitsabläufe im Betrieb;
- bei Abwägungen zwischen Eigenerstellung und Fremdbezug.

s. auch Rn. 582

213.
s. Rn. 584

214.
Voraussetzungen für das **Zielkostenmanagement** sind:

- Eine Unternehmensphilosophie, die die Bedürfnisse des Kunden in den Vordergrund stellt, die nicht danach fragt, was die Mitarbeiter gerne herstellen würden, sondern danach, was am Markt gefragt ist.
- Eine Führungsphilosophie, die die Mitarbeiter anhält, die Kosten durch aktive Steuerung des Kostenanfalls ständig zu reduzieren.
- Die Einbindung des Zielkostenmanagements zusammen mit dem Zeitmanagement und dem Qualitätsmanagement in die Unternehmensstrategie.

215.
An einer **ordnungsmäßigen Kostenrechnung** und entsprechenden Informationen aus diesem Bereich sind interessiert:

- die Unternehmensleitung,
- die Bereichsleiter und Kostenstellenleiter im Betrieb,
- die Mitglieder des Betriebsrates und die Mitglieder eines Wirtschaftsausschusses wegen der Pflichtinformationen,
- die Anteilseigner wegen satzungsmäßiger oder vertraglicher Informationen,
- die öffentlichen Auftraggeber,
- externe Bilanzleser bezüglich zusätzlicher Informationen.

216.
Eine Kostenrechnung ist dann **wirtschaftlich**, wenn die Kosten für die Abrechnung niedriger sind als der Wert der Informationen.

217.
Der **Grundsatz der Wirtschaftlichkeit** gilt nicht nur für die Kostenrechnung selber. Die Kostenrechnung muss dazu führen, dass alle Prozesse und Produkte des Unternehmens nach dem Grundsatz der Wirtschaftlichkeit beurteilt werden.

218.
Eine Kostenrechnung ist **transparent**, wenn die Kostenstellenberichte und Kalkulationen auch für Nicht-Betriebswirte aussagefähig sind, das Zustandekommen der Informationen nachvollziehbar ist und die Informationen Entscheidungen auf allen Ebenen des Unternehmens unterstützen.

219.
Der Grundsatz der **Richtigkeit und Nachprüfbarkeit** der Kostenrechnung verlangt, dass nur vollständig abgesicherte und nachprüfbare Informationen die Kostenrechnung verlassen. Fehlerhafte Informationen führen nicht nur zu falschen Entscheidungen und wirken sich nicht nur negativ auf die Wirtschaftlichkeit der Betriebsführung aus. Sie schaden auch dem Vertrauen in die Kostenrechnung. Die für die Einhaltung der Kosten verantwortlichen Mitarbeiter können nicht mehr zur Verantwortung gezogen werden und die Kostenrechnung macht sich am Ende selbst überflüssig.

220.
Der Grundsatz der **verursachungsgerechten Verrechnung** der Kosten verlangt, dass Kostenstellen und Kostenträger grundsätzlich nur mit den Kosten belastet werden, die sie verursacht haben.

221.
Die **verursachungsgerechte Verrechnung** der Gemeinkosten ist im Rahmen der Kostenstellenrechnung nur bei den Kostenstelleneinzelkosten möglich. Die Kosten der Betriebsbereitschaft, die fixen Kosten, lassen sich nicht verursachungsgerecht bestimmten Kostenträgern zurechnen. Wo die Verrechnung der Gemeinkosten im Rahmen der Vollkostenrechnung nicht verursachungsgerecht erfolgen kann, wird deshalb nach dem Durchschnittskostenprinzip verrechnet. In der Deckungsbeitragsrechnung wird auf die Verrechnung der fixen Kosten ganz verzichtet. Sie werden als Fixkostenblock dem Betriebsergebnis belastet.

222.
Bei der Verrechnung der Gemeinkosten nach dem **Durchschnittskostenprinzip** wird versucht, die Kostenstellengemeinkosten annähernd verursachungsgerecht und nachvollziehbar auf die Kostenstellen zu verteilen. Dazu kann beispielsweise gezielt die Kostenverursachung repräsentativer Abrechnungsperioden in der Vergangenheit untersucht und daraus ein Verteilungs- oder Umlageschlüssel erstellt werden. Die Ableitung des Schlüssels muss dokumentiert werden. In bestimmten Zeitabständen und nach Veränderungen im Betriebsablauf muss der Schlüssel angepasst werden.

223.
Der Grundsatz der **Proportionalität** strebt – wie die Verteilung nach dem Durchschnittskostenprinzip – eine wenigstens annähernd verursachungsgerechte Zurechnung an. Die Verteilungs- und Umlageschlüssel bilden die Relation der Kosteninanspruchnahme ab. Es ist davon auszugehen, dass der Verbrauch an elektrischem Strom in einer Kostenstelle mit 20.000 installierten kWh doppelt so hoch ist wie in einer Kostenstelle mit 10.000 installierten kWh. Wenn in der Lehrwerkstatt 6 Schlosser, 4 Dreher und 2 Lackierer ausgebildet werden, profitieren davon die Schlosserei, die Dreherei und die Lackiererei im Verhältnis 6 : 4 : 2.

Aber auch hier gibt es Grenzen. Die Beiträge zur IHK werden beispielsweise vom gesamten Unternehmen verursacht. Wenn nun – was in der Praxis die Regel ist – keine Kostenstelle „Unternehmen gesamt" eingerichtet wurde, stellt sich die Frage nach der Kostenstellenbelastung. Dann werden die IHK-Beiträge entweder voll auf die Kostenstelle „Geschäftsleitung" bzw. „kaufmännische Leistung" verrechnet oder zu je 50 % der Kostenstelle „kaufmännische Leitung" und Kostenstelle „technische Leitung" angelastet. Nach dem Prinzip der Vollständigkeit der Verrechnung müssen die IHK-Beiträge in die Rechnung einfließen. Jeder weiß, dass weder die kaufmännische Leitung noch die technische Leitung für den Kostenanfall verantwortlich ist.

In den meisten Betrieben wird der Grundsatz der Proportionalität auch auf die **Sozialkosten** angewendet. Die Lohn- und Gehaltsbuchhaltung ermittelt die Sozialkosten nach Kostenstellen. Trotzdem wird die Verteilung auf die Kostenstellen oft nach Anzahl der Mitarbeiter in den Kostenstellen vorgenommen, denn die soziale Verpflichtung trägt das Unternehmen insgesamt.

In der Kostenträgerrechnung wird bei der Verrechnung der VwGK und der VtGK mittels eines prozentualen Zuschlags auf die Herstellkosten die Proportionalität unterstellt.

224.
Der **Grundsatz der direkten Zurechnung** fordert, dass alle Kostenstelleneinzelkosten, Sondereinzelkosten, Materialeinzelkosten und Fertigungslöhne direkt aufgrund von Belegen auf Kostenstellen und Kostenträger verrechnet werden.

225.
Voraussetzung für die Einhaltung des Grundsatzes der **Vollständigkeit** ist, dass alle betrieblichen Aufwendungen aus der Geschäftsbuchhaltung als Kosten in die Betriebsbuchhaltung übernommen werden. Dazu muss die Abstimmung der beiden Rechnungskreise möglich sein.

Die **Geschlossenheit** ist gewährleistet, wenn eine geeignete Abgrenzungsrechnung und ein entsprechender Aufbau der Kostenrechnung nach Kostenarten-, Kostenstellen- und Kostenträgerrechnung vorliegen und das Betriebsergebnis aus der Betriebsbuchhaltung mit dem Gesamtergebnis in der Geschäftsbuchhaltung abstimmbar ist.

226.
Der Grundsatz der **Kompatibilität** bezieht sich auf die Organisation der Kostenrechnung, Buchhaltung, Kostenplanung und Auftragsabrechnung. Diese müssen so aufgebaut sein, dass eine durchgehende Rechnung und die Abstimmbarkeit zwischen den Gebieten möglich ist. Ein sachverständiger Dritter muss beispielsweise erkennen können, welche Aufwendungen wo in der Planungsrechnung geplant und in der Geschäftsbuchhaltung sowie in der Kostenrechnung verrechnet werden. Dabei muss sichergestellt sein, dass es sich immer exakt um die gleichen Aufwendungen handelt. Die in der Zuschlagskalkulation verwendeten Zuschlagssätze müssen inhaltlich den im BAB ermittelten Zuschlagssätzen entsprechen, auch wenn im BAB Istzuschlagssätze ermittelt und in der Kostenträgerrechnung Soll- oder Planzuschlagssätze verrechnet werden.

227.
Der Grundsatz der **Einmaligkeit der Verrechnung** muss nicht auf die kalkulatorischen Kostenarten angewendet werden. Die Einstellung der Verrechnung kalkulatorischer Ab-

schreibungen wegen Vollabschreibung der Wiederbeschaffungswerte würde die Vergleichbarkeit des Kostenanfalls im Zeitablauf und auch den Betriebsvergleich erschweren. Das gilt auch für die Verrechnung kalkulatorischer Wagniskosten.

228.
Der Grundsatz der **Stetigkeit** zielt auf eine verlässliche Organisation der Kostenrechnung, ohne die Transparenz und Vergleichbarkeit des Kostenanfalls nicht möglich sind. Die Kostenarten und Kostenstellen sowie die Verteilungs- und Umlageschlüssel sollten deshalb über einen möglichst langen Zeitraum Bestand haben.

229.
Der Grundsatz der **Stetigkeit** darf nur durchbrochen werden, wenn dies

- wegen Änderungen bei den Fertigungsverfahren,
- wegen organisatorischer Veränderungen oder
- der Verbesserung der Informationen aus der Kostenrechnung

unvermeidlich ist.

230.
Die Kosten- und Leistungsrechnung entspricht dem Grundsatz der **Belegpflicht**, wenn alle Kostenstelleneinzelkosten, die Materialeinzelkosten, die Fertigungslöhne, die Sondereinzelkosten und auch die Erlöse nach Höhe und Verrechnung belegmäßig nachweisbar sind. Unter die Belegpflicht fallen auch die Nachvollziehbarkeit der Verrechnung innerbetrieblicher Leistungen und die Verteilung der Kostenstellengemeinkosten im Rahmen der Primärumlage und der Umlage der allgemeinen und der Fertigungshilfskostenstellen aufgrund von Schlüsseln.

231.
Flexibilität der Kostenrechnung bedeutet, dass die Kostenrechnung problemlos veränderten Rahmenbedingungen angepasst werden kann und Sonder- und Ergänzungsrechnungen, z. B. zur Ermittlung der Gewinnschwelle, relativer Deckungsbeiträge zur Hereinnahme von Zusatzaufträgen und zur Ermittlung von Prozess- und Zielkosten, ermöglicht.

232.
Unverzichtbare **Qualitätskriterien** der Kostenrechnung sind:

- Transparenz,
- Genauigkeit und verursachungsgerechte Zurechnung,
- Vergleichbarkeit des Kostenanfalls,
- Kostenkontrolle und Unterstützung der Kostensteuerung,
- Unterstützung bei unternehmerischen Entscheidungen.

233.
Das **Controlling** dient der Überwachung des Kostenanfalls und der Beeinflussung der betrieblichen Abläufe über die Steuerung des Kostenanfalls hinaus (siehe auch Rn. 619, Rn. 623).

234.
Andere Bezeichnungen für das Controlling sind „betriebswirtschaftliche Abteilung" oder „Management Service".

235.
Aufgaben des Controllings sind:

- Den Zusammenhang zwischen Kosten, Leistungen und Erfolg sowie zwischen Verfahren und Kosten transparent machen (Kostentransparenz);
- Auf Schwachstellen hinweisen;
- Lieferung betriebswirtschaftlicher Informationen zur Absicherung von Entscheidungen;
- Kontrolle der Auswirkungen früherer Entscheidungen und Feedback für künftige Entscheidungen;
- Früherkennung von Trends und Tendenzen;
- Unterstützung und Koordination der Planungsrechnung.

236.
Das **strategische Controlling** ist zukunftsorientiert und nach außen gerichtet. Beim **operativen Controlling** handelt es sich um ein gegenwartsbezogenes, innerbetriebliches Führungsinstrument.

237.
Hauptaufgaben des **Kostenmanagements** sind die Schaffung von Kostentransparenz und die aktive, antizipative Beeinflussung des Kostenanfalls in Zusammenarbeit von Kostenrechner oder Controller und den verantwortlichen Mitarbeitern in den unterschiedlichen betrieblichen Bereichen. Dazu gehören Analysen, Prognosen sowie die Beurteilung der Angemessenheit des Kostenanfalls, die Aufdeckung von Kostensenkungspotenzialen und die Begrenzung von Erfolgsrisiken.

238.
Ein **Frühwarnsystem** dient der rechtzeitigen Erkennung von Gefahren im Umfeld des Unternehmens. Ein **Früherkennungssystem** zeigt nicht nur mögliche Gefahren an, sondern zeigt gleichzeitig auch mögliche Chancen.

239.
Kennzahlen sind Orientierungsgrößen, wenn Entscheidungen getroffen werden sollen. Sie unterstützen das Kostenmanagement und sollten Teil des Frühwarnsystems sein. Bei Vorgabe von Plan-Kennzahlen unterstützen Kennzahlen die Führung durch Zielvorgabe (Management by Objectives). Kennzahlen sind Mess- oder Maßgrößen und liefern verdichtete, leicht überschaubare Informationen. Sie machen – insbesondere in Form von Kennzahlensystemen – Ursache-Wirkung-Zusammenhänge und die gegenseitige Beeinflussbarkeit deutlich.

240.
Das **Benchmarking** ist ein Analyse- und Planungsinstrument, das einen Vergleich des Unternehmens mit dem „Klassenbesten" der Konkurrenz und auch mit branchenfremden Unternehmen erlaubt. Es stellt Methoden, Abläufe und Ergebnisse betrieblicher

Funktionen denen der Konkurrenz oder der Unternehmen gleicher Probleme in einer anderen Branche gegenüber, um Rationalisierungspotenziale aufzudecken.

241.

Die **Portfolioanalyse** liefert Entscheidungsvorschläge bezüglich der Förderung, Neupositionierung oder Aufgabe der Herstellung der verschiedenen Produkte eines Unternehmens.

242.

Die **Wertanalyse** (Funktionsanalyse) untersucht alle für ein Produkt oder eine Dienstleistung anfallenden Kosten auf den Wert dieser Kosten für das Produkt, die Funktionen des Produkts oder der Dienstleistung. Dabei sollen nicht notwendige Kosten erkannt und eliminiert werden. Das Wertanalyseteam sollte aus Einkäufern, Konstrukteuren, Mitarbeitern aus der Produktion und Verkäufern, nach Möglichkeit auch aus Kunden und Lieferanten bestehen.

243.

Die vier Schritte des **Controlling-Regelkreises** sind:

- Zielsetzung: Der Controller stellt Daten zur Verfügung und koordiniert die Planung.
- Plan-Ist-Vergleich: Die Plandaten werden den Istwerten gegenübergestellt und die Abweichungen werden ermittelt.
- Analyse der Abweichungen: Der Controller analysiert zusammen mit den Bereichsleitern die Abweichungen.
- Gegensteuerung (Feedback): Der Controller berät die ausführenden Abteilungen und passt die Planung an.

244.

Der **Controlling-Bericht** besteht aus den Plan-Daten, den Ist-Daten, dem Plan-Ist-Vergleich und der Analyse der Abweichungen.

245.

Ein **strategisches Geschäftsfeld** ist ein organisatorisch abgrenzbarer Bereich weitgehend gleichartiger (homogener) Aktivitäten, die durch gemeinsame strategische Merkmale charakterisiert sind und eine eigenständige Marktstrategie erforderlich machen.

LITERATURVERZEICHNIS

B

BDI (Hrsg.), Empfehlungen zur Kosten- und Leistungsrechnung, Band 1, 3. Aufl., Bergisch-Gladbach 1991.

BDI (Hrsg.), Industriekontenrahmen, 2. Aufl., Bergisch Gladbach 1986.

Braun, F., Kosten- und Leistungsrechnung, 2. Aufl. 2007.

Bundesverband der Deutschen Industrie, Empfehlungen zur Kosten- und Leistungsrechnung, Band 1, Kosten- und Leistungsrechnung als Istrechnung, 2. Aufl., Köln 1988.

C

Chmielewicz, K., Rechnungswesen, Band 2, Pagatorische und kalkulatorische Erfolgsrechnung, 4. Aufl., Bochum 1994.

Chmielewicz, K., Entwicklungslinien der Kosten- und Erlösrechnung, Stuttgart 1983.

Coenenberg, A. G., Kostenrechnung und Kostenanalyse, 4. Aufl., Landsberg/Lech 1999.

D

Däumler, K.-D./Grabe J., Kostenrechnung 1, 10. Aufl., Herne/Berlin 2008.

Däumler, K.-D./Grabe J., Kostenrechnung 2, 9. Aufl., Herne/Berlin 2008.

Däumler, K.-D./Grabe J., Kostenrechnung 3, 7. Aufl., Herne/Berlin 2004.

Deyhle, A., Controller-Praxis, Band 2, Soll-Ist-Vergleich und Führungsstil, 8. Aufl., Gauting/München 1991.

Dierkes, S., Strategisches Kostenmanagement im Rahmen einer wertorientierten Unternehmensführung, in: Controlling und Management, 49. Jahrg., S. 333–341.

E

Eisele, W., Technik des betrieblichen Rechnungswesens, 6. Aufl., München 1999.

Eversheim, W., Angebotskalkultion mit Kostenfunktionen in der Einzel- und Kleinserienfertigung, Rheinisch-Westfälische Technische Hochschule Aachen, Berlin/Köln/Beuth 1977.

Ewert, R./Wagenhofer, A., Interne Unternehmensrechnung, 6. Aufl., Berlin 2005.

F

Freidank, C.-C., Kostenrechnung, 6. Aufl., München/Wien 1997.

G

Grob, H. L. / Bensberg, F., Kosten- und Leistungsrechnung, München 2005.

H

Haberstock, L., Kostenrechnung I, 11. Aufl., Berlin 2002.

Haberstock, L., Kostenrechnung II, 9. Aufl., Berlin 2004.

Heinen, E. (Hrsg.), Industriebetriebslehre, 9. Aufl., Wiesbaden 1991.

Horváth, P./Seidenschwarz, W., Die Methodik des Zielkostenmanagements, Controlling-Forschungsbericht Nr. 33, Stuttgart 1992.

Hummel, S./Männel, W., Kostenrechnung 1 – Grundlagen, 4. Aufl., Wiesbaden 1998.

Hummel, S./Männel, W., Kostenrechnung 2 – Moderne Verfahren und Systeme, 3. Aufl., Wiesbaden 2000.

J

Jossé, G., Basiswissen Kostenrechnung, 4. Aufl., München 2006.

Jost, H., Kosten- und Leistungsrechnung, 7. Aufl., Wiesbaden 1996.

K

Kilger, W., Einführung in die Kostenrechnung, 3. Aufl., Wiesbaden 1987.

Kilger, W., Flexible Plankostenrechnung und Deckungsbeitragsrechnung, 11. Aufl., Wiesbaden 2002.

Klümper, P., Grundlagen der Kostenrechnung, 3. Aufl., Herne/Berlin 1979.

Kosiol, E., Kostenrechnung und Kalkulation, 2. Aufl., Berlin/New York 1972.

Kosiol, E., Kostenrechnung der Unternehmung, 2. Aufl., Wiesbaden 1979.

Kosiol, E., Grundriss der Betriebsbuchhaltung, 4. Aufl., Wiesbaden 1966.

L

Langenbeck, J., Kosten- und Leistungsrechnung in: Die Prüfung der Bilanzbuchhalter, 25. Aufl., Ludwigshafen (Rhein) 2008.

Loos, G., Betriebsabrechnung und Kalkulation, 4. Aufl., Herne/Berlin 1993.

M

Männel, W., (Hrsg.) Handbuch der Kostenrechnung, Wiesbaden 1992.

Männel, W. (Hrsg.), Prozesskostenrechnung, Wiesbaden 1995.

Mellerowicz, K., Kosten und Kostenrechnung, Band 2, 5. Aufl., Berlin/New York 1980.

Mellerowicz, K., Neuzeitliche Kalkulationsverfahren, 6. Aufl., Freiburg i. Br. 1977.

Moews, D., Kosten- und Leistungsrechnung, 6. Aufl., München/Wien 1996.

Müller, H., Prozesskonforme Grenzplankostenrechnung, 2. Aufl., Wiesbaden 1996.

O

Olfert, K., Kompakt-Training Kostenrechnung, 5. Aufl., Ludwigshafen (Rhein) 2006.

Olfert, K., Kostenrechnung, 15. Aufl., Ludwigshafen (Rhein) 2008.

P

Patterson, F. K., Die Ermittlung der Planzahlen für die Plankostenrechnung, Wiesbaden 1961.

Plinke, W./Rese, M., Industrielle Kostenrechnung, 7. Aufl., Berlin/Heidelberg 2006.

R

Reichmann, T., Controlling mit Kennzahlen und Managementberichten, 6. Aufl., München 2001.

Reschke, H., Kostenrechnung, 7. Aufl., Stuttgart 1997.

Riebel, P., Einzelkosten- und Deckungsbeitragsrechnung, 7. Aufl., Wiesbaden 1994.

S

Scherrer, G., Kostenrechnung, 2. Aufl., Stuttgart 1991.

Schmalenbach, E., Kostenrechnung und Preispolitik, 8. Aufl., Köln und Opladen 1963.

Schneider, W., Kosten- und Leistungsrechnung, Konstanz 2006.

Schumacher, B., Kosten- und Leistungsrechnung, 2. Aufl., Ludwigshafen (Rhein) 1995.

Schwarz, H., Kostenrechnung als Instrument der Unternehmensführung, 3. Aufl., Herne/Berlin 1986.

Schweitzer, M./Küpper, H.-U., Systeme der Kosten- und Erlösrechnung, 8. Aufl., München 2003.

Seicht, G., Moderne Kosten- und Leistungsrechnung, 8. Aufl., Wien 1995.

Seidenschwarz, W., Target Costing, München 1993.

Swoboda, P., Kostenrechnung und Preispolitik, 20. Aufl., Wien 1999.

V

Vikas, K., Neue Konzepte für das Kostenmanagement, Wiesbaden 1991.

VDI (Hrsg.), Angebotserstellung in der Investitionsgüterindustrie, Düsseldorf 1983.

VDMA, Das Rechnen mit Maschinenstundensätzen, BwB 7, 4. Aufl. 1979.

VDMA, Vor- und Nachkalkulation aus einem Guss, BwV 183, 2. Aufl. 1979.

W

Warnecke, H.-J./Bullinger, H.-J./Hilchert R., Kostenrechnung für Ingenieure, 5. Aufl., München/Wien 1996.

Weber, H.-K., Wertschöpfungsrechnung, Stuttgart 1980.

Wedell, H., Grundlagen des Rechnungswesens, Band 2: Kosten- und Leistungsrechnung, 9. Aufl., Herne/Berlin 2004.

Wenz, E., Kosten- und Leistungsrechnung mit einer Einführung in die Kostentheorie, Herne/Berlin 1992.

Wilkens, K., Kosten- und Leistungsrechnung, 8. Aufl., München/Wien 1991.

Wöhe, G., Einführung in die allgemeine Betriebswirtschaftslehre, 21. Aufl., München 2002.

Z

Zimmermann, G., Grundzüge der Kostenrechnung, 7. Aufl., München/Wien 1997.

STICHWORTVERZEICHNIS

Die Zahlen 1 bis 645 verweisen auf die Randnummern.
Die kursiven Zahlen *1* bis *245* verweisen auf die Nummern im Lösungsteil zu den Kontrollfragen.

A

B

I

K

L

M